行政院農業委員會

U0074115

# 農田排水工程規劃設計原則參考手冊

行政院農業委員會

108 年 12 月

# 序 言

　　臺灣農田水利事業始於明、清時期迄今約有三百餘年歷史，為了人民生計，從事開墾及發展農業，逐步建立灌溉體系，發展至今農水路阡陌縱橫於農業地區，除了提供農業作物耕作所需水分，亦補注地下水源，涵養農村土地，形成農業地區綠意盎然之景緻。因此，持續維護農田水利設施，為維繫農業永續經營之不可或缺作為。包括灌溉排水減低亢旱及洪水災害、穩定糧食生產、強化生態環境保育、改善農村生活品質等層面。而農田排水系統改善除可增加排洪流量，減少農業及附近社區之財物損失外，尚可保全區域性之農業生產基礎，穩定經濟活動。

　　近年來，本處亦積極輔導全國農田水利會提升工程品質及工務行政績效，辦理多項教育訓練及作業規範檢討。另，為提升農田水利工程人員辦理規劃設計效率，特出版「農田排水工程規劃設計原則參考手冊」，主要針對農田排水規劃治理辦理原則提出綱要性的描述，並引入流域綜合治水觀念，闡述各項農田排水及設施構造物規劃設計原則，以提供本會及各農田水利會、縣市政府辦理農田排水規劃設計參考。本手冊除了對於各項主題有深入淺出的介紹與闡釋外，更配合臺灣特有的地理條件介紹適用於農田排水設計參考圖及工程案例，增進手冊之實務性及本土性，以協助規劃設計者能擬定因地制宜之農田排水治理方案，有效減輕淹水災害，維護生態環境，確保區域產業之發展與自然資源之永續利用。

行政院農業委員會農田水利處處長　　謹識

中華民國108年12月

# 目　錄

# 表 目 錄

# 圖 目 錄

# 前言

　　行政院為解決易淹水地區水患問題，依據「水患治理特別條例」之規定，於民國95年5月3日核定「易淹水地區水患治理計畫」，計畫期程共計8年，於民國102年底執行完成。經檢討執行績效與未來持續改善之具體內容與方法，行政院民國103年4月16日院臺經字第1030131693號函核定「流域綜合治理計畫(103-108年)」，並於106年9月完成修正核定，除持續辦理水患治理計畫相關治理工程外亦提出創新作為，包括以國土規劃角度推動逕流分擔及出流管制，加強非工程與水共存等治水新思維。

　　目前為改善國家基礎投資環境，加強國內投資動能，帶動經濟發展，行政院於106年度起推動辦理前瞻基礎建設計畫(106年~113年)，其中水環境建設係以因應氣候變遷為目標，分為「水與發展」、「水與環境」、「水與安全」等三大主軸，「水與安全」之「縣市管河川及區域排水整體改善計畫」主要目標為改善淹水面積、維持防洪設施功能完整發揮，故以計畫增加保護面積及相關設施數量作為衡量績效之指標與標準。

　　承上述計畫之經驗，行政院農業委員會(以下簡稱農委會)為順利推動農田排水改善工程並提升執行效能，特編訂本手冊，針對農田排水工程規劃及設計原則規範通案性說明，後續各項農田排水之治理計畫可參考本手冊辦理，以提供農田水利會執行農田排水改善工程調查、規劃及設計之參考應用。

# 第壹章 總則

## 1.1 手冊訂定目的

農委會為順利推動農田排水改善工程並提升執行效能,特編訂「農田排水工程規劃設計原則參考手冊」(以下簡稱本手冊),以提供各農田水利會及地方政府於辦理農田排水工程提報、設計之參考應用。

【說明】

1.  為使農田排水工程之規劃及設計原則能有效發揮預期功能,行政院農業委員會針對農業生產區農田排水及水工構造物之治理作為,編訂本手冊,建立相關技術規範與建議,使各項工程規劃能有效發揮預期作用,以有效改善農作區域內之積淹水問題。

2.  本手冊之目的主要為提供農田水利會及地方政府之工程人員於工程設計時之參考選用,以提高效率及縮短設計作業之時間;惟使用時仍需就各工程現地之地質、地形、環境等條件及實際需求加以參酌檢核,並由專業人員進行分析及設計。

## 1.2 應用對象及範圍

本手冊應用對象以農田水利會及地方政府之工程人員為主;應用範圍為上述單位辦理相關農業生產區農田排水及水工構造物之治理及改善工程規劃及設計參考。

【說明】

1.  為提供各農田水利會及地方政府工程人員辦理農田排水工程規劃設計參考使用,本手冊各項規劃、設計基本原則採簡單、標準化之敘述,使各執行單位以一致作業方式掌握農田排水之治理重點。

2.  相關工程規劃及設計原則細項,得參考農委會「農地重劃區農路、水路建造物規範手冊」、農田水利聯合會「農田水利會技術人員訓練教材灌溉排水工程類合訂本」及相關規範。

## 1.3 計畫目標及方針擬定

在辦理規劃、擬訂農田排水治理計畫時，應就解決排水問題實際需要擬定計畫目標，並依地區之水文、水理條件，依循綜合治水對策，因地制宜整體考量，依據排水不良原因擬定適當之綜合治水方案，分別擬定解決對策，採取相關排水設計方法，達到減輕淹水災害之目的。

【說明】

1.  須依照以綜合治水原則完成之規劃報告成果、淹水情形與保護標的重要性等，擬定改善優先順序，以全面性掌握整體需求，逐步辦理易淹水區域整治。

2.  以流域或系統性整體規劃為考量，結合流域上、中及下游各級排水主管機關共同改善，以達整體治理消弭水患之主要目標。

3.  逕流分擔及出流管制

    為因應氣候變遷異常降雨，經濟部水利署提出流域內逕流分擔及土地開發出流管制之治水新政策，並研提水利法修正條文於 107 年 6 月 20 日華總一義字第 10700066601 號總統令公布在案，包含增訂逕流分擔與出流管制專章，希能藉由水道及土地共同分擔洪水方式，以減免水土災害。

    逕流分擔係將降雨逕流妥適分配於河川流域或區域排水集水區域內之水道及土地，以提升土地承洪能力。並由各執行機關依商訂之逕流分擔計畫及期程，於新建或改建其事業設施時，配合完成逕流分擔措施。考量各機關間之權責分工，為利逕流分擔規劃成果落實，應由中央權責機關訂定相關作業流程，提供研擬逕流分擔因應措施之參考，包括工程措施及非工程措施，作為中央及地方水利主管機關及各目的事業主管機關執行之參據，相關概念示意如圖 1.3.1 所示。另，區域排水與農田排水之設置標準不同，因區域排水不允許溢流，乃採用洪峰流量進行設計；農田允許適度之浸水，因此農田排水採用平均排除之概念進行設計，相關設計標準概念示意如圖 1.3.2 所示。

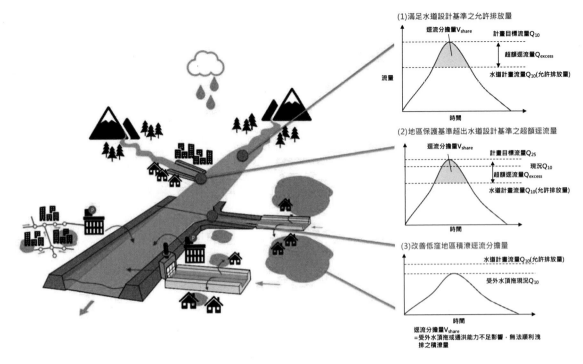

資料來源：經濟部水利署，逕流分擔技術手冊(草案)、台農院整理

圖 1.3.1 逕流分擔需求估算概念示意圖

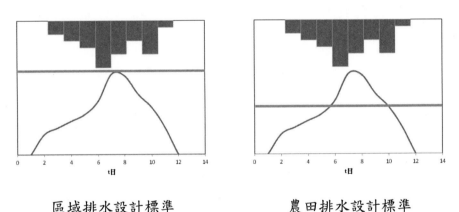

區域排水設計標準        農田排水設計標準

資料來源：台農院整理

圖 1.3.2 區域排水及農田排水之設計標準概念示意

　　依據經濟部 108 年 2 月 19 日訂定「逕流分擔實施範圍與計畫之審定公告及執行辦理」第 10 條規定，目前逕流分擔可能方式包含逕流抑制、逕流分散、逕流暫存及低地與逕流積水共存等四種方式，又經濟部水利署 108 年「逕流分擔技術手冊(草案)」敘及農業單位可利用設置小型滯洪池、農(埤)塘或於農業區、保護區等低度使用土地留(暫)存洪水、增加地表入滲、減少雨水逕流量，達到逕流抑制、暫存及共存之目的，說明如后。

(1) 農(埤)塘逕流暫存

農塘設置盡量利用公有土地,若無公有地則徵收或以農地重劃方式取得相關用地,如圖 1.3.3 所示。

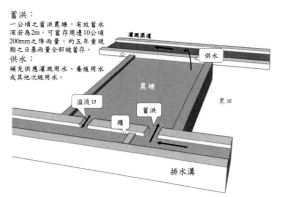

資料來源:經濟部水利署、台農院整理

圖 1.3.3 逕流分擔於農(埤)塘逕流暫存之操作方式

(2) 農業區低度使用土地積水共存

農田蓄洪(田埂加高、農田降挖):微滯蓄洪設施,可降低逕流、減輕災害、維持地方生態環境,蓄水可作為本身農田灌溉補充水源,同時補注地下水,如圖 1.3.4 所示。

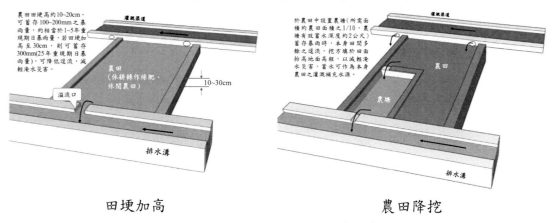

田埂加高                          農田降挖

資料來源:經濟部水利署、台農院整理

圖 1.3.4 逕流分擔於農業區低度使用土地積水共存之操作方式

上述操作方式目前尚屬概念性,一般來說,農委會之立場為輔導農業,農地休耕時核發休耕補助,經濟部水利署之立場則為治水防洪,若有計畫性使用休耕之農地暫存蓄水,就目前法規而言其存在農業政策與治水政策之衝突,規劃設計人員應考量設計當下之時空背景相關法規或辦法進行設計。

　　農業區內農田排水設計，目前採 10 年重現期距之 1 日暴雨量以一日排除之平均流量為設計標準，雨水排出量設計量遠低於區域排水，且農田地形結構本有蓄滯水體功能，汛期期間已因地形自然形成暫滯空間，即具有逕流分擔之調蓄洪功能。

　　水利主管機關依法選定逕流分擔之實施範圍，辦理逕流暫存規劃原則，若需推動農地滯洪，在適當農地區位劃定為滯蓄洪區域，應優先利用公有土地，如需使用私有土地，得依現行土地使用管制規定，辦理變更滯洪池使用，或得與地主商議締結行政契約，並由水利主管機關另籌相關治水經費提供防災補償金方式辦理，以維護農民權益。

　　其評估逕流分擔之需求與潛能時，若增加農田之分擔逕流量體，則需將原有天然分擔量估算在內。

　　上開農地使用若未涉及人為開挖或設置相關水利設施，則無涉農業用地變更使用。農地擬開挖或以人工方式導入洪水而設置相關水利設施，因已無法供農業使用，依法應變更為水利用地。

# 第貳章 農田排水工程規劃(治理)辦理原則

## 2.1 規劃範圍

> 農業生產區排水及水工構造物之改善工程應依據相關改善計畫之規定辦理，於規劃時應確認位於實施範圍內。

【說明】

1. 以「流域綜合治理計畫(103-108 年)」為例，「農田排水治理工程」及「設施區域及農田排水瓶頸改善工程」必須為行政院核定直轄市、縣(市)管河川區域排水水系範圍內，結合上游農田排水一併辦理改善，且必須依經濟部水利署或地方政府流域整體治理規劃成果提報治理工程，另屬農田水利會之水門、渡槽、制水門、橡皮壩及取水工等設施會影響水流之瓶頸，規劃報告書有建議配合改建者亦優先納入。

2. 以「前瞻基礎建設計畫」-「縣市管河川及區域排水整體改善計畫」為例，配合直轄市、縣(市)管河川、排水之治理，流域內如農業產區排水、埤塘、圳路改善有助於減輕水患情形者，以全額補助農田水利會辦理農田排水治理及取水工程設施(構造物)改善工程等，降低淹水風險，以提升農業產區保護，減輕洪災損失。

## 2.2 治理原則

> 農田水利會於治理計畫工程治理原則應依相關計畫規定辦理。

【說明】

1. 農田排水治理改善工程必須為配合直轄市、縣(市)管河川、排水之治理，流域內如農業產區排水、埤塘、圳路改善有助於減輕洪災水患情形者。

2. 相關辦理原則可參考「行政院農業委員會辦理流域綜合治理計畫農田排水執行注意事項」及「前瞻基礎建設水環境計畫-農田排水、圳

路、埤塘推動策略及執行作業注意事項」辦理。

## 2.3 民眾參與機制

為促進民眾瞭解辦理農田排水治理工程計畫之相關內容,於各工作階段應納入民眾參與機制,以融入地方居民治水意見,促進政府與公民的溝通及互信。

【說明】

1. 為建立地方政府、農田水利會與民眾協商溝通之機制,於工程提報階段與在地民眾、團體進行溝通,必要時召開說明會協調宣導。

2. 民眾參與方式有座談會、說明會、公聽會、資訊公開及其他等,可視實際狀況需求、地方社經文化背景等相關條件,進行利益相關者邀請以及參與方式安排。

3. 其他相關具體做法與落實可參考「行政院農業委員會辦理流域綜合治理計畫農田排水建立民眾參與機制注意事項」辦理。

## 2.4 工程用地

工程用地應優先考量利用公有地或農田水利會用地,減少土地徵收,利於工程執行。

【說明】

1. 工程用地定義為工程所施作之範圍。

2. 除急迫性工程確有必要先行施工者外,應於施工前完成用地取得,並應參酌現有渠道斷面以及配合相關水理計算後,利用現有農田水利會之用地辦理改善工程。

3. 前項先行施工應於施工前取得其土地所有權人之同意書。

# 第參章 計畫範圍現況概述

## 3.1 排水系統現況

調查治理區域內排水系統現況，藉以瞭解工程計畫區排水環境，應清楚說明其相連接之排水、有無外水流入及治理區域內水系、排水路、控制點之分配流量，以使農田排水設計符合出流管制之精神；若有不符現況之資料，應再進行補充調查。

【說明】

1. 治理區域之定義為農田排水治理工程所屬區域排水之控制點上游集水範圍面積。控制點係指農田排水銜接區域排水之位置，如圖 3.1.1 所示。

2. 工程計畫區之定義為農田排水治理工程所屬排水系統之集水範圍。

3. 排水系統現況應參考河川、區域排水治理規劃報告、排水調查報告及排水系統圖等相關資料，以掌握治理區域之地文、水文、水系、灌溉排水系統分布及其集水區範圍。

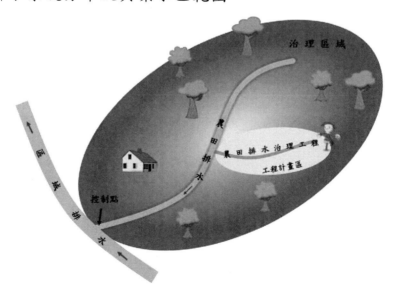

圖 3.1.1 治理區域及工程計畫區示意圖

## 3.2 歷年治理規劃情形

調查治理區域內歷年治理規劃情形，以符合整體流域綜合治理之精神。

【說明】

　　排水工程原則上由下游往上游分期辦理改善，因此規劃前需調查排水路下游段之治理改善情況、或銜接排水、河川之治理規劃情形，以符合流域綜合治理之精神。

## 3.3 農業利用及產業概況

蒐集治理區域排水系統周遭農業利用情形，以及周遭產業土地使用情形，以掌握土地利用概況。

【說明】

1. 農業利用情形應包含治理區域內作物種類及種植面積。
2. 產業概況應蒐集治理區域土地利用資料，瞭解治理區域之水田、旱田、魚塭、建地、果園、林地及其他用地分佈情形，並統計其面積及百分比。

## 3.4 地質概述

蒐集治理區域之土壤、地質、地質鑽探結果等資料，必要時配合現勘，以掌握該地區之地質條件。

【說明】

1. 地質鑽探資料可利用治理區域內其他工程之歷史鑽探資料，或向中央地質調查所蒐集取得，並檢附鑽孔位置圖及地質剖面圖。
2. 若經地質鑽探結果，發現有軟弱、透水或多層地基情形，為確保構造物及其它鄰近建築物安全，地質資料之解釋必須由專業技師作研判，並評估可能地質災害，做為工程規劃設計之依據。
3. 鑽探報告應依契約項目填製，一般內容包括工程名稱、鑽探日期、

鑽孔位置圖、地層概況分析、地層剖面圖、孔號、標高、深度、柱狀圖、樣號、N 值、地質說明、地下水位、岩心率、岩心箱照片及其他足以提供地質特徵之任何資料。契約內容如包括試驗時，除上述項目外，應包括土壤分類、顆粒分析、自然含水量、比重、當地密度、孔隙比、液性限度、塑性限度、塑性指數、指定之力學試驗結果以及承載量估計等。

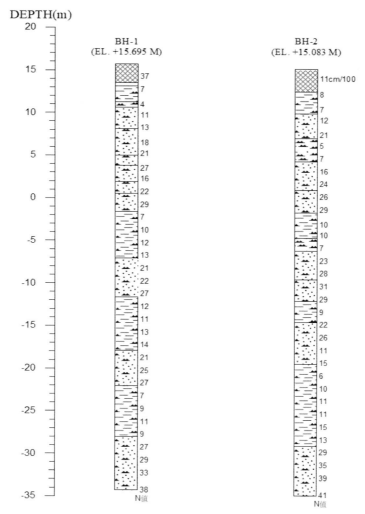

圖 3.4.1 ○○排水地質剖面圖(範例)

圖 3.4.2 ○○排水鑽孔位置圖(範例)

## 3.5 地層下陷情況

於地層下陷區域辦理農田排水治理時,需蒐集調查治理區域內地層下陷累積總量與近年地層下陷年平均速率,必要時進行現況調查,包括補充高程測量、檢視高程變化及地貌積水狀況等,並持續追蹤調查,其中高程檢測應以非沉陷區之一等水準點加以引測,以確保排水工程設計之功能性及排水安全性。

【說明】

臺灣部分沿海地區因地層下陷,排水系統之坡度及排水出口發生變化,外水位相對提高,導致水路排水不良或困難,若治理區域位於地層下陷區域應考量預留未來地層下陷量,於工程設計時應多加注意地層下陷所造成工程安全性考量。

# 第肆章 災害概述與原因分析

## 4.1 淹水災害調查

淹水災害調查之目的為瞭解現況排水不良原因、現況各重現期暴雨之淹水狀況及對農業生產影響情形，供流域整體改善方案之參考。調查項目應包括治理區域內歷年淹水災害位置及地勢低窪地區之淹水資料，整理各排水系統及各項工程之災害情形及範圍，供工程規劃設計參考。

【說明】

　　蒐集治理區域內各排水路歷年颱風暴雨之淹水範圍、淹水延時、淹水深度、照片、該淹水場次降雨量、淹水災害農業損失情形等資料，並分析淹水原因作為後續工程規劃設計之參考。

## 4.2 淹水原因分析

依據工程計畫區現況水理分析結果，並參考歷年淹水災害情形以探討淹水原因及排水問題。

【說明】

農田排水現況常見淹水原因及排水問題如下：

1. 通水斷面不足

　　渠道斷面經水理檢討，現況通水能力未達目前農田排水設計標準，或因受限於相關用地取得困難、經費等原因，僅採取應急改善方式，未有效拓寬排水路渠寬，排水保護標準無法顯著提升，使得通水斷面不足，無法於一定時間內排除積淹水。

2. 降雨量增大

　　任何的防災設施均有應對之保護標準，如中央管河川為 100 年重現期、區域排水則為 10 年重現期、道路側溝則為 2-5 年重現期、農田排水則為 10 年重現期。隨著全球氣候變遷，近幾次颱風豪雨挾

帶之超大降雨量，使洪水量增加超過農田排水保護標準，易造成淹水之災情。

3. 排洪瓶頸

　　排水渠道因跨渠構造物梁底太低、跨距不足或破損堵塞，形成排水路之瓶頸段，或部分區段因舊有排水箱涵、版橋等構造物阻礙水流，以及幹線橋梁及制水閘門造成排水路斷面減少及束縮形成之排洪瓶頸。

4. 逕流量增加

　　早期農田排水設計保護標準較低，後經土地密集開發，導致逕流量增加，既有排水路不堪負荷。

5. 排水出口淤積及維護管理經費不足

　　排水路渠底坡降平緩流速慢，排水路渠底容易淤積，而維護管理經費不足，無法定期辦理清疏工作，因而降低排水功能。

6. 沿海地區遇海水大潮

　　在沿海地區低窪處，降雨期間如又適逢大潮或颱風期間暴潮，雙重影響下就會導致排水系統排洪能力下降而形成積淹水的災害。

7. 整體排水系統未完善

　　末端排水收集管網不夠，若再加上渠道堵塞，致使排水系統無法負荷，尤其是地勢局部低窪處會使內水積聚，無法及時排出。

8. 外水頂托，內水無法外排

　　在支流與主流交會處，往往因主流水位過高而使支流無法順利排水，以致造成內水排放速率降低，甚至因外水壅高，導致回淹其他支流，或水位過高導致溢堤致災。

9. 地勢低窪、地面坡降平緩

　　地區地勢低窪、地面坡度平緩，暴雨遇漲潮時，雨水匯集於低地，不僅無法排出，或常有海水倒灌之虞，由於水面坡降相當平緩，導致流速小、積水排出緩慢，排水條件相當差。

10. 地層下陷、外水位升高

　　中南部沿海地區長期以來地層下陷量逐年增加，使得排水條件

日益惡化，原來靠重力自然排除之條件已逐漸消失。

## 4.3 擬解決對策

依據調查結果及現有排水系統治理規劃報告方案，因地制宜考量農業生產耐受情形，研擬適當之排水路治理方案，除考慮增加渠道通水能力外，應同時考量生態、效益、經費等原則，以保護農業生產及減緩逕流排出為主要目的。

【說明】

　　治理方案擬定時應在安全標準下，結合排水系統上、中、下游整體治理，並考量經費、施工用地取得、效益、對環境生態之影響及執行難易等因素，經綜合評估後，再據以擇定計畫改善方案。

# 第伍章 工程設計

## 5.1 排水設計標準

農田排水之計畫流量係採治理區域單位面積流量乘上工程計畫區集水面積求得。其中治理區域單位面積流量定義為「10 年重現期距之 1 日暴雨量以 1 日排除的平均流量」，惟以區域排水設計之比流量為上限。

【說明】

1. 平地農田容許有限度之浸水，以規定時間內能順利排洩流域內之積水為原則，因此排水系統之各級排水路容量，採用同一單位面積設計流量標準，以期盡量平均分散流域之浸水。

2. 平地農田排水設計標準採用「10 年重現期距之 1 日暴雨量以 1 日平均排除」設計為原則，係參考行政院 106 年 9 月 5 日核定「流域綜合治理計畫(103~108 年)」(第 2 次修正)訂之。

3. 坡地農田排水或農田排水路流經人口密集住宅區、工業區及商業區或重要農業高淹水潛勢地區時，其農田排水計畫流量可參考《水土保持技術規範》及《雨水下水道規劃設計規範》，採用合理化公式計算之。

## 5.2 水文分析

水文分析之目的為推求工程計畫區 10 年重現期距之 1 日暴雨量，以進行計畫流量之推估。若治理區域內已有相關治理規畫報告者，亦可直接引用其頻率分析成果。

【說明】

1. 1 日暴雨量檢出採用各控制雨量站加權平均雨量計算方式，若測站雨量資料不足或有遺漏時，需進行相關雨量資料補遺。

2. 1 日暴雨量檢出結果，需依年份先後順序以表單方式呈現之。

3. 頻率分析至少應採用 4 種機率分布，經由適合度檢定通過，參考標

準誤差(SE)分析成果以表單方式呈現。

4. 優先採用治理區域內相關治理規劃報告頻率分析成果，選取 10 年重現期距下之 1 日暴雨量值，以進行農田排水計畫流量之推求。

### 5.2.1 雨量站選定

應選擇記錄品質穩定且能充分反應集水區降雨特性及代表集水區平均降雨量之雨量站，並列表記載站況資料，包括站號、站名、站址坐標、標高、所屬流域、記錄年份、型式（自記或普通）、管理機關及採用目的註記等。

【說明】

1. 雨量站選用以交通部中央氣象局、經濟部水利署、台灣電力公司及農田水利會所屬雨量站資料且記錄年限超過 15 年者優先考慮；其他單位之測站，視其資料記錄品質及整體雨量站選用之空間分布狀況參酌使用。

2. 集水區內及其鄰近之相關測站均應列表，並註明採用之目的（如雨量頻率分析或雨型等用途），若不採用應敘明其理由。

### 5.2.2 一日暴雨量檢出

暴雨量頻率分析原則以工程計畫區之平均雨量為之，所選定雨量站之雨量資料若發生缺漏或年限不足時，應進行補遺或延伸使其完整。

【說明】

1. 暴雨量檢出採用 10 年重現期之 1 日暴雨量分析，若無日降雨量資料時，可採用年最大 24 小時暴雨量分析。

2. 進行暴雨量頻率分析時，集水區之平均雨量以 25 年以上為原則，雨量站資料記錄年限不足 25 年或記錄期間有缺漏時，應以集水區內或鄰近相關性較高之可靠雨量站資料進行補遺或延伸，使各站資料年限一致，再計算集水區之平均雨量。

3. 選用之雨量站，其歷年降雨資料以可用於計算集水區平均雨量及暴

雨分析頻率等為原則。

4. 雨量資料補遺或延伸方法，雨量資料之補遺或延伸得依經驗與學理方法判斷選用適當之方法，如正比法或內插法等。

5. 工程計畫區平均雨量之計算得採用代表站法估算，若工程計畫區內無雨量站時，則採用等雨量線法、徐昇氏多邊形法或其他平均雨量計算方法估算，依工程計畫區面積與雨量站數量選用適當方法。

6. 相關規範可參考民國 101 年 8 月 21 日經水政字第 10106097940 號函頒「水文分析報告審查作業須知」之附件二、水文分析注意事項。

### 5.2.3 頻率分析

> 頻率分析之資料選用年最大值序列法，頻率分析至少應採用極端值 I 型(EV1)、三參數對數常態(LN3)、皮爾森 III 型(PT3)及對數皮爾森 III 型(LPT3)等四種機率分布，經適合度檢定通過並參考標準誤差(SE)之分析成果。

【說明】

1. 暴雨量頻率分析對象，係以前述之工程計畫區平均雨量資料，選用年最大值選用法（annual maximum series）為之。

2. 頻率分析常用之機率分布包含極端值 I 型、三參數對數常態、皮爾遜 III 型及對數皮爾遜 III 型分布等，其 T 年重現期距水文量之推求方式分述如下：

(1)極端值 I 型分布（Extreme Value Type I Distribution, EV1）

$$\hat{x}_T = \bar{x} + K_T \cdot S$$

$$K_T = \frac{\sqrt{6}}{\pi}\left\{-0.5772157 - ln\left[-ln\left(1 - \frac{1}{T}\right)\right]\right\}$$

式中：

$\bar{x}$ ：樣本平均值

$S$ ：標準偏差

$K_T$ ：頻率因子

$T$ ：重現期，於農田排水設計上採用 10 年

(2)三參數對數常態分布（3-Parameter Lognormal Distribution, LN3）

$$\hat{x}_T = \bar{x} + K_T \cdot S$$

$$K_T = \frac{exp(\sigma_y \cdot t - \sigma_y^2/2) - 1}{[exp(\sigma_y^2) - 1]^{1/2}}$$

式中，$\sigma_y = [ln(z^2 + 1)]^{1/2}$，$z = \frac{1 - w^{2/3}}{w^{1/3}}$，$w = \frac{-C_S + (C_S^2 + 4)^{1/2}}{2}$

$\bar{x}$ ： 樣本平均值

$S$ ： 標準偏差

$C_S$ ： 偏態係數

$K_T$ ： 頻率因子

$T$ ： 重現期，於農田排水設計上採用 10 年

標準常態值 $t$ 可由下式求得：

當 $P \leq 0.5$， $t = W - \frac{C_0 + C_1 W + C_2 W^2}{1 + d_1 W + d_2 W^2 + d_3 W^3}$，$W = \sqrt{-2 \ln(P)}$

當 $P > 0.5$， $t = -W + \frac{C_0 + C_1 W + C_2 W^2}{1 + d_1 W + d_2 W^2 + d_3 W^3}$，$W = \sqrt{-2 \ln(1 - P)}$

其中 $P = \frac{1}{T}$，$C_0 = 2.515517$；$C_1 = 0.802853$；$C_2 = 0.010328$

$d_1 = 1.432788$；$d_2 = 0.189269$；$d_3 = 0.001308$

(3)皮爾遜 III 型分布（Pearson Type III Distribution, PT3）

$$\hat{x}_T = \bar{x} + K_T \cdot S$$

$$K_T = \frac{2}{C_S}\left(1 + \frac{C_S}{6} \cdot t - \frac{C_S^2}{36}\right)^3 - \frac{2}{C_S}$$

式中：

$\bar{x}$ ： 樣本平均值

$S$ ： 標準偏差

$C_S$ ： 偏態係數

$K_T$ ： 頻率因子

$T$ ： 重現期，於農田排水設計上採用 10 年

(4)對數皮爾遜 III 型分布（Log-Pearson Type III Distribution, LPT3）

$$\hat{x}_T = exp(\bar{y} + K_T \cdot S_y)$$

$$K_T = \frac{2}{C_{Sy}} \left( 1 + \frac{C_{Sy}}{6} \cdot t - \frac{C_{Sy}^2}{36} \right)^3 - \frac{2}{C_{Sy}}$$

式中：

$\bar{y}$　：資料取對數（$y = \ln x$）後之樣本平均值

$S_y$　：資料取對數（$y = \ln x$）後之標準偏差

$C_{Sy}$　：資料取對數（$y = \ln x$）後之偏態係數

$K_T$　：頻率因子

$T$　：重現期，於農田排水設計上採用 10 年

3. 適合度檢定可透過卡方（Chi-Square test）或 K-S（Kolmogorov-Smirnov test）檢定等方法，並參考 SE 誤差分析結果，採用符合集水區降雨時間、空間特性機率分布對應之 10 年重現期距 1 日暴雨量值，檢定公式如下：

(1)卡方檢定（Chi-Square test）

$$\chi^2 = \sum_{i=1}^{k} \frac{(O_i - E_i)^2}{E_i}$$

式中：

$k$　：組數

$O_i$　：觀測樣本於第 i 組區間內實際發生次數

$E_i$　：於特定機率分布下，第 i 組區間內理論發生次數

卡方分布臨界值可由下表查得，其中自由度 $v = k - m - 1$，$m$ 為該機率分布之參數個數，顯著水準 $\alpha$ 一般選定為 0.05。

卡方檢定臨界值表

| v ＼ α | 0.10 | 0.05 | 0.01 |
|---|---|---|---|
| 1 | 2.706 | 3.841 | 6.635 |
| 2 | 4.605 | 5.991 | 9.210 |
| 3 | 6.251 | 7.815 | 11.345 |
| 4 | 7.779 | 9.488 | 13.277 |
| 5 | 9.236 | 11.071 | 15.086 |
| 6 | 10.645 | 12.592 | 16.812 |
| 7 | 12.017 | 14.067 | 18.475 |
| 8 | 13.362 | 15.507 | 20.090 |
| 9 | 14.684 | 16.919 | 21.666 |
| 10 | 15.987 | 18.307 | 23.209 |

(2)K-S 檢定（Kolmogorov-Smirnov test）

$$D = \max_{1 \leq i \leq n} |F_O(x_i) - F_E(x_i)|$$

式中：

| | |
|---|---|
| $n$ | ：樣本數 |
| $x_i$ | ：觀測樣本 |
| $F_O(x_i)$ | ：觀測樣本之經驗累積機率 |
| $F_E(x_i)$ | ：觀測樣本於特定機率分布下之理論累積機率 |

K-S 檢定臨界值可由下表查得，其中 n 為樣本數，顯著水準 $\alpha$ 一般選定為 0.05。

K-S 檢定臨界值表

| $n$ \ $\alpha$ | 0.10 | 0.05 | 0.01 |
|---|---|---|---|
| 25 | 0.238 | 0.264 | 0.317 |
| 26 | 0.233 | 0.259 | 0.311 |
| 27 | 0.229 | 0.254 | 0.305 |
| 28 | 0.225 | 0.250 | 0.300 |
| 29 | 0.221 | 0.246 | 0.295 |
| 30 | 0.218 | 0.242 | 0.290 |
| 31 | 0.214 | 0.238 | 0.285 |
| 32 | 0.211 | 0.234 | 0.281 |
| 33 | 0.208 | 0.231 | 0.277 |
| 34 | 0.205 | 0.227 | 0.273 |
| 35 | 0.202 | 0.224 | 0.269 |
| >35 | $\dfrac{1.224}{\sqrt{n}}$ | $\dfrac{1.358}{\sqrt{n}}$ | $\dfrac{1.628}{\sqrt{n}}$ |

4. 頻率分析之詳細內容及其檢驗方法可參考經濟部水利署「水文分析報告審查作業須知」。

5. 進行 SE 誤差分析時，採用威伯法(Weibull)及海生法(Hazen)點繪公式予以計算並比較，其計算公式如下：

(1)SE 指標（Standard Error）

$$SE = \left[ \frac{\sum(x_i - \hat{x}_i)^2}{n - m} \right]^{1/2}$$

式中：

SE ： 標準誤差，SE 值越小表示分布適用性較佳

$n$ ： 樣本數

$m$ ： 特定機率分布之參數個數

$x_i$ ： 觀測樣本

$\hat{x}_i$ ： 觀測樣本之超越機率於特定機率分布下所對應之水文量

(2)威伯法（Weibull）

$$P_O\left(x_{(i)}\right) = \frac{i}{n+1}$$

式中：

$n$ ： 樣本數

$x_{(i)}$ ： 由大至小排序之觀測樣本，其中 $i = 1$ 為最大值

$P_O\left(x_{(i)}\right)$ ： 觀測樣本之超越機率

(3)海生法（Hazen）

$$P_O\left(x_{(i)}\right) = \frac{i-0.5}{n}$$

式中：

$n$ ： 樣本數

$x_{(i)}$ ： 由大至小排序之觀測樣本，其中 $i = 1$ 為最大值

$P_O\left(x_{(i)}\right)$ ： 觀測樣本之超越機率

## 5.3 水理分析

農田排水之水理分析可分為現況通水能力檢討、計畫流量分析及排水設計。

【說明】

1. 現況通水能力檢討之目的在分析現況排水路及構造物之通水斷面能否通過農田排水設計標準，以瞭解其通水能力及排水不良之原因。

2. 農田排水設計標準，平地農田排水設計標準採 10 年重現期距之 1 日暴雨量以 1 日排除的平均流量。

3. 計畫流量分析最主要是要訂出工程計畫區內之農田排水設計標準以作為排水斷面設計之依據。

### 5.3.1 計畫流量推估

> 農田排水計畫流量之計算方式採用治理區單位面積流量乘上工程計畫區內排水路集水面積而得。

【說明】

1. 平地農田排水設計標準採 10 年重現期距之 1 日暴雨量以 1 日排除的平均流量計算之。

2. 坡地農田排水計畫流量若坡度達 5%以上，採用合理化公式計算之，其設計洪水量，以重現期距十年之降雨強度計算。其他非農業使用以重現期距 25 年之降雨強度計算。

3. 坡地之農田排水不允許溢流，其排水溝出水高依設計水深之 25%計算之，最小值為 20 cm，但 L 型、拋物線型排水溝不在此限。

4. 農田排水單位面積流量推算：

   (1)田間排水公式：

   $$q = \frac{C \times R_{10} \times 10}{86,400 \times T}$$

   式中：

   $q$　：單位面積流量(cms/ha)

   $R_{10}$　：10 年重現期之 1 日暴雨量(mm)

   $T$　：平均排除時間(day)，一般採用 1 日

   $C$　：逕流係數，參考表 5.3.1

【例】彰化員林大排排水-曾厝一排(集水面積 107.6 公頃)

員林大排排水各重現期之暴雨頻率分析成果表(mm)

| 項目 | 2 年 | 5 年 | 10 年 | 20 年 | 25 年 | 50 年 | 100 年 |
|------|------|------|-------|-------|-------|-------|--------|
| 1 日暴雨量(mm) | 139 | 203 | 250 | 298 | 314 | 365 | 418 |

資料來源：經濟部水利署，彰化北部地區綜合治水檢討規劃
-(員林大排等排水系統)，民國 97 年

曾厝一排內多為平地旱田，故以採用田間排水公式推求設計流量，而逕流係數統一採用 0.8。故設計比流量如下所示：

$$q = \frac{C \times R_{10} \times 10}{86,400 \times T} = \frac{0.8 \times 250 \times 10}{86,400 \times 1} = 0.023 \text{ cms/ha}$$

曾厝一排集水區面積為 107.6 公頃，農田排水 10 年重現期距之 1 日暴雨量以 1 日排除之設計流量如下式所示：

$$Q = A \times q = 107.6\ ha \times 0.023\ cms/ha = 2.491\ cms$$

(2)合理化公式(坡地、村落排水)：

(1000ha 以下適用，1000ha 以上適用單位歷線法)

$$q = 0.02778 \times C \times I$$

式中：

 $q$ ： 單位面積流量(cms/ha)
 $C$ ： 逕流係數
 $I$ ： 降雨強度(mm/hr)

表 5.3.1 逕流係數 C 值之選擇參考表

| 集水區狀況 | 陡峻山地 | 山嶺區 | 丘陵地或森林地 | 平坦耕地 | 非農業使用 |
|---|---|---|---|---|---|
| 無開發整地區之逕流係數 | 0.75~0.90 | 0.70~0.80 | 0.50~0.75 | 0.45~0.60 | 0.75~0.95 |
| 開發整地區整地後之逕流係數 | 0.95 | 0.90 | 0.90 | 0.85 | 0.95~1.00 |

資料來源：水土保持技術規範，民國 106 年

依據《水土保持技術規範》，降雨強度之推估值，不得小於下列無因次降雨強度公式之推估值，其計算方法如下：

$$\frac{I_t^T}{I_{60}^{25}} = (G + H\ log\ T)\frac{A}{(t+B)^C}$$

$$I_{60}^{25} = \left(\frac{P}{25.29 + 0.094P}\right)^2$$

$$A = \left(\frac{P}{-189.96 + 0.31P}\right)^2$$

$$B = 55$$

$$C = \left(\frac{P}{-381.71 + 1.45P}\right)^2$$

$$G = \left(\frac{P}{42.89 + 1.33P}\right)^2$$

$$H = \left(\frac{P}{-65.33 + 1.836P}\right)^2$$

式中：

$T$ ： 重現期距(年)

$t$ ： 降雨延時或集流時間(分)

$I_t^T$ ： 重現期距 T 年，降雨延時 t 分鐘之降雨強度(mm/hr)

$I_{60}^{25}$ ： 重現期距 25 年，降雨延時 60 分鐘之降雨強度(mm/hr)

$P$ ： 年平均降雨量(mm)

前項之年平均降雨量，應採計畫區就近之氣象站資料。當計畫區附近無任何氣象站時，應從等雨量線圖查出計畫區之年平均降雨量 P 值。A、B、C、G、H 等常數係數，依前述計算式分別計算之。

5. 全臺農田水利會所轄之農田排水單位面積流量(108 年)之算術平均結果如表 5.3.2 所示，詳細計算結果如附錄一。除已完成分析之水系外，無相關規劃報告但有淹水事實者，可參考鄰近地區之比流量分析結果，上游地區採用比流量上限值，下游採用下限值進行設計，相關結果提供未來全臺各農田水利會於排水設計時參考使用。

表 5.3.2 農田水利會之農田排水單位面積流量算術平均結果(108 年)

| 水利會 | 水系數量 | 農田排水比流量(cms/km$^2$) | | | | | |
|---|---|---|---|---|---|---|---|
| | | 2 年 | 5 年 | 10 年 | 25 年 | 50 年 | 100 年 |
| 宜蘭水利會 | 6 | 1.97-3.27 **(2.49)** | 2.73-4.84 **(3.53)** | 3.20-6.11 **(4.26)** | 3.78-8.01 **(5.24)** | 4.19-9.66 **(6.01)** | 4.59-11.53 **(6.82)** |
| 北基水利會 | 3 | 1.82-2.26 **(2.07)** | 2.55-3.58 **(2.96)** | 3.00-4.57 **(3.59)** | 3.55-5.98 **(4.42)** | 3.91-7.13 **(5.05)** | 4.27-8.35 **(5.71)** |
| 桃園石門水利會 | 14 | 1.26-1.72 **(1.45)** | 1.78-2.47 **(2.07)** | 2.11-3.01 **(2.48)** | 2.51-3.91 **(3.00)** | 2.80-4.67 **(3.39)** | 3.08-5.50 **(3.8)** |
| 新竹水利會 | 13 | 1.44-1.86 **(1.67)** | 1.99-2.63 **(2.38)** | 2.43-3.20 **(2.91)** | 3.32-4.26 **(3.74)** | 3.82-5.18 **(4.37)** | 4.34-6.23 **(5.05)** |
| 苗栗水利會 | 18 | 1.46-2.03 **(1.71)** | 2.17-3.01 **(2.54)** | 2.68-3.79 **(3.13)** | 3.39-4.84 **(3.94)** | 3.99-5.85 **(4.59)** | 4.51-7.10 **(5.28)** |
| 臺中水利會 | 18 | 1.41-2.18 **(1.80)** | 2.24-3.25 **(2.71)** | 2.84-3.96 **(3.34)** | 3.50-4.99 **(4.17)** | 3.98-5.92 **(4.82)** | 4.30-6.92 **(5.49)** |
| 南投水利會 | 7 | 1.54-2.08 **(1.75)** | 2.35-3.09 **(2.60)** | 2.98-3.69 **(3.20)** | 3.74-4.39 **(4.02)** | 4.23-5.01 **(4.68)** | 4.72-5.91 **(5.37)** |
| 彰化水利會 | 22 | 1.36-1.76 **(1.49)** | 1.96-2.39 **(2.18)** | 2.32-2.85 **(2.65)** | 2.75-3.61 **(3.25)** | 3.04-4.29 **(3.7)** | 3.32-5.03 **(4.16)** |
| 雲林水利會 | 37 | 1.29-2.03 **(1.61)** | 1.94-3.12 **(2.36)** | 2.40-3.88 **(2.90)** | 2.95-4.89 **(3.65)** | 3.36-6.00 **(4.25)** | 3.73-7.28 **(4.88)** |
| 嘉南水利會 | 38 | 1.34-2.09 **(1.63)** | 2.01-2.80 **(2.28)** | 2.43-3.24 **(2.74)** | 2.96-3.93 **(3.33)** | 3.26-4.63 **(3.78)** | 3.54-5.41 **(4.24)** |
| 高雄水利會 | 7 | 2.02-2.46 **(2.17)** | 2.89-3.33 **(3.17)** | 3.46-4.16 **(3.81)** | 4.19-5.2 **(4.59)** | 4.55-5.98 **(5.16)** | 4.91-6.75 **(5.72)** |
| 屏東水利會 | 12 | 2.01-3.24 **(2.42)** | 2.99-4.58 **(3.45)** | 3.48-5.39 **(4.14)** | 4.04-6.41 **(5.00)** | 4.42-7.61 **(5.65)** | 4.76-8.9 **(6.55)** |
| 臺東水利會 | 7 | 2.12-2.86 **(2.52)** | 3.03-4.03 **(3.58)** | 3.61-4.87 **(4.30)** | 4.34-6.07 **(5.21)** | 4.86-7.06 **(5.89)** | 5.38-8.11 **(6.58)** |
| 花蓮水利會 | 12 | 2.38-3.13 **(2.73)** | 3.31-4.88 **(3.94)** | 3.82-6.11 **(4.65)** | 4.35-7.67 **(5.48)** | 4.69-8.83 **(6.02)** | 5.00-9.97 **(6.57)** |

備註：括弧內為農田排水比流量平均值，係將分區內比流量值以算術平均方法計算

## 5.3.2 現況通水能力檢討

現況通水能力檢討之目的在於分析工程計畫區內之現況排水路通水斷面是否能通過計畫流量，以瞭解其通水能力是否滿足。

【說明】

1. 現況通水能力檢討，通常依集水面積 A、縱坡 S、曼寧粗糙係數 n、左右岸高度、渠底寬度、邊坡係數等資訊，以曼寧公式推估排水路現況通水量。

2. 現況通水量若小於計畫流量，應重新進行排水路斷面設計以符合其標準。

## 5.4 排水設計

排水設計應依計畫流量進行排水斷面設計，斷面設計應配合排水路之縱坡、曼寧粗糙係數、考慮其渠道之安全流速及合理之出水高進行排水路斷面設計。

【說明】

1. 排水設計時應依實際用地或現地情況進行排水路斷面之設計。

2. 排水設計流量需大於或等於計畫流量。

3. 應考慮最小及最大安全流速之設計。

4. 曼寧粗糙係數 n 值，應作合理之估算(詳表 8.1.1 曼寧粗糙係數 n 值參考表)。

5. 農田排水設計之其他相關設施，請參考第捌章農田排水設計相關規格。

## 5.5 排水銜接整合

農田排水出口處為農田排水路、區域排水幹線或河川等，應考慮銜接段整合問題，應儘量尋求及協調出口處起算水位之降低，增加農田排水以重力排出之機會。

【說明】

1. 出口處為區排或河川時、銜接段之起算水位，可由區域排水或河川治理規劃報告中推求。

2. 出口處為農田排水時，由於考慮排水路下游通水斷面應大於上游，幹線應大於支線等原則，銜接段應做合理之設計。

3. 銜接段工程亦可考慮背水堤、閘門、壓力箱涵等，最常用者為背水堤與閘門，應視農田排水工程計畫區之高低地所占比例妥善規劃，集水區高地面積佔多數者(約 80%以上)，採用背水堤、壓力箱涵或開口堤等方式銜接較佳；低地面積佔多數者(約 50%以上)以採用閘門方式銜接較佳；介於兩者之間者採用閘門加高堤方式銜接。

4.  新設排水路與舊排水路應予妥善銜接；不同類別排水設施銜接段，應以保護標準較高者為設計標準，並以減洪措施或漸變方式妥善銜接。

## 5.6 生態考量

針對排水路生物棲息種類進行調查，在考量排水路安全的前提下，就排水路之生態特性，選用適宜之工法設計，考量營造多樣性及連續性之生態棲地，以維續水域生態環境。

【說明】

1.  進行排水路生態設計時，應考量現地之水質、是否常年有水或僅區段有水，地質屬性(砂質或黏土)、地理位置(感潮帶或鹽化地)、地下水位或滲流情形、是否為疾病管制區(如登革熱)、水源是否為回歸水及相關後續維護管理方法等。

2.  於用地許可之情況下，選擇適當位置擴大通水斷面，設計生態靜水池，提供生物生存、避難空間，同時可為滯洪使用。

3.  渠底在不導致土壤流失的情況下，可考慮不封底或採留置適當之生態孔(格框拋塊石)之方式，如圖5.6.1所示，選用自然石材或運用邊坡拆除之原卵塊石，以透水性材料施作以營造渠底多孔隙特性，藉以調節地下水使渠內外水體互通，涵養水源。

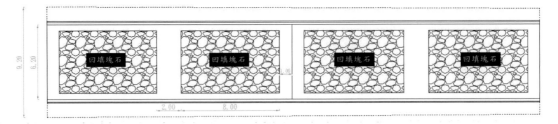

圖 5.6.1 生態工法-生態孔(格框拋塊石)細部設計圖示意(嘉南水利會)

4.  若基地屬砂質土壤，渠道底部開孔可能會導致砂湧現象，進而影響渠道之安全性，或考量用地寬度，不足以於渠道兩側增設其他生態友善設施時，此時可考慮採用渠道封底並增設束水梗之方式進行設計，相關說明如下。

(1)考量低流量配置

　　排水路處於低流量狀態時，可稍微阻擋水流並降低流速，致使排水路維持基本水量且水流暢通不至於乾涸，保留水生生物一定的棲息空間，高流量時則不會阻礙水流，適用於渠道常年有水之地區應用，示意如圖 5.6.2 所示。

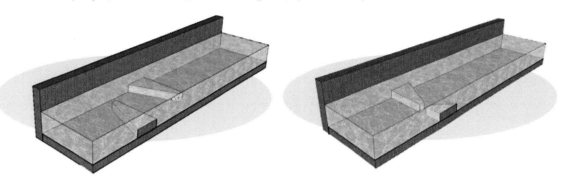

圖 5.6.2　排水路低流量束水梗配置

(2)考量斷水期配置

　　考量臺灣南部地區降雨豐枯顯著，若渠道無通水時亦可維持一定時間內不致於乾涸，保留水生生物一定的棲息空間，適用於具斷水期之地區應用，示意如圖 5.6.3 所示。

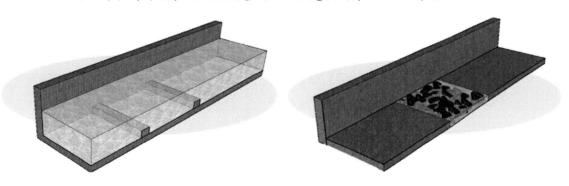

圖 5.6.3　具斷水期之排水路配置

5.　有關排水路之透水率，建議相關設計原則如下：
於用地許可情形下，應符合最小生態設計渠道寬，以重力式或半重力式擋土形式或砌石擋土形式等工法為原則，水路設置不予以封底，保留 30%以上透水率(K)，渠面應儘量採緩坡及粗糙化設計，製造容納小生物避難或隱藏之多孔隙空間，以保護生物棲地環境。

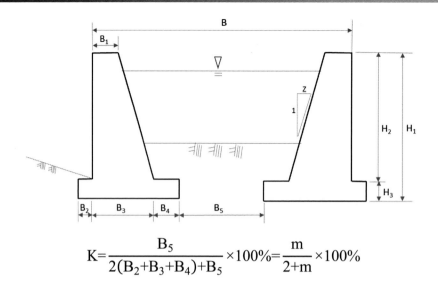

$$K = \frac{B_5}{2(B_2+B_3+B_4)+B_5} \times 100\% = \frac{m}{2+m} \times 100\%$$

**透水率(K)**：單位面積下之渠底不透水斷面寬度與透水斷面寬度之比值

假設 $H_3=0$，$H_1=H_2$，$B_1=0.5$，$B_2=0.2B_3$，$B_4=0.2B_3$，

則 $B_3=0.5+H_2Z$

渠底不封底處($B_5$)與牆底寬度($B_2+B_3+B_4$)之比值為 $m$

$B_5=m(B_2+B_3+B_4)$

$B=2B_3+2B_4+2B_5=(2.4+1.4m)(0.5+H_2Z)$

### 設計渠道最小建議寬度(透水率=30%) <sub></sub>單位：公尺

| 高度（公尺）　　斜率 | Z=0.3 | Z=0.4 | Z=0.5 |
|---|---|---|---|
| H₁=1.0 | 2.88 | 3.24 | 3.60 |
| H₁=1.5 | 3.42 | 3.96 | 4.50 |
| H₁=2.0 | 3.96 | 4.68 | 5.40 |
| H₁=2.5 | 4.50 | 5.40 | 6.30 |
| H₁=3.0 | 5.04 | 6.12 | 7.20 |
| H₁=3.5 | 5.58 | 6.84 | 8.10 |
| H₁=4.0 | 6.12 | 7.56 | 9.00 |

設計渠道最小建議寬度為 $= (2.4+\dfrac{2.8K}{1-K})(0.5+H_1Z)$

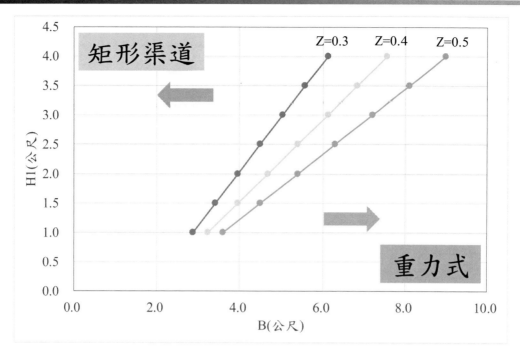

圖 5.6.4 排水路渠道設計形式建議(透水率 30%)

6. 護岸可考慮採用多孔隙材料施工,或採用砌石生態廊道並在渠牆常水位以下埋設生態管,如圖 5.6.5 所示,以營造良好之生育基盤,有利水中生態棲息空間,以提供水路多樣性生態環境,兼顧自然環境景觀和諧,有關護岸其他常見設計方法如表 5.6.1 所示。

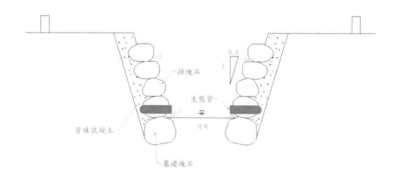

圖 5.6.5 生態工法-生態管設計示意圖

表 5.6.1 常見排水路護岸設計工法

| 生態設計工法 | 適用範圍 | 限制 |
|---|---|---|
| 木樁護岸 | 木樁護岸適用於岸高小於 1m、土質河床、緩流之水路。 | 為確保抗土壓及流體力，木樁應打入硬土層內。 |
| 排塊石護岸 | 排塊石護岸其護坡斜率宜大於1:1.5至垂直，材料可為天然岩石、礫石或加工過之塊石及小塊混凝土。 | 坡後應設級配層（厚約10~15cm)或地工合成纖維材料之濾層、隔離材。 |
| 石籠護岸 | 適用於護坡斜率大於1:1.5之緩流、急流、水衝處，可為垂直式或階梯式。 | 內填塊石級配應以直徑 25 至 35cm 為原則，約佔80%。 |
| 中空預鑄連結塊護岸、護坦 | 適用於護坡斜率小於1:2處，且可延伸至河床而具護坦工能。 | 坡後需設級配層或地工合成纖維材料之濾層。 |
| 修坡植栽 | 可分為噴植、植草製品及植草苗工法等。<br>●噴植工法適用於坡度較緩(約 1:1)且須大面積植栽之挖方邊坡坡面。<br>●植草製品工法適用於表土淺、坡面易遭沖蝕、坡度陡或表土土質堅硬之坡面。<br>●植草苗工法適用於表土層厚且施工容易之小面積緩坡面。 | 插枝植栽應選擇固土性強的原生樹種。 |

7. 為落實棲地保育精神，中小型渠道可設置生態廊道，提供兩棲爬蟲類往來水陸域間；而避免棲地切割，大型渠道可考慮設置跨渠之廊道提供生物往來渠道左右岸，以連結棲地，相關設計如圖 5.6.7 所示。

圖 5.6.6 中小型渠道生態廊道

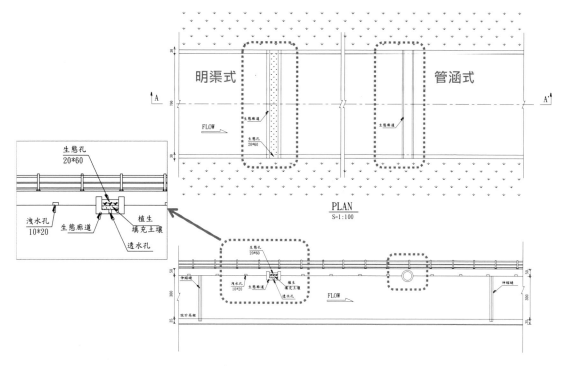

節自：彰化農田水利會 八堡一圳二水段、田中段改善工程

圖 5.6.7 大型渠道生物跨渠廊道設計圖

8. 上述所建議之設計方式應考慮各工程之設計流量、用地許可寬度、地質條件及生態物種資料調查等因地制宜進行設計，並持續進行後續之生態監測作業。

9. 相關規範可參考民國 93 年 6 月 30 日行政院農業委員會農水字第04930030405 號「農田水利建設應用生態工法規劃設計與監督管理作業要點」，如附錄二。

## 5.7 生態檢核

依據行政院公共工程委員會於 108 年 5 月 10 日頒布之公共工程生態檢核注意事項，各中央目的事業主管機關應將「公共工程生態檢核」納入計畫應辦事項。工程主辦機關辦理相關工程時，需依該注意事項辦理檢核作業。

【說明】

1. 依據「公共工程生態檢核注意事項」，農委會辦理農田水利設施生態保育對策及檢核機制如圖 5.7.1 所示，相關作業流程依工程生命週

期分為核定、規劃、設計、施工及維護管理等 5 階段，如圖 5.7.2 所示。

2. 執行相關規劃時，應先行調查擬辦工程周邊是否有應保護對象動植物，或位於特定保護區內，可蒐集交通部、農委會、經濟部水利署、內政部營建署、林務局、國土測繪中心、生物多樣性研究中心、特有生物研究保育中心等機關單位或其他機構之生態保育棲地相關圖資，蒐集對象包含動植物、保育動植物、特有動植物、及國家重要濕地、國家公園、自然保留區及水源特定區等保護區資料。

3. 生態保育措施應考量個案特性、用地空間、水理特性、地形地質條件及安全需求等，因地制宜依迴避、縮小、減輕及補償等四項生態保育策略之優先順序考量及實施，四項保育策略定義如下：

(1)迴避：

　　　　迴避負面影響之產生，大尺度之應用包括停止開發計畫、選用替代方案等；較小尺度之應用則包含工程量體及臨時設施物(如施工便道等)之設置應避開有生態保全對象或生態敏感性較高之區域；施工過程避開動物大量遷徙或繁殖之時間等。

(2)縮小：

　　　　修改設計縮小工程量體及施工期間限制臨時設施物對工程周圍環境之影響。

(3)減輕：

　　　　經過評估工程影響生態環境程度，兼顧工程安全及減輕工程對環境與生態系功能衝擊，因地制宜採取適當之措施，如：保護施工範圍內之既有植被及水域環境、設置臨時動物通道、研擬可執行之環境回復計畫等，或採對環境生態傷害較小之工法或材料(如大型或小型動物通道之建置、資材自然化、就地取材等)。

(4)補償：

　　　　為補償工程造成之重要生態損失，以人為方式於他處重建相似或等同之生態環境，如：於施工後以人工營造手段，加速

植生及自然棲地復育。

4. 有關農委會辦理生態檢核相關表單，檢附生態檢核工作所辦理之生態調查、評析、現場勘查及保育對策研擬等過程及結果之文件紀錄，如附錄三所示。

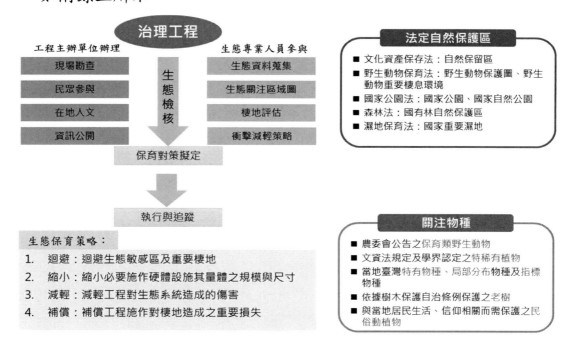

圖 5.7.1 農田水利設施生態保育對策及檢核機制

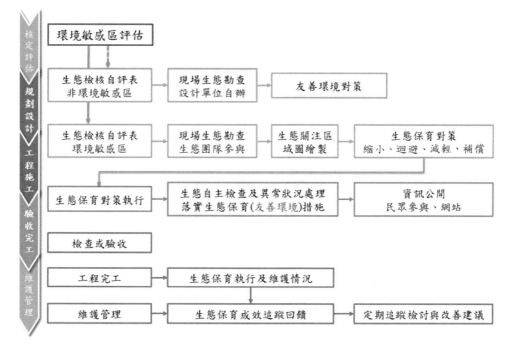

圖 5.7.2 農田水利設施生態檢核作業流程圖

## 5.8 結構應力分析

結構應力分析之目的在於排水路設計時應充分檢討其整體穩定性與結構安全性，需針對各項可能破壞機制及條件採用適用之方法分析其安全性。

【說明】

1.  結構應力分析包括靜態及動態側向土壓力分析，需依牆體斷面幾何形狀及尺寸、前後土岩體性質及分佈、牆身前後地表規則性及坡度、牆體與土岩體間互制行為特性等條件，研判並考慮採用適用該狀態土壓力之計算方法。

2.  在靜態條件下，可能之破壞機制及條件包括：傾覆(前傾或後傾)破壞、滑動破壞(淺層或深層全面破壞)、塑性流動破壞、基礎承載破壞。在動態條件下，可能之破壞型式包括：牆背或牆基土壤液化導致破壞，牆體前後動態側壓力增量造成傾覆或滑動破壞。

3.  結構體之斷面應力，包括牆身及基礎版之彎矩應力、剪應力等，以及剪力榫之檢核等。

## 5.9 土方計算

開挖整地應依基地原有地形及地貌，以減低開發度之原則進行規劃。其挖填土石方應力求平衡。

【說明】

1.  土方工程依挖方及填方分別列項計算，並力求挖填平衡，以減少餘土及借土數量。

2.  土方應依機械或人工開挖、回填分別編列。

3.  土方工程以機械施工為原則，但數量較小或施工機械無法到達之處得以人工施作方式計價。

# 第陸章 工程經費編列及期程

## 6.1 工程經費編列

工程經費應於確定估價準據及主要成本編估項目後，依各項工程數量進行估算，總工程經費包含發包工作費、工程管理費、空氣污染防制費、委外規劃、測設、監造費(無者免計算)、其他費用。

【說明】

1. 工程經費估算編列參考行政院公共工程委員會「公共建設工程經費估算編列手冊」與農委會「農田水利工程預算書工資、工率分析參考手冊」、「農田水利會工務行政管理手冊」及「農田水利會工料分析手冊」之規定辦理。

2. 技師簽證費得併入工程經費估列。

## 6.2 工程期程

工程期程應明列工程預定進度時程表，並依其工程進度時程表進行施工。

【說明】

　　工程預定進度時程表應於工程執行計畫書中檢附，其內容包含工程位置、所在縣市、工程名稱、概算經費(仟元)、設計完成日期(預定)、預算書完成日期(預定)、上網公告日期(預定)、決標日期(預定)、開工日期(預定)、完工日期(預定)及備註等項目。

# 第柒章 工程規劃設計預期成果

## 7.1 預期成果

工程完工後預期效益及可減少地方積淹水情形產生之效益。

【說明】

改善完成後之排水路應可預期將減少地方積淹水事件之發生,並加速排除積淹水,以消除災害及安定地方為目的。預期成果包含可改善之淹水面積、受保護人口等可量化成果;及降低財產損失、增加土地利用價值、平衡區域發展等不可量化成果。

## 7.2 保護面積及保護人口之估算

天然河道屬自然形成,可依據分水嶺進行集水區之劃分,而區域排水屬人造渠道,一般多位於河川下游平原處,整體坡度平緩,其保護面積之估算需依排水衝接情形進行劃分。

【說明】

1.  保護面積估算時應考量排水系統大、中、小排之流向,並配合航照底圖進行排水改善工程之保護面積判釋,示意圖如圖 7.2.1 所示。若為改善部分區段,則以部分區段所涵蓋之面積為主。

2.  有關水利設施改善工程之保護面積判釋,原則上提報改善之水利設施多為瓶頸段,故保護面積係以水利設施之上游集水區面積為範圍,並以過去曾發生淹水或有淹水潛勢疑慮之地區為主,示意圖如圖 7.2.2 所示。

3.  有關保護人口之估算,可參考內政部戶政司人口統計得知最新年度之鄉鎮人口密度統計結果,再將其乘上劃定之保護面積概估算保護人口。

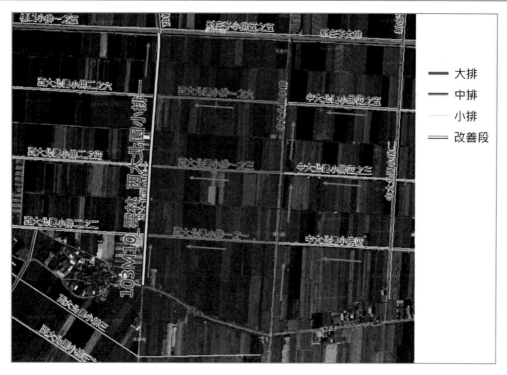

圖 7.2.1 改善工程保護面積劃分示意圖(排水)

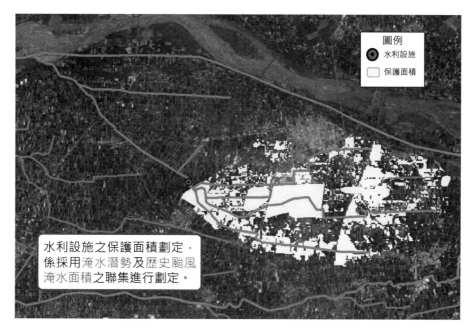

圖 7.2.2 改善工程保護面積劃分示意圖(水利設施)

## 7.3 成本分析

計畫成本支出，包括工程建造費、施工期間利息及維護管理成本等，應詳細估計，並計算年計成本，作為經濟評估的依據。

【說明】

1. 成本與效益分析應採同一物價基準始能比較，分析年限原則採用 50

年(詳見表 7.3.1)，年利率原則以 3%為準。

2. 建造成本或稱總投資額，包括設計階段作業費用、用地取得及拆遷補償費、工程建造費及施工期間利息等。

3. 年計成本

(1) 固定成本

　A. 年利息

　　　年利息為投資之利息負擔，依建造成本為準，按統一利息方式計算，一般水利投資利息以年息 3%估計。

　B. 年償債積金

　　　為投資之攤還年金，依建造成本為準，採用定額本利攤還法(Capital–Recovery Factor)估算，即

$$A = P \times \frac{i(1+i)^N}{(1+i)^N - 1}$$

　式中：

　　A ：年償債積金
　　P ：方案之建造成本
　　i ：年利息
　　N ：工程設計使用年限

(2) 運轉及維護成本

　　　包括機械設備之運轉、設施之維修及養護、安全檢查及評估等費用，依計畫大小、結構物、機械種類、運轉方法及其他因素而定，非固定值，一般以佔各分項結構工程建造費之百分率計算，可參考下表或已完工類似設施歷年運轉維護費用佔工程建造費之比率估算，維護成本一般土建以 1%、機電項目以 3%估算之。

### 表 7.3.1 水利設施耐用年限與年運轉維護費率表

| 項目 | 耐用年限 | 年運轉維護費（建造費之%） |
|---|---|---|
| 一、 壩及水庫 | | |
| 　1.　壩(除木造壩) | 100 | - |
| 　2.　壩頂閘門、排砂道閘門、吊門機及其他附屬設備 | 30 | 1.0 |
| 二、 進水口及水路 | | |
| 　1.　進水口 | | |
| 　　(1) 混凝土及結構鋼部份 | 50 | 1.0 |
| 　　(2) 閘門及吊門機等 | 30 | 1.0 |
| 　2.　隧道 | 100 | 0.1 |
| 　3.　襯砌渠道 | | |
| 　　(1) 開挖 | 100 | 1.0 |
| 　　(2) 襯砌 | 40 | 1.0 |
| 　4.　無襯砌渠道 | 100 | 2.0 |
| 　5.　混凝土造渡槽 | 60 | 1.0 |
| 　6.　管路 | | |
| 　　(1) 鋼鐵造 | 50 | 1.5 |
| 　　(2) 混凝土造 | 40 | 1.0 |
| 　7.　前池及沈砂池 | 50 | 1.0 |
| 三、 其他 | | |
| 　1.　橋梁 | 50 | 3.0 |
| 　2.　堤防 | 80 | 2.0 |
| 　3.　混凝土護坡 | 60 | 2.0 |
| 　4.　深井及抽水機 | 20 | - |

資料來源：1.水利規劃試驗所，區域排水整治及環境營造規劃參考手冊，民國 95 年
　　　　　2.臺灣省政府地政處，農地重劃農水路規劃設計規範，民國 74 年

## 7.4 效益分析

工程效益一般採用年計效益估算，年計效益可分為直接效益及間接效益。

【說明】

1.  直接效益：為農作物洪災損失減少之效益，農作物洪災損失減少之效益以稻米及旱作（甘蔗、甘藷、玉米、部份高經濟作物）為農作物浸水損失計算之對象。計算農作物浸水損失公式如下：
    農作物浸水損失 = [ (每公頃產值×減產率) + 復耕增加成本 ] × 浸水面積

    (1) 每公頃產值：水稻產值參考民國99~103年農委會農業統計年報之統計資料估算，每公頃產值約為20~30萬元，旱作(含部份高經濟作物及蔬菜等)因各地區種植項目迥異，其每公頃產值可參考農業統計年報統計資料進行估算，若有水稻與旱作混作時，可依水稻與旱作種植面積比例進行每公頃平均產值之估算。

    (2) 減產率：水稻及雜作之淹水深度與減產率關係可參考「灌溉排水工程設計之第七篇-排水規劃設計」─水稻雜作淹水深度與減產率關係曲線圖(詳附圖1)。

    (3) 復耕增加成本：包括經浸水後之整地、肥料、農藥等之費用，每公頃之機械整地成本約為1.2萬元、農藥及肥料成本(含工資)約為1萬元，合計為2.2萬元(每公頃復耕費用以2.2萬元計算，另淹水深度小於0.3公尺不需復耕)。

    (4) 浸水面積：一般可採工程治理前作物浸水面積估算。

2.  間接效益：排水改善後之間接效益為工程完工後所減輕之洪災間接損害(包括交通中斷損失，無法工作勞務損失、工商停產損失、廢棄物處理費用、緊急救援、避洪、抗洪等費用)，由於間接效益難以量化，以直接效益總和20%~40%作為間接效益估算依據。

## 7.5 經濟評價

計畫之經濟評價，通常以效益與成本的比較作為衡量經濟效益之準則。

【說明】

計畫方案經濟評價之方法一般採益本比法。

$$益本比=B/C$$

式中 B 為年計效益，C 為年計成本，或均換算為現值表示，且各提報工程之益本比應獨立計算。計畫必須符合益本比大於或等於 1，其經濟可行性才算合格，惟不可計之無形效益有時比可計效益更重要，農民對生產基地淹水改善有時比住家淹水改善更為重視，可提供決策時之主要考量，應於設計規劃時詳細述明。

# 第捌章 農田排水設計相關工程類別

## 8.1 排水路(明渠)

### 8.1.1 定義

所謂明渠即將定量的水,由某一地點安全地輸送至天然地帶或人為地形之渠道,其特性為:(1)水體直接受大氣壓力,具有自由表面。(2)水深斷面隨流量、渠底坡度、水面坡度而改變。(3)水流方向由重力決定。

【說明】

　　明渠是一種具有自由表面(表面上各點受大氣壓力作用)水流之管道。根據形成可分為天然明渠和人工明渠。前者如天然河道;後者如人工輸水管道、運河及未充滿水流之管道等。

### 8.1.2 型式種類

明渠為農田排水中常見之輸水構造物,其依形狀斷面可分為梯形斷面及矩形斷面;依結構斷面可分為挖方渠道、填方渠道以及半挖半填渠道。

【說明】

1.　依形狀斷面分類:

　　(1) 梯形斷面:為常見之橫斷面形狀,具有較好之水力斷面。

　　(2) 矩形斷面:斷面形式簡單,施工較易,常見於混凝土水路。

2.　依渠道結構斷面分類:

　　(1) 挖方渠道:明渠所經過之地面高程高於渠道設計水位,而有不需要暗渠或隧道時所修築之挖方明渠。挖方渠道大多行水安全,方便管理,大型灌溉渠道多為此種結構。該種渠道應特別處理邊坡之排水,以防塌坡。

　　(2) 填方渠道:明渠渠底高程高於地面高程。設計填方渠道時,應

特別注意防止滲漏。填方高度大於 5~8 m 時，應按土壩設計要求，進行穩定分析，並設置必要之濾水設施。新填方渠道應預留沉陷量，出水高要足夠，堤頂應有管理道路，以便於管理及養護。

(3) 半挖半填渠道：此種渠道之挖、填方量大致相等，工程費可減少，填方部份之坡腳應有濾水設施，以利排水及邊坡之穩定。

## 8.1.3 設計

一般設計渠道實難達成所有條件，惟需盡可能合乎理想。諸如符合最佳水力斷面之渠道，未必合乎於滲透量最小，反之亦然。

【說明】

1. 曼寧公式

$$V = \frac{1}{n} R^{2/3} S^{1/2}$$

$$Q = A \cdot V$$

式中：

$Q$ ： 流量(cms)

$A$ ： 通水斷面積($m^2$)

$n$ ： 曼寧粗糙係數(參考表 8.1.1)

$V$ ： 斷面平均流速 (m/s)

$R$ ： 水力半徑(m)

$S$ ： 能量坡降或渠床坡度

## 表 8.1.1 曼寧粗糙係數 n 值參考表

| 渠槽類型及材質 | 最小值 | 一般值 | 最大值 |
|---|---|---|---|
| 1.金屬 | | | |
| (1) 光滑鋼表面 | | | |
| a. 不油漆 | 0.011 | 0.012 | 0.014 |
| b. 油漆 | 0.012 | 0.013 | 0.017 |
| (2) 具有皺紋 | 0.021 | 0.025 | 0.030 |
| 2. 非金屬 | | | |
| (1) 水泥 | | | |
| a. 表面光滑、清潔 | 0.010 | 0.011 | 0.013 |
| b. 灰漿 | 0.011 | 0.013 | 0.015 |
| (2) 混凝土 | | | |
| a. 抹光 | 0.011 | 0.013 | 0.015 |
| b. 用板刮平 | 0.013 | 0.015 | 0.016 |
| c. 磨光,底部有卵石 | 0.015 | 0.017 | 0.020 |
| d. 噴漿,表面良好 | 0.016 | 0.019 | 0.023 |
| e. 噴漿,表面波狀 | 0.018 | 0.022 | 0.025 |
| f. 在開鑿良好之岩石上襯工 | 0.017 | 0.020 | |
| g. 在開鑿不好之岩石上襯工 | 0.022 | 0.027 | |
| (3) 用板刮平的混凝土底,邊壁為: | | | |
| a. 灰漿中嵌有排列整齊之石塊 | 0.015 | 0.017 | 0.020 |
| b. 灰漿中嵌有排列不規則之石塊 | 0.017 | 0.020 | 0.024 |
| c. 粉飾的水泥塊石圬工 | 0.016 | 0.020 | 0.024 |
| d. 水泥塊石圬工 | 0.020 | 0.025 | 0.030 |
| e. 乾砌塊石 | 0.020 | 0.030 | 0.035 |
| (4) 卵石底,邊壁為: | | | |
| a. 用木板澆注之混凝土 | 0.017 | 0.020 | 0.025 |
| b. 灰漿中嵌亂石塊 | 0.020 | 0.023 | 0.026 |
| c. 乾砌塊石 | 0.023 | 0.033 | 0.036 |
| (5) 槽內有植物生長 | 0.030 | | 0.050 |
| 3. 開鑿或挖掘而不敷面的渠道 | | | |
| (1) 渠線順直,斷面均勻的土渠 | | | |
| a. 清潔,最近完成 | 0.016 | 0.018 | 0.020 |
| b. 清潔,經過風雨傾蝕 | 0.018 | 0.022 | 0.025 |
| c. 清潔,底部有卵石 | 0.022 | 0.025 | 0.030 |
| d. 有牧草和雜草 | 0.022 | 0.027 | 0.033 |
| (2) 渠線彎曲,斷面變化的土渠 | | | |
| a. 沒有種植 | 0.023 | 0.025 | 0.030 |

| 渠槽類型及材質 | 最小值 | 一般值 | 最大值 |
|---|---|---|---|
| b. 有牧草和一些雜草 | 0.025 | 0.030 | 0.033 |
| c. 有密茂的雜草或在深槽中有水生植物 | 0.030 | 0.035 | 0.040 |
| d. 土底，碎石邊壁 | 0.028 | 0.030 | 0.035 |
| e. 塊石底，邊壁為雜草 | 0.025 | 0.030 | 0.040 |
| f. 圓石底，邊壁清潔 | 0.030 | 0.040 | 0.050 |
| (3) 用挖土機開鑿或挖掘的渠道 | | | |
| a. 沒有植物 | 0.025 | 0.028 | 0.030 |
| b. 渠岸有稀疏的小樹 | 0.035 | 0.050 | 0.060 |
| (4) 沒有加以維護的渠道，雜草和小樹未清除 | | | |
| a. 有與水深相等高度的濃密雜草 | 0.050 | 0.080 | 0.120 |
| b. 底部清潔，兩側壁有小樹 | 0.040 | 0.050 | 0.080 |
| c. 在最高水位時，情況同上 | 0.045 | 0.070 | 0.110 |
| d. 高水位時，有稠密的小樹 | 0.080 | 0.100 | 0.140 |

資料來源：交通部，公路排水設計規範，民國 98 年

2. 最佳水力斷面

　　所謂最佳水力斷面，乃指同一通水斷面積具有最大水力半徑及最小潤周下能得最大流量之斷面。梯形及矩形為最佳水力斷面時，各要素間之關係如下：

$$y = \sqrt{\frac{A \sin \theta}{2 - \cos \theta}} \ , \ b = 2y \cdot \tan \frac{\theta}{2}$$

式中：

　　y ： 水深(m)
　　A ： 通水斷面積(m²)
　　θ ： 側壁對水平之傾斜角
　　b ： 底寬(m)

　　不同型式渠道之最佳水力斷面各要素如表 8.1.2 所示，示意圖如圖 8.1.1 及圖 8.1.2 所示。

表 8.1.2 各種渠道最佳水力斷面

| 斷面形狀 | 面積 A | 潤濕周 P | 水力半徑 R=A/P | 水面寬度 T | 水力深度 D =A/T | 斷面因子 $Z = A\sqrt{D}$ |
|---|---|---|---|---|---|---|
| 梯形 | $\sqrt{3}y^2$ | $2\sqrt{3}y$ | $\frac{1}{2}y$ | $\frac{4}{3}\sqrt{3}y$ | $\frac{3}{4}y$ | $\frac{3}{2}y^{2.5}$ |
| 矩形 | $2y^2$ | $4y$ | $\frac{1}{2}y$ | $2y$ | $y$ | $2y^{2.5}$ |

資料來源：內政部土地重劃工程局，農地重劃區農路、水路建造物規範手冊，民國 93 年

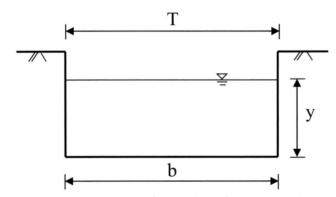

資料來源：1.內政部土地重劃工程局，農地重劃區農路、水路建造物規範手冊，民國 93 年
　　　　　2.臺灣省政府地政處，農地重劃農水路規劃設計規範，民國 74 年

圖 8.1.1 矩形渠道斷面示意圖

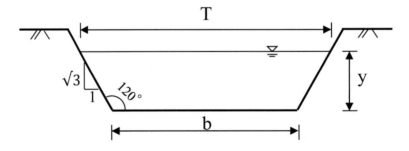

資料來源：1.內政部土地重劃工程局，農地重劃區農路、水路建造物規範手冊，民國 93 年
　　　　　2.臺灣省政府地政處，農地重劃農水路規劃設計規範，民國 74 年

圖 8.1.2 梯形渠道斷面示意圖

3. 渠道之安定

　　設於山腰部之渠道，對此問題尤其重要，若水位浸及填土部份則其流出之水量因水壓之增大而增加，容易招致危險，故應將其通水斷面設計於挖土部份或必要時加以內面工。

4. 內面工

　　為保護渠道內坡安全，防止水量滲漏，並維持渠道良好狀態，

應採用適當材料襯砌而成內面工渠道。目前灌溉渠道以採用混凝土內面工為多，亦有採用漿砌塊石及土質內面工者。

(1) 混凝土內面工之厚度一般為 5~12 cm，而一般中型水路為 10cm 左右，其邊坡通常較 1:1 平緩為宜。

(2) 砌石內面工較混凝土內面工美觀，符合景觀要求。漿砌塊石須注意背後之排水。流速愈大需要石材愈大，流速與石材長度之關係如表 8.1.3 所示。

表 8.1.3 流速與石材長度

| 流速(m/s) | | 2.5 | 3.0 | 4.0 | 5.0 |
|---|---|---|---|---|---|
| 種類 | 材料 | 石材長度(cm) | | | |
| 堆石 | 卵 石 | 32 | 45 | 80 | 125 |
| 堆石 | 方塊石 | 25 | 36 | 64 | 100 |
| 乾砌 | 卵 石 | 25 | 30 | 45 | 65 |
| 乾砌 | 方塊石 | 25 | 30 | 35 | 50 |
| 漿砌 | 卵 石 | 20 | 25 | 30 | 45 |
| 漿砌 | 方塊石 | 20 | 25 | 30 | 35 |

資料來源：內政部土地重劃工程局，農地重劃區農路、水路建造物規範手冊，民國 93 年

5. 挖掘容易且經濟之斷面

渠道水深增加則挖掘單價亦增高，其殘土放置距離愈遠費用愈增，故土渠經濟之決定要素與此有莫大之關係。

6. 渠道縱坡

排水路縱斷面之設計，應視地形、土質及流速等因素而定。渠道計畫縱坡應配合各排水路現況坡度規劃，以減少土方挖填數量為原則，上游坡度較陡者需設置跌水工消能，以降低流速防止沖刷，明渠容許最大縱坡與土質之關係如表 8.1.4 所示。

表 8.1.4 明渠容許最大縱坡與土質之關係

| 土質 | 重粘土 | 礫石土 | 砂土 | 腐植土 | 粉泥 |
|---|---|---|---|---|---|
| 縱坡 | 1/150 | 1/250 | 1/800 | 1/1,000 | 1/10,000 |

資料來源：內政部土地重劃工程局，農地重劃區農路、水路建造物規範手冊，民國 93 年

7. 最小容許流速

　　渠道應不發生淤積，其流速亦不能低於該渠道構築材料最小容許流速。依印度之肯尼第氏(Kennedy)之最小容許流速：

$$V_s = C \cdot y^{0.64}$$

$$V_s = C \cdot y^{0.50} \text{ (清水時)}$$

式中：

    $V_s$ ：不沖不淤之容許流速(m/s)

    $C$ ：流速係數，不同土質之 C 值如表 8.1.5 所示。

    $y$ ：水深(m)

表 8.1.5 不同土質之 C 值 (最小容許流速)

| 土質 | 流速係數 C 值 |
|---|---|
| 輕且鬆之砂質壤土 | 0.535 |
| 微細砂土 | 0.548 |
| 輕且鬆之細砂土 | 0.587 |
| 砂質壤土 | 0.645 |
| 粗砂土 | 0.698 |

資料來源：內政部土地重劃工程局，農地重劃區農路、水路建造物規範手冊，民國 93 年

8. 最大容許流速

　　最大容許平均流速，因渠道構成材料不同而有限制，相關流速限制說明詳見表 8.1.6。

表 8.1.6 明渠最大容許流速

| 土質 | 最大安全流速<br>(m/s) | 土質 | 最大安全流速<br>(m/s) |
|---|---|---|---|
| 純細砂 | 0.23~0.30 | 平常礫土 | 1.23~1.52 |
| 不緻密之細砂 | 0.30~0.46 | 全面密草生 | 1.50~2.50 |
| 粗石及細砂石 | 0.46~0.61 | 粗礫、石礫及砂礫 | 1.52~1.83 |
| 平常砂土 | 0.61~0.76 | 礫岩、硬土層、軟質、水成岩 | 1.83~2.44 |
| 砂質壤土 | 0.76~0.84 | 硬岩 | 3.05~4.57 |
| 堅壤土及粘質壤土 | 0.91~1.14 | 混凝土 | 4.57~6.10 |

資料來源：水土保持技術規範，民國 106 年

無常流水之最大容許流速可提高如下：

(1) 混凝土或混凝土砌塊石：最大容許流速為 6.1 m/s。

(2) 鋼筋混凝土：採最大容許流速為 12 m/s。可依混凝土抗壓強度比例調整最大容許流速。

9. 上揚力

　　在地下水位較淺處，渠中流量較小或斷水時，因地下水或雨水滲入內面工背面，致使渠道內面工因水壓而產生上浮，若內面工強度不足時，將導致破壞現象，因此必需有排除地下水或滲透水之設施：

(1) 在內面工側坡上埋設排水孔。

(2) 在內面工底部設置導水暗管，引導地下水至低處排除。

(3) 渠道內面工須有足夠重量以防止上浮。

### 8.1.4 工程範例照片

資料來源：臺灣宜蘭農田水利會-平行水路協和九中排

### 8.1.5 工程參考圖

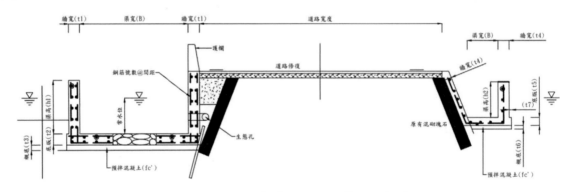

圖 8.1.3 矩形渠道施設生態孔參考圖

備註：

1. 工程範例參考資料：103 年度宜蘭農田水利會-平行水路協和九中排改善工程，詳細參考圖請詳附錄四(圖 01/18、圖 02/18)。

2. 排水路為防止崩塌而採用 RC 混凝土溝者，欲達到增加滲水及營造小生物棲地之目的，在不致使渠底泥沙被吸出之情況下，可於渠底開孔填石增加滲透。

3. 上述參考圖之樣式僅供示意，設計時應進行結構計算及水理分析。

## 8.2 排水路(暗渠)

### 8.2.1 定義

> 暗渠為一種管路,用於橫越鐵路、公路、堤防,或因用地關係不能開設明渠時設置之。除受渠道內水流壓力外,並無其他內壓力存在。

【說明】

1. 暗渠為一種通水管路,在坡面過長、挖土量過多或地下水位高需承受上揚力;或因湧水過多,使明渠在結構上不安定;或經濟上有不利的情形;或穿越道路等因覆蓋土深度不足無法以管幕工法方式施工時,均適用暗渠工程。

2. 暗渠每公尺之造價高於明渠 2~3 倍,因此在地質條件容許範圍內應盡量縮短其長度及減小其斷面。

### 8.2.2 型式種類

> 暗渠之形狀以矩形及圓形較為常見。其構成材料主要為金屬及混凝土,一般以預鑄混凝土之圓形管或現場澆注混凝土之矩形暗渠最為普遍,直徑較小之暗管可在市面上之水泥製品廠購入,依其管徑及受壓大小選購適宜且經濟之品項。

【說明】

1. 矩形斷面在施工上較簡單,因模型板不複雜、且鋼筋之配置與綁紮也較為容易,故常被採用,但當暗渠承受載重增加、內部水壓大於外部載重時,其經濟性將降低。

2. 圓形斷面較適合埋設於深度較深之公路或堤岸之下。且若將圓形斷面底部稍放平,可使支承力及荷重均勻分布於底板上。

### 8.2.3 設計

暗渠水理設計之目的為分析與確定暗渠斷面之大小與高程佈置。其斷面依渠道流量而定，底高及水面坡降可由渠道標高計算，並依構造材料決定粗糙率，考量到暗渠之耐久性，其流速亦受到限制。水理則與具有自由液面之等速流渠道計算方法相同，但滿管時需依管流計算。其與明渠之相接處，因斷面與流速等之變化而產生損失水頭，故應設漸變段相接以減少其水頭損失。

【說明】

1. 流速

    一般混凝土管之最大流速，在暗渠下游有消能設備時為 4m/s，設有漸變槽時為 3m/s，如進口與出口無特殊設計時則為 1.5m/s。

2. 管徑

    當水流滿管時，管徑可由下列基本公式計算：

    $$Q = A \cdot V$$

    $$D = 1.13\sqrt{\dfrac{Q}{A}}$$

    式中：

    Q ：管內流量
    A ：管截面積
    V ：管內流速
    D ：管徑

    通常暗渠之最小管徑 D 為 60 cm。

3. 水理控制

    上游水面將由滿足進口情況或出口情況(如高尾水位或管摩擦損失)所需水頭所控制，為確保各種水理計算之妥當性，水理控制在於進口或出口應予確定。

4. 進口或出口控制之確定

    控制型式通常由管道之縱斷面來決定。例如，下游渠道寬大、無規則且與進口比較相當低時，可建議由進口控制。如果，尾水位

與進口底檻比較相當高而下游渠道有規則且坡度平緩時，可建議由出口控制。

此外，另一限制條件為，除非管道坡度大於臨界坡度，否則不可能為進口控制。若無法直接經由觀察縱斷面確立水理控制之位置時，可利用柏努力定律(Bernoulli theorem)求解如下：

$$E_1 + \Delta E = E_2 + H_E$$

式中：

$E_1$ ：控制點 1 之比能
$E_2$ ：控制點 2 之比能
$\Delta E$ ：兩控制點渠底之高程差
$H_E$ ：兩點間之能量損失

判定時，若渠道任一點之水面能量線符合上述公式時，可確定為出口控制。但若任兩點間無法達到平衡時，則表示在此兩點間有水躍發生。此種無法達到能量平衡之情況發生時，表示為上游水面之進口控制。但若水躍發生在下游出口渠道與管道出口邊則表示為出口控制，此種情況下，渠道內低尾水位讓水流剛離開管道時即從超臨界流變為亞臨界流。

5. 進口控制水理計算

使用進口控制時，暗渠進口處所需水頭可用下列孔口公式計算：

$$Q = CA\sqrt{2gH}$$

式中：

C ：流量係數=0.6
A ：管截面積
g ：重力加速度
H ：水頭，上游水面至胸牆處管道中心之距離

因此，水頭$H = 0.142V^2$

6. 出口控制水理計算

使用出口控制時，需考慮以下水頭損失函數：

(1) 進口損失($H_i$)：

$$H_i = k_i \cdot \Delta H_v$$

式中：

$k_i$ ： 進口損失係數
$\Delta H_v$ ： 漸變段兩端流速水頭差

(2) 管路損失($H_f$)：

主要為摩擦損失，因斷面型式不同可由下式計算：

圓形斷面

$$H_f = f \frac{L}{D} \cdot \frac{V^2}{2g}$$

一般斷面

$$H_f = f \frac{L}{4R} \cdot \frac{V^2}{2g}$$

式中：

$f$ ： 摩擦損失係數
$L$ ： 管路長度
$D$ ： 管徑
$R$ ： 水力半徑
$V$ ： 管內流速
g ： 重力加速度

如果暗渠出入口底部高差大於損失時，暗渠內水流成為自由流。摩擦損失係數可改寫為：

圓形斷面

$$f = 124.6n^2/D^{\frac{1}{3}}$$

一般斷面

$$\frac{f}{4} = 19.6n^2/R^{\frac{1}{3}}$$

(3) 出口損失($H_o$)：

$$H_o = k_o \cdot \Delta H_v$$

式中：

$k_o$ ： 出口損失係數
$\Delta H_v$ ： 漸變段兩端流速水頭差

進出口損失係數須依進出口之漸變段情況而定，一般連接土渠與管路之漸變段(土渠)採用$k_i = 0.5$，$k_o = 1.0$。因此產生設計流量所需水頭可總合上述各項損失如下：

$$H = H_i + H_f + H_o$$

## 8.2.4 工程範例照片

資料來源：臺灣嘉南農田水利會-西鹿草中排一

## 8.2.5 工程參考圖

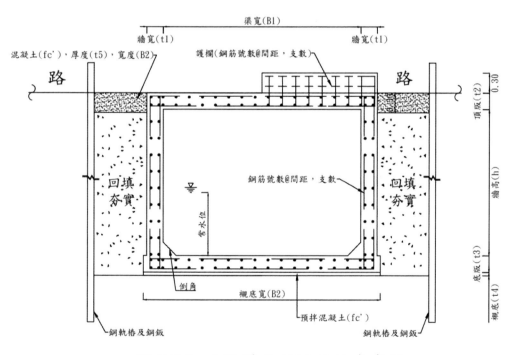

圖 8.2.1 暗渠單孔箱涵設計參考圖

備註：

1. 工程範例參考資料：104 年度嘉南農田水利會-西鹿草中排一農田排水改善工程，詳細參考圖請詳附錄四(圖 03/18)。

2. 上述參考圖之樣式僅供參考，設計時應進行結構計算及水理分析。

# 8.3 渡槽

## 8.3.1 定義

渠道欲橫越低地、河川、排水路等,不宜繞道增加工程費,或輸水損失水頭受限制時,可設置渡槽以輸送水量,一般設置在地面支架之上,用以輸水跨越河谷、渠道或地面陷窪之處。倘有足夠之損失水頭,可設置倒虹吸工或暗渠等,其與渡槽之互相間如何選擇,則應視其天然條件及經濟條件而能達到安全之目的為主要原則。

【說明】

1. 一般較深且寬之山谷由於墩柱之架設不經濟且施工困難,較不適合設置渡槽,僅在支撐結構較低,或有適當基礎可茲利用之地區設置。

2. 渡槽主要由進出口段、槽身、支承結構及基礎等部分組成。

   (1) 進出口:包括進出口漸變段、與兩岸渠道連接之槽台、擋土牆等。其作用是使槽內水流與渠道水流平順銜接,減小水頭損失並防止沖刷。

   (2) 槽身:主要為輸水作用,對於梁式、拱式渡槽,槽身可同時做為縱向梁。槽身橫斷面形式有矩形、梯形、U 形、半橢圓形和拋物線形等,其中矩形與 U 形較為廣泛使用。橫斷面之形式與尺寸主要根據水力計算、材料、施工方法及支承結構形式等條件選定。部份渡槽也有將槽身與支承結構結合為一體之設計。

   (3) 支承結構:其作用是將支承結構以上的荷載通過它傳給基礎,再傳至地基。按支承結構形式之不同,可將渡槽分為梁式(圖 8.3.1A)、拱式(圖 8.3.1B、C)、梁型桁架式及桁架拱(或梁)式以及斜拉式等(圖 8.3.1D)。

   (4) 基礎:為渡槽下部結構,其作用是將渡槽全部重量傳給地基。

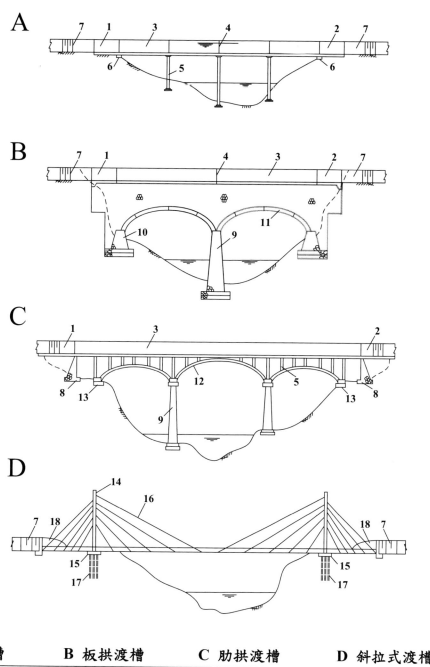

| A 梁式渡槽 | B 板拱渡槽 | C 肋拱渡槽 | D 斜拉式渡槽 |
|---|---|---|---|
| 1：進口段 | 7：渠道 | | 13：拱座 |
| 2：出口段 | 8：重力式槽台 | | 14：塔架 |
| 3：槽身 | 9：槽墩 | | 15：承台 |
| 4：伸縮縫 | 10：邊墩 | | 16：斜拉索 |
| 5：排架 | 11：砌石板拱 | | 17：井柱樁 |
| 6：支墩 | 12：肋拱 | | 18：填土 |

圖 8.3.1 渡槽佈置圖

## 8.3.2 型式種類

渡槽依使用之材料及構造可分為：鋼筋混凝土渡槽、預力混凝土渡槽以及鋼架渡槽三種。

【說明】

1. 鋼筋混凝土渡槽

    因具耐久性構造，為一般採用最廣泛之一種，其斷面形狀有矩形、方形外尚有用 RC 管之圓形及半圓形體。

2. 預力混凝土渡槽

    適用於需長跨徑處，可減少橋墩工程費或施工困難之基礎，並可縮短施工期限。

3. 鋼架渡槽

    設於徑間長、谷深、橋墩設置困難處，亦可兼用公、鐵路橋，其斷面形狀有矩形、圓形及半圓形體。

## 8.3.3 設計

渡槽除非如倒虹吸工具有似壓力管之作用外，一般均為均勻流，可依明渠之水理原則設計，其流速一般限制在 0.7~3.0 m/s，且不宜為超臨界流狀態，以免於槽中產生震動。

【說明】

1. 漸變槽設計

    渠道與渡槽間因斷面不同，應設上、下游漸變槽以穩定水流、消除橫波。此種漸變槽可為直線型或流線型。其型式之選擇均須根據所允許之水頭損失大小及減少水流擾動程度而定。在水頭充裕之渠道應採直線式漸變、而坡度在 1/2000 以下之幹渠則應以流線型漸變施作。一般而言邊線與中心線之交角在12.5°~25°為宜，示意圖如圖 8.3.2 所示。

漸變槽長度：

$$L = \frac{1}{2}(T_1 - T_2)/\tan\theta$$

式中：

- $L$ ： 漸變槽長度
- $T_1$ ： 上(下)游渠道水面寬度
- $T_2$ ： 渡槽水面寬度
- $\theta$ ： 漸變槽邊線與中心線之交角

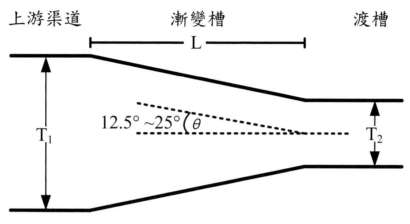

圖 8.3.2 漸變槽示意圖

2. 出水高度

渡槽之出水高度，視其上游有無側溢道之設備而定。若有側溢道足以排洩多餘之水量，渡槽之出水高度可依一般明渠出水高度之設計，否則必須估算過量水之浸入，以設計容許之預計最大流量。

3. 渠底標高

渠底標高之決定完全基於能量線(Specific Energy)。

4. 流速

渡槽中之流速因斷面縮小通常會上升，一般混凝土之容許最大流速為 4 m/s，但設計以 0.7m/s~3.0 m/s，較為理想。其目的在減少斷面積及造價，但通常須比臨界流速低，以避免發生水躍而發生溢水。

5. 縱坡

一般渡槽內水流不管為常流或射流，均以等速流處理。其縱坡以 1/300~1/400 為標準。

6. 水頭損失

渡槽漸變槽之斷面變化損失可以表 8.3.1 計算之：

表 8.3.1 渡槽漸變槽之斷面變化損失($\Delta S$)

| 類別 | 直線型 | 流線型 |
|------|--------|--------|
| 進口 | $0.2(hv_2 - hv_1)$ | $0.1(hv_2 - hv_1)$ |
| 出口 | $0.3(hv_2 - hv_3)$ | $0.2(hv_2 - hv_3)$ |

資料來源：前農復會，灌溉排水工程設計，民國 67 年

$hv_1$、$hv_3$ 分別為上、下游渠道流速水頭

$hv_2$ 為渡槽內之流速水頭

渡槽漸變槽之摩擦損失為 $h_f = L \cdot \Delta S$，通常因摩擦而生之水頭損失甚小，可忽略不計。

## 8.3.4 工程範例照片

資料來源：臺灣嘉南農田水利會-南牛挑灣小排一

### 8.3.5 工程參考圖

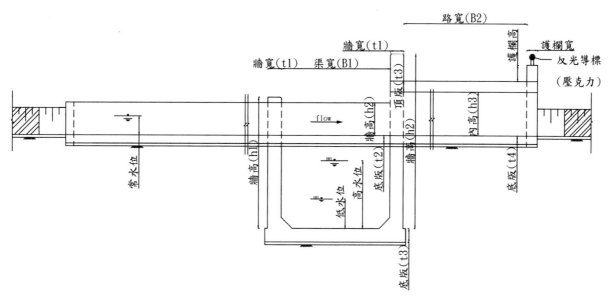

圖 8.3.3 渡槽設計參考圖

備註：

1. 工程範例參考資料：107 年度嘉南農田水利會-南牛挑灣小排一農田排水改善工程，詳細參考圖請詳附錄四(圖 04/18、圖 05/18)。

2. 上述參考圖之樣式僅供參考，設計時應進行結構計算及水理分析。

## 8.4 水門

### 8.4.1 定義

水門工程係指在排水路中或進出口處設置可活動之機械設施，包括制水閘、制水門、制水汏等稱之，藉由該設施活動部份(一般稱為門扉)之啟閉動作，控制水路水流或阻斷外水。其目的主要為配合防洪、排水、禦潮等水力事業之興辦，發揮擋水、制水功能，以防範外水、暴潮之災害，並兼能調節內水之蓄洩。

【說明】

1. 依據水利法第 48 條：「防水、引水、蓄水、洩水之建造物，如有水門者，其水門啟用之標準、時間及方法，應由興辦水利事業人預為訂定，申請主管機關核准並公告之，主管機關認為有變更之必要時，得限期令其變更之」。

2. 若農田排水匯入區域排水處位於感潮段或河口，視情況需於出口處設置防潮閘門，避免外水入侵。

3. 排水水門示意如圖 8.4.1 所示，其主要結構組成說明如下：

   (1) 基座：為水門主要下部結構，其主要承受閘門荷重。

   (2) 翼牆與側牆：當水門洩水時，因流速增加，故閘門上下游須有足夠長之翼牆，而側牆主要承受堤防之土壓與上下游滲透壓力。

   (3) 閘墩：主要承受自重、提吊力、上部閘門操作室、操作設備、管理橋等之荷重。當閘門跨距大時，可視需要設 2 座以上閘門，並設中間閘墩。

   (4) 胸牆：為防止外水從閘門上方溢流，主要設於閘門上方。

   (5) 閘門門扉：其功用在於阻擋水流之通過，並承受水流荷重。

   (6) 閘門門框：其功用在於提供門扉啟閉軌道與水封止水之鋼架，並將門扉所承受之荷重傳遞至閘墩。

   (7) 閘門操作室：主要設置機電設備與閘門之操作設備，多位於閘門上方。排水水門之規模較小者，得不設操作室。

(8) 操作設備：又稱啟閉設備，其功用在於提供閘門啟閉之動力。

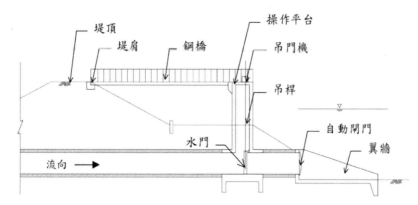

資料來源：經濟部水利署水利規劃試驗所，水利工程技術規範(草案)，民國 103 年

圖 8.4.1 水門示意圖

## 8.4.2 型式種類

適用堤防水門之閘門種類包括滾輪式、滑動式、自動式(或稱吊摺式)等類型，設計者可依功能設計選擇適當之型式。

【說明】

　　按照閘門啟閉方式，一般可區分為直提式、鉸鏈式與倒伏式三類，其中直提閘門(Vertical Lift Gate)，又稱為平面閘門(Plain Gate)包括滾輪閘門(Roller Gate)、滑動閘門(Slide Gate)、擋水閘鈑(Slot Gate)等；鉸鏈閘門包括弧形閘門(Radial Gate；Tainer Gate)、扇形閘門(Sector Gate；Drum Gate)。

## 8.4.3 設計

水門工程設計應依據達成設置水門之功能目標、具有安全之結構強度、具有水密性及耐久性、操作平順且可靠、維護保養容易、符合工程經濟等原則辦理。

【說明】

1. 水門防護條件與設計水位主要依據堤防水門上、下游主體建造物之防洪基準而定。水門淨通水斷面係根據水門內外水頭差、計畫排水流量、孔口高等決定每扇閘門初步尺寸及門扇數。

2. 閘門之材料與型式可依水門尺寸及門扇數、設置點之環境、操作性、工程經濟及廠商製造品質能力等因素，選取適當型式。

3. 閘門操作條件：閘門之啟閉速度一般正常情形在 0.3~0.5 m/min 之間，自動啟閉或須減低速度者以不小於 0.1 m/min 為宜。閥門則依種類有不同之開度限制，須根據廠家設備型錄之規定作適當之操作。水門開啟後停放高度以不影響水流為原則。通常閘閥操控以現場控制為主，而以遠方控制為輔；若基於節省人事費用，而僅採遠方控制方式，則在現場需有攝影裝置，俾將現場水門啟閉狀態傳回控制中心；或必須在控制中心可目視閘閥啟閉之範圍內，以維護閘閥之正常運轉。

4. 閘門操作時機：排水閘門平時以全開為原則，以使內水可藉重力自然排除；洪水期間則視內外水位進行啟閉操作，當外水位高於內水位時關閉閘門，反之則開啟。閘門與抽水站聯合進行排水運轉時，閘門操作除視內外水位外，尚須與抽水站聯合操作。

5. 操作模式分為現場控制及遠方控制二種。若閘門控制模式具有遠方控制之功能，則必須設置監視設備，以監視啟閉過程是否正常。

6. 詳細設計內容可參考「經濟部水利署水利規劃試驗所，水利工程技術規範(草案)，2014」辦理。

### 8.4.3.1 閘門門扉組成與材料

閘門門扉包括面板、梁架組、輥輪組、水封組、導輪(履)組、吊耳組，門扉材料主要以鋼製為原則。

1. 梁架組包括橫梁、豎梁、端(邊)梁及加強梁等。

2. 輥輪組包括輥輪、輥輪軸、軸承及固定零件等。若輥輪為單邊接觸輥輪軌座者，其輥輪軸宜採用偏心型式，俾便具有調整輥輪位置之功能。

3. 水封組包括橡膠水封(水道工程使用)、鋼製水封(防洪工程使用)、水封背板、水封壓板及固定鏍栓。二支固定鏍栓之間距以 100 mm 為宜(除二端之鏍栓距水封壓板邊緣外)。

4. 導輪(履)組包括導輪(履)、導輪(履)座及固定零件。導輪(履)與門框邊緣之裕度以不小於 3 mm 為宜。

5. 整體閘門門扉之邊緣距門框邊緣之裕度以不小於 5 mm 為宜。

6. 適用閘門材料之種類國內應用最廣者為鋼鈑、結構鋼、鑄鋼、鑄鐵及不銹鋼鈑，但也有小型閘門採用木質、鋼木組合的水門。

7. 閘門完成後，除不鏽鋼材質外，需塗以油漆防銹。所有材料選擇需符合中華民國國家標準 CNS 或美國 ASTM 或日本 JIS 規範相關規定，各材料之化學成份、物理性質、性能等經檢驗合格後始得使用。

8. 具有水位漲退現象之地方不適合採用木質材料之閘門。

9. 閘門門扉組成需注意各構件有無積水之虞，部分需鑽孔排水，且鑽孔處需做防蝕處理。

10. 具有鹽分或海風侵襲之地方採用不銹鋼材質 SUS316L 以上，抗腐蝕性較佳。

11. 碳鋼材質之閘門需加以油漆，以避免閘門迅速腐蝕。

12. 鑄鋼、鑄鐵材質閘門需依 CNS-2906G3052、CNS-2472G3038 或其他鑄造相關規範辦理。

### 8.4.3.2 操作設備

操作設備可依設備之動力方式及傳動方式組合成多種組合型式，設計者應依設計功能不同選擇適當之組合型式。

1. 操作設備構成元件計有下列三項：
   (1) 動力元件：功用在於產生動力負載，使閘門有動作之力量。
   (2) 傳動元件：功用在於利用動力負載，執行啟閉閘門之動作。
   (3) 支撐元件：功用在於支撐動力元件及傳動元件。

2. 操作設備之設計須能使閘門在最惡劣之水文情況下，且在全開及全關間之任何開度皆能平順啟閉。

3. 操作設備額定容量應不小於最大提吊重之125%，此項最大提吊重包括吊桿重量，門扇重量，各項摩擦力、越頂溢流水作用力及閘門開啟與關閉時可能發生之下拉力與水拉力。

4. 凡使用台電電源之電動操作設備，必須設置有緊急備用電源或其他替用操作設施。

5. 滑動式閘門寬度如在 1 m 以內，可採用單桿式之操作設備；如寬度在 1 m 以上，則採用雙桿式之操作設備較為適宜，以避免吊放時門扉傾移而使啟閉困難。

6. 以人工手動方式操作閘門時，其操作出力以不超過 10 kg 為宜。凡是閘門面積超過 2.5 m² 以上，其操作方式不宜採用人工手動式。

### 8.4.3.3 水門結構設計

水門結構設計包括：水門受力分析、閘房穩定分析、閘門結構分析。水門受力分析包括：自重、靜水壓力、動水壓力、淤砂壓力、地震。閘房穩定分析包括：抗滑、抗傾與基礎承載等分析。閘門結構分析包括：荷重、應力、撓度分析等。

1. 水門受力分析

   (1) 自重：包括門扉構件與設備之自重。

   (2) 靜水壓力可依下式計算：

   $$P_w = \gamma_w \cdot h$$

   $P_w$ ： 靜態水壓

   $\gamma_w$ ： 水單位重

   $h$ ： 水面至靜態水壓作用點之深度

   (3) 動水壓力可依下式計算：

   $$P_{wd} = 0.875 \cdot \gamma_w \cdot k_h \cdot \sqrt{H \cdot h}$$

   $P_{wd}$ ： 動態水壓

   $\gamma_w$ ： 水單位重

   $k_h$ ： 設計水平地震係數

   $H$ ： 水面至基礎地盤面或淤積面之深度

   $h$ ： 水面至動態水壓作用點之深度

   (4) 淤砂壓力可依下式計算：

   $$P_e = C_e \cdot \gamma_s' \cdot h$$

   $P_e$ ： 靜態淤砂泥壓

   $C_e$ ： 泥砂壓係數(0.4～0.6)

   $\gamma_s'$ ： 淤砂浸水單位重

   $h$ ： 淤砂面至淤砂壓作用點之深度

(5) 地震力可參考「建築物耐震設計規範」。

2. 閘房穩定分析主要考量抗滑、抗傾與基礎承載力因素，其中：

(1) 抗滑安全係數至少為 1.3(常時)，1.2(地震時)。

(2) 抗傾安全係數至少為 1.5(常時)，1.3(地震時)。

(3) 基礎承載力安全係數至少為 3(常時)，2(地震時)。

(4) 閘房土建相關之結構安全，可參照「建築技術規則」之相關規定辦理。

3. 閘門結構分析：

(1) 水門閘門結構強度分析之分析方法可參照靜定梁分析模式。

(2) 閘門結構設計安全：國內對閘門設計安全尚無統一之標準，由於閘門功能及安全要求與製作廠商息息相關，而國內水門廠商一般多參考日本水門鐵管協會「水門鐵管技術基準」或美國 AISC 標準辦理。

(3) 異常載重÷正常載重≦4/3，閘門門體結構強度計算以正常載重為設計之依據；異常載重÷正常載重≧4/3，閘門門體結構強度計算以異常載重為設計之依據。

(4) 異常載重即風力或地震力併合其他載重時，容許應力可按正常載重規定者提高 33％。兩向主軸應力之等效合應力，不得超過上述容許應力之 125％。

(5) 閘門撓度一般限制在 1/800 以下，但對於門徑較大之長跨徑閘門則允許較大之撓度。

## 8.4.4 工程範例照片

資料來源：臺灣嘉南農田水利會-學甲分線

## 8.4.5 工程參考圖

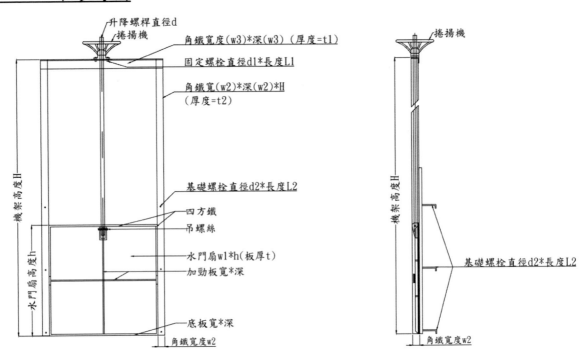

圖 8.4.2 水門設計參考圖

備註：

1.  工程範例參考資料：107 年度彰化農田水利會-八堡二圳幹線(二水段第三期)改善工程，詳細參考圖請詳附錄四(圖 06/18)。

2.  水門之設計無一定之設計標準，須視使用環境條件、水理及水文因素、土木結構之限制、配合水門製造、運輸、安裝、操作、維護、管理、保養等之考量，最後由經濟及實務需要，來決定水門之基本尺寸、設計條件、選定閘門之型式、水門之材質、操作方式等，達到設計上最佳之經濟效益為目標。

3.  上述參考圖之樣式僅供示意，設計時應進行結構計算及水理分析。

備註：

## 8.5 固床工

### 8.5.1 定義

固床工係為穩定底床高程與水道縱坡之橫跨水路所設置之水利建造物。其設計目的主要為配合相關目的事業及調整水路之治水與利水條件，避免底床下降、固定流路、調整底床坡降、高低水位及流心，並兼具保護跨渠建造物之功能。固床工之組成包括固床工本體、上游護坦、消能工、護床工及兩側護岸。

【說明】

1. 在排水路中設置固床工，一般以維持某渠段之底床高程，防止底床沖刷下降為主要目的；而急流渠段設固床工則在調整底床坡降減緩水勢，減低坡腳沖刷防止岸坡崩塌等。

2. 渠道主槽流路坡降因天然或人為因素，形成坡度陡降之情況時，可考量在渠道內佈置階段式固床工，調整水道之坡降，避免水道持續刷深以穩定底床。

3. 於攔河堰、橋梁等建造物之下游設置之固床工，其作用在於調整底床高程，避免水流集中造成局部沖刷，而影響跨渠建造物基礎之安定。

4. 配合排水路水質改善計畫，可藉由固床工的落差增加曝氣，改善排水路自淨能力。

5. 固床工之本體通常以混凝土材料為主，其組成可參考圖 8.5.1，通常固床工與下游靜水池連成一體，本體上游為護坦，下游為消能工、護床工。另，魚梯部分之相關設計可參考經濟部水利署「河川生態工法實務手冊，2002」辦理。

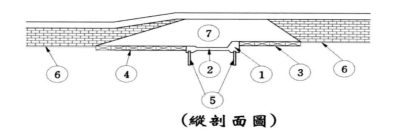

（縱剖面圖）

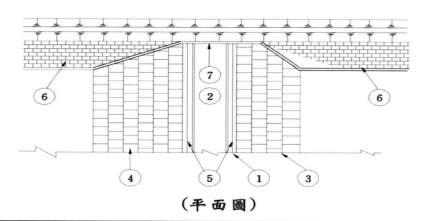

（平面圖）

| 1：本體 | 3：上游護坦 | 5：截水牆 | 7：翼牆 |
| 2：靜水池 | 4：下游護床工 | 6：護岸 | |

資料來源：經濟部水利署水利規劃試驗所，水利工程技術規範(草案)，民國103年

圖 8.5.1 固床工組成示意圖

## 8.5.2 型式種類

固床工類型按其結構型式可分為直立壁型與緩傾斜型，按構築材料則可分為剛性及柔性固床工兩型。

【說明】

1. 依其結構型式可分為直立壁型與緩傾斜型，其中直立壁型落差工之溢流面接近垂直，採跌水方式溢流；而緩傾斜式落差工則採階梯跌水方式溢流。

2. 依其構築材料可分為剛性固床工及柔性固床工兩類，剛性固床工以鋼筋混凝土、混凝土或混凝土砌塊石等材料構築而成，柔性固床工以混凝土塊、塊石或蛇籠材料構築而成。

   (1) 剛性固床工：以鋼筋混凝土、混凝土或混凝土砌塊石等材料構築，整體結構為剛性，表面抗沖刷及保護底床能力較強，小型排水路及野溪整治多使用剛性固床工。

(2) 柔性固床工：以混凝土塊、塊石或蛇籠材料構築，結構不具剛性，排水路細料如沖刷流失，個別獨立放置於底床上之混凝土塊或蛇籠可隨之下沉填補空隙，因而具有柔性，臺灣地區排水路治理工程一般採用柔性固床工。惟填補不完整，會擾亂水流，故應設法防止細砂之流出。

### 8.5.3 設計

固床工之設計包括頂高、寬度、橫斷面、縱斷面形狀等因子，須就水道流量、流速、水流方向、底床質、工程地質、景觀、生態等因素綜合考量研訂。

【說明】

1. 頂部高程

　　固床工頂高以不高於計畫底床高為原則，但在底床變動顯著之排水路，可視現狀底床及未來動向而決定；為緩和坡降目的之固床工高度 $h$，可依下式計算：

$$L = \frac{100}{n-m}h$$

　　式中：

　　　　$n$ ： 原河床坡度(%)
　　　　$m$ ： 計畫河床坡度(%)
　　　　$L$ ： 固床工間距

2. 固床工橫斷面

　　全渠道寬施作固床工時，應將固床工嵌入兩岸堤防或護岸，與固床工銜接之護腳工至少須低於固床工底面 1 m 以上。若固床工僅於低水路施作，則須考量施作低水護岸、高灘地保護工等設施，以防止水流沖刷強度較弱之高灘地，進而影響堤防或護岸之安全。固床工橫斷面與水流方向，宜以正交為佳，採取斜交之佈置應考量下游水流集中之局部沖刷效應。

3. 固床工縱斷面

　　依固床工種類、高度而不同，採用混凝土塊石之頂寬最小須在

1 m 以上。若上游流下之泥沙較多時,則下游面陡坡,並設置堅固消能設施,及防止沖刷之護床工。如置於砂質地盤上,須檢討上揚力之穩定性。固床工採取緩傾斜型式規劃時,其溢流面宜採 5%～10% 之坡度或更緩,較利魚群從下游溯游而上。

4. 消能池(或護坦工)

   (1) 消能池長度:須依水理條件、底床砂礫粒徑而不同,於消能池範圍內發生水躍,但儘可能拉長消能池長度。

   (2) 消能池厚度:以能抵抗上揚力與沖刷之厚度,通常採用 0.7~1m,小排水路 0.5 m 左右。

5. 護床工

   須考慮護床上下游底床坡降落差、流速、底床地質等選定具屈撓性之構造,以防止固床工下游沖刷,如鐵絲蛇籠、混凝土塊,但應嚴防底面土砂之流失。

### 8.5.3.1 基礎

基礎工之設計目的為承載力安全及防止滲流破壞為主,兼顧底床沖刷狀況。

1. 固床工之基礎型式包括基樁、沉箱、或直接基礎,固床工左右端應插入水岸或高灘地適當深度,銜接點上下游加強護岸保護,護岸宜有較深基礎防止淘刷。固床工兩端若為高灘地,溢流沖刷破壞風險甚大,宜加設足夠長度之護坦工保護。高灘地邊緣與水道深槽交界處,洪水時常因側向溢流淘刷,造成固床工結構破壞,應加強防沖刷保護。

2. 防止滲流破壞主要考量洪水通過固床工本體與消能設施時,其滲流壓力使基礎地盤下之沙土流失,進而造成破壞,故通常固床工之上、下游須設置截水牆或板樁,增加滲流距離。一般採取 Lane 公式估算:

$$C \leq \frac{\frac{1}{3}L_h + \sum L_v}{\Delta H}$$

式中：

C　：Lane 公式之 Creep Ratio(滲徑比)，如表 8.5.1 所示

ΔH　：固床工上、下游之水頭差

$L_h$　：水平向滲流距

$L_v$　：垂直向滲流距

### 表 8.5.1 Lane 公式之 C 值

| 基礎地盤土質區分 | C 值 | 基礎地盤土質區分 | C 值 |
|---|---|---|---|
| 極細砂或沉泥 | 8.5 | 含卵石之粗礫 | 3.0 |
| 細砂 | 7.0 | 含卵石之塊石 | 2.5 |
| 中砂 | 6.0 | 軟粘土 | 3.0 |
| 粗砂 | 5.0 | 中粘土 | 2.0 |
| 細礫 | 4.0 | 重粘土 | 1.8 |
| 中礫 | 3.5 | 硬粘土 | 1.6 |

資料來源：水利規劃試驗所，水利工程技術規範(草案)，民國 103 年

### 8.5.3.2 消能設施與護床工

固床工之消能設施主要為下游護床工或靜水池，其作用為減緩水流之能量，降低對下游水道沖刷之影響；而靜水池下游則設置護床工進行整流，避免下游之局部沖刷，如圖 8.5.2 所示。

1. 靜水池設計

(1) 靜水池長度之決定：

靜水池長度以能確保水躍能於池內產生為佳，靜水池長度如下式：

$$L = L_0 + L_1 + L_2$$

式中：

$L$　：靜水池(護坦)之長度

$L_0$　：水舌長度

$L_1$　：射流至發展成水躍之長度

$L_2$　：水躍長度

$L_0$ 可採 Rand(1955)之經驗式估算：

$$L_0 = 4.3D(\frac{h_c}{D})^{0.81}$$

式中：

$h_c$ ： 靜水池處之臨界水深

D ： 固床工上、下游落差

$L_2$ 之長度可以 4.5～6 倍之下游水深($h_2$)估計；至於 $L_1$ 之長度則與流況有關，當產生浸沒水躍或與下游尾水能相接時：$h_{1a} \geq h_{1b}$ ($h_{1a}$ 為射流後水深，$h_{1b}$ 為水躍前水深)，則 $L_1$ 可不計。若下游尾水不足時：$h_{1a} < h_{1b}$，則須酌予考量加長靜水池長度，或採加檻或增加糙度之方法，但仍以加長靜水池長度為宜。

(2) 靜水池底板厚度：

靜水池底板厚度主要為抵禦上揚力，其厚度可採下式計算：

$$t = F_s(\frac{u_{pm} - h_{1a} \cdot W_0}{\gamma_c - 1})$$

式中：

t ： 靜水池厚度

$F_s$ ： 安全係數(=4/3)

$u_{pm}$ ： 靜水池最大上揚力

$\gamma_c$ ： 混凝土單位體積重量

$h_{1a}$ ： 射流後水深

$W_0$ ： 水的單位體積重量

2. 護床工設計

(1) 護床工一般設於消能設施(靜水池)下游，示意圖如圖 8.5.2 所示，視水流狀況採用剛性混凝土護床工或柔性石籠工、混凝土塊、拋石。由於靜水池之消能率按理論值計算通常與實際狀況有所差異，其靜水池出流之高速水流，仍有可能危害下游水道，故有必要設置護床工進行整流與消能，降低排至下游之水流速度，造成河床衝擊。

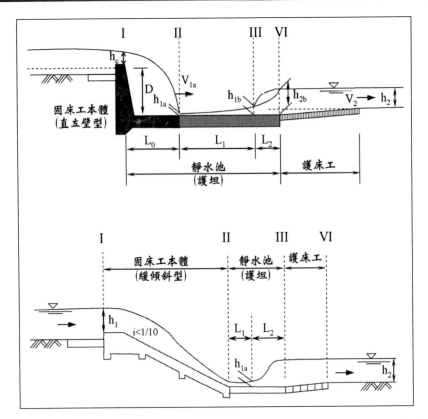

資料來源：經濟部水利署水利規劃試驗所，水利工程技術規範(草案)，民國103年

圖 8.5.2 固床工之靜水池(護坦)示意圖

(2) 目前臺灣地區許多排水路面臨底床下降問題，剛性護坦難以調適底床變動，故建議剛性護坦宜使用在水勢和緩、岩盤底床或底床高程變動小之排水路。

(3) 護床措施要能滿足在設計流速(流量)下，個別單體不被沖動為原則來進行安定分析，至於個別單體間之連接措施僅為增加安定、預防水理狀況變異之額外考量，不列入安定計算。

(4) 臺灣排水路底床質及輸砂量大，故在底床中移動之砂石對護床工之撞擊、磨損作用應列入設計考量。

(5) 護床措施應具有能順應底床變化之撓曲性。至於增強水岸之抗沖能力，則應以適合沖刷段水道條件之護岸來加以保護。

(6) 護床工採用拋石粒徑可參酌美國陸軍工兵團(1959)之經驗式，或 Bos(1976)之經驗公式估算：

$$\text{USACE}(1959)：d \cong \frac{kV^2}{2g\Delta}$$

$$Bos(1976)：d = 0.032\Delta^{0.5}V^{2.25}$$

式中：

　　d ：拋石最小粒徑
　　V ：平均流速
　　Δ ：拋石浸水比重
　　k ：1.0(緩流)~1.4(急流)
　　g ：重力加速度

(7) 厚度至少應為最大拋石粒徑之 1.5 至 2.0 倍，其下設置濾層。

(8) 由於拋石尺寸必定大於現有底床質，為避免底床質會遭渦流淘吸而由拋石或混凝土型塊之孔隙間流失，導致拋石、混凝土型塊之不均勻沉陷，使護床工喪失整體性，形成沖刷破壞之弱面。故護床工底部需考慮增設濾層，濾層一般以符合要求之級配砂石料製作，但若護床工單體尺寸與其底部之底床質顆粒尺寸間之大小差異過大，需以地工織物取代級配砂石料。濾層是由 2~4 層顆粒大小不同的砂、碎石或卵石等材料組成，順著水流淘吸方向顆粒逐漸增大，濾層之級配宜符合下列規定：

$$\frac{D_{15}}{d_{85}} \le 5 ，\frac{D_{15}}{d_{15}} = 5\text{~}40 ，\frac{D_{50}}{d_{50}} \le 25$$

式中：

　　$D_{15}$ ：濾層濾料顆粒級配曲線上累積通過百分比 15% 之粒徑
　　$D_{50}$ ：濾層濾料顆粒級配曲線上累積通過百分比 50% 之粒徑
　　$d_{15}$ ：被保護層顆粒級配曲線上累積通過百分比 15% 之粒徑
　　$d_{50}$ ：被保護層顆粒級配曲線上累積通過百分比 50% 之粒徑
　　$d_{85}$ ：被保護層顆粒級配曲線上累積通過百分比 85% 之粒徑

(9) 護床工長度建議採下游計畫水深之 3~5 倍，或採水躍後水深之 2 倍設計。

## 8.5.4 工程範例照片

資料來源：臺灣宜蘭農田水利會-大埔排水電動制水門改善工程

## 8.5.5 工程參考圖

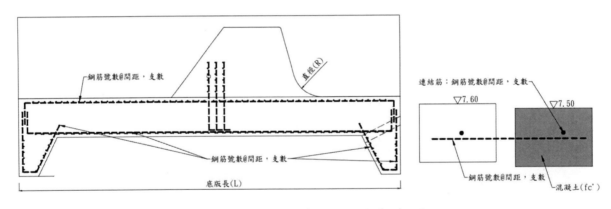

圖 8.5.3 固床工設計參考圖

備註：

1. 工程範例參考資料：104 年度宜蘭農田水利會-大埔排水電動制水門改善工程，詳細參考圖請詳附錄四(圖 07/18、圖 08/18)。

2. 上述參考圖之樣式僅供示意，設計時應進行結構計算及水理分析。

## 8.6 農路橋(版橋)

### 8.6.1 定義

農路橋(版橋)：農路經過渠道、水路，所建之橋梁，其結構無梁桁，僅為平版者稱為版橋。過橋交通工具以卡車、耕耘機及行人為主。

【說明】

1. 農路橋(版橋)為一種澆置成整片之鋼筋混凝土版，不藉縱橫梁而直接傳遞載重於橋台或橋墩支承上。版橋構造簡單，所用模版最少，但所需混凝土及鋼筋卻比 T 型梁橋為多，故其淨重大而僅適用於短跨徑之渠道。

2. 其兩側之緣石可與載重結構築成一體，如此即有矮梁之作用；亦可置於橋面版上，而以縱向接縫分開之。如需建築人行道時，可與橋面版澆鑄成為整體、加築於橋面版上、或從橋面版伸出去均可。

### 8.6.2 型式種類

農路橋(版橋)按其結構型式可分為簡支式、懸臂式及連續梁橋。按斷面型式可分為版梁橋及 T 型梁橋。

【說明】

1. 依其結構型式可分為簡支式、懸臂式及連續梁橋。普通多為簡支式版橋，但亦有採用連續梁版橋。

2. 依其斷面型式版梁橋及 T 型梁橋。版梁橋主要承重結構為矩形斷面的鋼筋混凝土實心版或空心版，構造簡單易施作，但抗拉性不足，載重及跨度均較小，可再分為實心版梁橋及空心版梁橋；T 型梁橋主要承重結構為 T 型梁，由於鋼筋抗拉可節省受拉區之混凝土，能充分利用材料。

### 8.6.3 設計

農路橋(版橋)為農田水路常見之跨渠道橋梁設施,具有構造簡單、使用模版少之優點,其他設計需注意事項如下所述。

【說明】

1. 摩擦層

   混凝土橋面版上一般均加築一層摩擦層,以保護面版原設計厚度不致磨損。一般為在設計厚度外增加 2~5 cm 之混凝土層,亦可使用瀝青鋪層代替。如使用加厚之混凝土層做為摩擦層,則應與橋面鑄成一體,不可分開澆置,否則容易分離破裂。

2. 橋面排水

   在橫向方面,其面應自中線分兩側略作斜坡,其坡度約在 1/100 左右,以拋物線型最佳。該坡度一般有兩種作法,其一為橋面保持水平,將摩擦層自中點向兩側逐漸減薄,以形成所需之坡度;其二為摩擦層厚度不變,但將橋面版做成適當坡度,採用此方法者,橋台與橋墩之支承面均應做適當之調整,以資配合。

3. 膨脹收縮

   農路橋(版橋)因跨徑短,除連續梁橋外,其膨脹或收縮之移動均小,故其支承僅用簡單而經濟之型式。一般固定端係用鋼筋作合釘(dowel)將橋版與基座聯結。活動端則以兩層柏油或油毛氈隔離橋版與基座。若下游端為樁排架或薄鋼架一類構造,則兩端可同時採用合釘,其伸縮縫移動則藉由柱之彎曲達成。

4. 橋台

   支撐橋面之梁或版之構造物,在橋之兩端一面支撐上面之橋梁構造物,一面擋住引道之土壓力。

   (1) 支擋面之大小

   橋台上支撐其上部結構物之寬度(縱向之長度),通常應為其上之梁厚度以上,而最小亦不能小於 15 公分。支撐之長度(橫向之寬度),應有橋面之寬度加所支撐之梁之厚度。兩側壁通常

要有 1：0.3～1：0.4 之坡度。

(2) 載重

作用於橋台之外力有靜載重，動載重，衝擊力，縱向力，遠心力，浮力，土壓力，地震力等。

A. 靜壓重：橋台本身，附在其上之結構，及架上其上之橋梁上部構造之重力（反力）。構成靜載重之各種材料之單位重量，可參考表 8.6.1。至上部結構之反力，則可以力學平衡條件解之。

表 8.6.1 靜載重之單位重

| 材料 | 重量 kg/m$^3$ |
|---|---|
| 鋼或鑄銅 | 7,850 |
| 鑄鐵 | 7,200 |
| 鋁合金 | 2,800 |
| 木材 | 800 |
| 混凝土 | 2,400 |
| 夯實之砂，軟石，土或道碴 | 1,900 |
| 鬆砂，土及卵石 | 1,600 |
| 壓實之水結碎石或卵石 | 2,250 |
| 路面（木塊除外） | 2,300 |
| 煤碴填方 | 960 |
| 石工 | 2,700 |
| 鋼軌（包括零件） | 300 kg/m |

B. 動載重：其作用位置，與其他載重之組合，應採能產生最大應力或安定上最為不利之情形為設計之對象。

農路橋，實為較簡樸之公路橋，其主要設計可依公路橋之規範，公路橋梁規範所定動載重，係採用美國公路協會之標準。以「標準貨車」或相當之「車道載重」為準計算。此載重分為 H 載重與 H-S 載重兩類，H-10，H-15，H-20，H15-S12，H20-S16 五級。

H 載重為一雙軸式之貨車，以 H 為代號，後附數字係其以噸（2,000 磅）計之總量。如 H-20 乃表示 20 噸重之標準貨車。

H－S 載重為一曳引車附一拖車之情形，H 表曳引車，S 表拖車，其後之數字係其各以噸計之總重。如 H15-S12 係表示 15 噸重之曳引車連接 12 噸重之拖車。

C. 衝擊力：動載重產生之衝擊力，其大小乃由行進之速度之不平衡、車上彈簧之性能、路面之粗糙度、跨徑之振動週期、振幅之減小以及載重長度等而定。

D. 縱向力：係指車輛在橋面上剎車或開動時產生之縱方向反力。短跨徑之橋梁，因橋面上車輛可能較少而此力有限。惟跨徑長者，即不可忽略之。一般可考慮為動載重之 20% 左右。具有滾輪活動支座之橋梁，其縱向力全由固定端之橋台所承受。具有滑動板支座者，由兩側橋台(橋墩)平均承受之。

E. 離心力：如橋梁在彎曲之道路上，橋梁結構將受到因遠心力而來之反力。一般假定此力作用在橋面上，成水平而與路中心軸線直交之方向。

F. 浮力：應依基礎地盤之滲透情形判斷並計算浮力。

G. 土壓力：土壓力可依下列諸式計算之。

$$P = \frac{w}{2} \times (h + 2h') \times h \times C$$

$$y_e = \frac{h}{3} \times \frac{h + 3h'}{h + 2h'}$$

式中：

P ：總土壓力（ton）

w ：土之單位重量（ton/m$^3$）

h' ：橋台上之動載重或其他載重，換算為過載之土深（高度）（m）

$y_e$ ：土壓力之合力作用高度（m）

C ：土壓係數，由藍欽氏或庫崙氏土壓公式定之。

依藍欽氏公式，即：

$$C = \frac{1 - \sin \emptyset}{1 + \sin \emptyset}$$

式中：

$\emptyset$ ：土之安息角

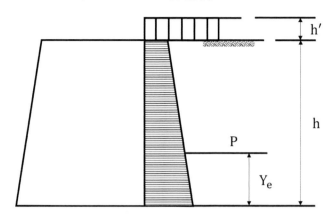

圖 8.6.1 土壓力圖

如無土壤資料時，土重 w 一般可假設為 1.6 ton/m³，安息角即可假設為 30°。此時土壓係數即為：

$$C = \frac{1 - \sin \emptyset}{1 + \sin \emptyset} = \frac{1 - \frac{1}{2}}{1 + \frac{1}{2}} = \frac{0.5}{1.5} = \frac{1}{3}$$

H. 地震力：水平方向地震力以 0.15～0.2g（g 為重力加速度）之加速度作用於各部材料之重心，即取 0.15～0.2 倍的重量之水平力為地震力。其作用方向乃以使構造物產生危險者為準。惟考慮地震而計算應力時，可不必同時包括動載重之作用。

I. 過載（加載）（Surcharg）載重高度：動載重換成為相當之土深（高度）之過載高度。

J. 動載重之行進方向：雙車道以上之橋梁之橋台或橋墩之設計，應考慮車輛為同向行進或反向行進時產生較大的應力，據之決定計算之對象。

5. 翼牆

　　翼牆應有足夠之長度俾能維持引道路堤至防止邊坡崩塌所需之範圍，翼牆之長度，應依照路堤之坡度計算之。翼牆與橋台之交接處如不用撓接縫，則每隔適當之距離應配置鋼筋或其他適當之型鋼，以使翼牆與橋台完全聯成一體。此等鋼材在接縫之兩側均應各自延伸至混凝土內達一相當長度，俾能發揮鋼材規定之強度，同時各鋼材伸入之長度應使長短不一，俾不致在鋼材之末端構成一弱面如不用鋼材則應設置伸縮縫，且應使翼牆嵌入橋台之本體內。

## 8.6.4 工程範例照片

資料來源：彰化農田水利會-曾厝中排 8

## 8.6.5 工程參考圖

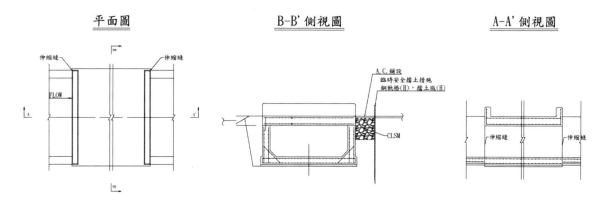

圖 8.6.2 版橋設計參考圖

備註：

1. 工程範例參考資料：107 年度彰化農田水利會-曾厝中排 8 農田排水改善工程，詳細參考圖請詳附錄四(圖 09/18)。

2. 上述參考圖之樣式僅供示意，設計時應進行結構計算及水理分析。

## 8.7 倒伏堰

### 8.7.1 定義

倒伏堰能在洪水期間排洪時自動倒伏渲洩洪水，防止上游水位過高，導致洪水氾濫，蓄水時可抬高河川水位形成人工湖，具有充分利用自然，又不破壞自然的特點，利於生態環境保護，並兼具休閒、遊憩功能。

【說明】

　　平時上游流量較小時，倒伏堰位於起壩狀態，使上游水位保持恆定；大雨時，如上游水位持續上升到達自動倒伏水位時，藉由電子式上游水位計與壩體聯動，啟動倒伏機制，可提供原排水路通洪空間，使全線恢復通洪排水能力。

### 8.7.2 型式種類

倒伏堰依其構成可分為機械式(鋼製)自動倒伏堰與自動倒伏式橡皮壩兩種，其中機械式(鋼製)自動倒伏堰又具有鋼索式及油壓式兩種運作結構。

【說明】

1. 鋼索式閘門由捲揚機啟閉，油壓式閘門以油壓方式啟閉，鋼索式閘門應設置手動啟閉裝置，而油壓動力除電動馬達帶動油壓泵提供油壓外，為因應停電時需要而另設汽油引擎帶動油壓泵之備用動力。

2. 自動倒伏式橡皮壩之充脹介質近年慣用以充氣式為主。其特性為在壩頂溢流時，會出現凹口現象使水流集中，對下游河道沖刷較強，且氣密性要求較高，但因投資成本相對較低，故現階段橡皮壩施工仍以充氣式為大宗。

3. 詳細內容可參考「農委會，農田水利施工規範第 11 篇-第 11285 章鋼索式自動倒伏堰，2005」及「農委會，農田水利施工規範第 15 篇-第 15041 章橡皮壩工程，2010」辦理。

## 8.7.3 設計

根據倒伏堰之特點和運用要求。綜合考慮地形、地質、水流、泥砂、環境影響等因素,經過技術經濟比較確定合適之壩址並進行設計工作,設計倒伏堰時,應充分考量建造成本、維護操作成本及管理人力需求。

【說明】

### 8.7.3.1 機械式(鋼製)自動倒伏堰

1. 設計條件

    (1) 設計尺寸:其設計應配合土木工程部份的設計條件。

    (2) 閘門型式:不銹鋼製門框、門扇、自動倒伏堰。

    (3) 開閉機型式:

        A. 鋼索式開閉機(鋼索隱藏式防止阻礙通水斷面)

        B. 油壓驅動設備

    (4) 操作方式:自動倒伏、手動控制起立、手動操作倒伏。

    (5) 動力方式:台電、馬達、汽油引擎發電機、手動。

2. 門扇、底座、摺動板設計製造

    (1) 門扇、底座、摺動板為電焊製造,各主要部分構造受有應力、間歇性淹浸在水中之各構材,其與水接觸之各面厚度,設計時須扣除腐蝕值 1.0 mm。(註:構材採用不銹鋼時不考慮腐蝕值)

    (2) 門扇由面板、背板、主橫梁、端縱梁、中間縱梁所構成一堅固結構箱體,主橫梁受設計荷重彎曲所產生之撓度須小於閘門跨度之 1/800。

    (3) 主橫梁、端縱梁、中間縱梁之主結構焊接必須為連續焊接,不可採用不連續焊接,主結構與面板、背面焊接成一箱體前應會同機關(或監造單位)檢驗。

    (4) 面板與主橫梁、端縱梁、中間縱梁焊接處應依工程慣例施工,若採不連續焊接者除構件兩端以外,焊道之間距不得大於 150 mm,每一焊道長度不得小於 50 mm。

    (5) 背板與主橫梁、端縱梁、中間縱梁焊接處須於背板開孔焊接填

平,開孔寬為 6 mm 長 60 mm 適當分佈於背板,至少須有 52 處以上。

(6) 面板、背板寬度與長度因受材料供應限制,於搭接處須採連續焊接。

(7) 所有螺栓鑽孔須準確定位,孔徑應在容許公差內,孔面須光滑筆直,須用機械鑽孔機,嚴禁切割成孔。

(8) 水封橡膠以不銹鋼製壓板及螺栓繫緊於上游面三面水密,以獲取良好之水密,橡膠下方墊不銹鋼墊板,防止門扇起立或倒伏運轉中,橡膠被捲入或破損。

(9) 底座構件承受門扇及設計水壓,全部焊接須為連續焊接,因焊接所殘留應力使底座彎曲變形,應消除其應力,並且校正其真直度、真平度於容許公差內。

(10)摺動板因材料限制須搭結時,搭接面應磨斜角焊接後再磨平成光滑面,表面真平度應於容許公差內,埋設件部份焊道間距不得大於 150 mm,焊道長不得小於 50 mm。

3. 機械設備設計注意事項

(1) 吊門機之設計須使門扇維持在完成起立及倒伏(或關閉)及其間任何之位置,均能使門扇在不平衡內外水壓下於任何位置得以起立和倒伏(或關閉)。

(2) 油壓式倒伏堰之油壓動力除電動馬達帶動油壓泵提供油壓外,為因應停電時需要須另設汽油引擎帶動油壓泵之備用動力。

(3) 鋼索式倒伏堰之捲揚機能力為所需提吊總重量之 1.25 倍以上。

(4) 捲揚機額定容量應不小於最大捲揚荷重之 125%。

(5) 手動操作裝置須包括齒輪減速組,手動把手半徑不得大於 20 cm,其手動操作力應於 10 kg 以下,且門扇於任何位置均可起立操作,且門扇於任何位置可作門扇倒伏(或關閉)動作,倒伏(或關閉)把手係為手動裝置,須設置有保護操作人員設備,即操作把手與倒伏把手不可同時操作,以防止操作把手旋轉發生危險。

(6) 煞車器:當門扇倒伏時應以離心煞車器之安全煞車裝置限制門

扇倒伏速度(緩速控制)，並確保門扇在倒伏時不致劇烈倒伏產危險。

(7) 自動倒伏設備由導水管引水導入浮筒，控制浮筒作自動倒伏動作，自動倒伏水位高度須為可調式，調整範圍為設計倒伏水位上下 10 cm。

(8) 自動倒伏：當門扇自動倒伏或手動倒伏時，倒伏動作必須漸進式，且門扇須一次倒伏完成。

(9) 超負荷扭矩限制器，應具有限制過載扭矩之安全性保護裝置。

4. 許可差

倒伏堰各構件製造及安裝完成，須檢驗各部之尺寸，各部容許誤差 $\varepsilon_1$ 之計算公式及各部尺寸容許誤差及測定位置如表 8.7.1 及表 8.7.2 所示。

$$\varepsilon_1 = 容許誤差 = \pm \frac{\varepsilon_0}{2}\left(1 + \frac{L}{10}\right)$$

式中：

$\varepsilon_0$ ：每 10 m 長度之誤差基準值(mm)
L ：構材長度(m)

表 8.7.1 油壓式自動倒伏堰容許公差表

| 項目 | 誤差基準值 $\varepsilon_0$ (mm) | 容許誤差 $\varepsilon_1$ (mm) | 測定位置及點位 |
|---|---|---|---|
| 門扇寬度 | 8 | - | 上下端各一處 |
| 門扇高度 | 8 | - | 左、右、中各一處 |
| 門扇厚度 | 6 | - | 上下各二處 |
| 門扇真直度 | 5 | - | 上下各一處 |
| 門扇真平度 | 5 | - | 面板上下各二處 |
| 門扇水封處真平度 | - | ±1.5 | 長度1m內 |
| 門框通水寬 | 6 | - | 上下各一處 |
| 門框通水高 | 6 | - | 左右各一處 |
| 門框水封處真平度 | - | ±1.5 | 長度1m內 |
| 底座真直度 | 3 | - | 左、右、中各一處 |
| 底座真平度 | 3 | - | 左、右、中各一處 |

資料來源：農委會，農田水利施工規範-第11284章油壓式自動倒伏堰，民國94年

### 表 8.7.2 鋼索式自動倒伏堰容許公差表

| 項目 | 誤差基準值 $\varepsilon_0$ $(mm)$ | 容許誤差 $\varepsilon_1$ $(mm)$ | 測定位置及點位 |
|---|---|---|---|
| 門扇寬度 | 6 | - | 上下端各一處 |
| 門扇高度 | 8 | - | 左、右、中各一處 |
| 門扇總厚度 | 6 | - | 上下各二處 |
| 中間軸受同心度 | - | ±0.5 | 軸受孔全部 |
| 門扇真直度 | 6 | - | 上下各一處 |
| 門扇真平度 | 3 | - | 面板上下各二處 |
| 門扇水封處真平度 | - | ±0.5 | 長度1m內 |
| 門扇軸受與滑輪軸中心距 | 6 | - | - |
| 底座真直度 | 3 | - | 左、右、中各一處 |
| 底座軸受同心度 | - | ±0.5 | 軸受孔全部 |
| 底座真平度 | 3 | - | 左、右、中各一處 |
| 摺動板淨跨距 | - | +5，−0 | 上下前後各一處 |
| 摺動板真平度 | - | ±0.5 | 長度1m內 |
| 摺動板軸受與滑軌中心距 | 6 | - | - |
| 受台同高度 | - | ±3 | 每座 |
| 基準點兩對角線長之差 | 8 | - | 每對主輪各一處 |

資料來源：農委會，農田水利施工規範-第11285章鋼索式自動倒伏堰，民國94年

### 8.7.3.2 自動倒伏式橡皮壩(充氣式)

1.  設計條件

    (1) 設計尺寸：其設計應配合土木工程部份的設計條件。

    (2) 安全係數：各部份設計之安全係數如表 8.7.3 所示。

### 表 8.7.3 自動倒伏式橡皮壩各部分設計安全係數表

| 項目 | 安全係數 |
|---|---|
| 橡皮壩體強度 | 設計強度的800%以上 |
| 地震時橡皮壩體強度 (Kh=0.3) | 設計強度的550%以上 |
| 不銹鋼 SCS12 或 FCD-500-7A 固定夾具組件強度 | 設計強度的300%以上 |
| 地震時不銹鋼 SCS12 或 FCD-500-7A 固定夾具組件強度(Kh=0.3) | 設計強度的200%以上 |
| 不銹鋼錨錠螺栓組件強度 | 設計強度的300%以上 |

| 項目 | 安全係數 |
|---|---|
| 地震時不銹鋼錨錠螺栓件強度 (Kh=0.3) | 設計強度的 200%以上 |
| 不銹鋼錨錠螺栓與混凝土握裹應力 | 設計強度的 300%以上 |
| 動力寬裕 | 計算馬力的 120%以上 |
| 送氣寬裕 | 送氣量的 120%以上、送氣壓力的 120%以上 |

資料來源：農委會，農田水利施工規範-第15041章橡皮壩工程，民國99年

2. 壩體設計注意事項

(1) 壩體在河水溢流處必須設置擾流膠板，當河水溢流時，能減少壩體震動，並形成自然瀑布，美化景觀。

(2) 壩體必須能把空氣壓送至密封壩體內或排出壩體內空氣，使壩體膨脹或收縮以達到起立、倒伏之功能。

(3) 壩體構造必須具備有萬一在壩體內部浸水時，能確實加以排出之排水孔。

(4) 壩體必須一體成型並能耐受流下物所引起的磨耗損傷及陽光、風化、臭氧等所引起之表面老化。

(5) 壩體高強度尼龍層數：至少須含二層以上，必須具有水密性及氣密性及具耐久性合成橡膠。

(6) 壩體內必須設置橡膠緩衝裝置，厚度不得少於 60 mmt。

(7) 橡皮壩下游須塗佈 Epoxy 環氧樹脂，厚度 0.2 mm 以上，以增加彈性，減少橡皮壩體之磨損。

(8) 活動堰所使用之橡膠須具備承受相關應力之強度，並為高強度合成橡膠布與具有水密性、氣密性之橡膠。

3. 壩體操作注意事項

(1) 壩體構造必須是當橡皮壩上游之高水位到達規定水位時，橡皮壩即自動倒伏，且規定水位內的任意水位能藉手動倒伏。

(2) 壩體用空氣方式操作，且操作所需機器一律設置在堤防外另行建造之控制室內。

(3) 各機器必須裝配在架台上，並簡潔配置以便僅用一位操作員即

能確實且安全的操作之。

(4) 橡皮壩自動起立操作方式：壩體起立操作採用魯式鼓風機(ROOTS BLOWER)把空氣壓送至壩體內之方式，且藉馬達帶動鼓風機。當倒伏狀態時，低水位達到設定水位時，能藉自動充氣膨脹起立。

(5) 橡皮壩自動倒伏操作方式：當橡皮壩上游之高水位到達規定水位時，藉由電子式上游水位計與電子式排氣閥聯動，自動打開電子式排氣閥，排出壩體內空氣，以使橡皮壩自動倒伏。如因停電或故障，所有電控設備無法運作時，則藉由上游水位檢測管將上游水引進至承水桶，啟動槓桿式排氣閥，排出壩體內空氣，強制橡皮壩自動倒伏。

(6) 必須設置手動式緊急排氣閥，於緊急或突發狀況時，可快速排氣，使橡皮壩倒伏。

(7) 上游水位檢測管必須設置在控制室內，並設有電子式上游水位計，目視水位計及目視水位標尺。

(8) 必須設置能在控制室內計測堰內之膨脹內壓之壓力計，及電子式壓力計發信器。

(9) 當橡皮壩在充氣膨脹，壩體內壓力達到設定壓力時，鼓風機必須自動停止充氣，進氣閥必須自動關閉。

(10) 橡皮壩在正常使用貯水狀態時，如果壩體內之壓力低於設定壓力，就必須自動充氣補正，達到設定之標準壓力，以維持橡皮壩正常運作。

(11) 水封式安全裝置，空氣逸出槽(SUS-304 以上)，必須設有電子式水位計、目視水位計及目視水位標尺。

(12) 橡皮壩底必須設置不銹鋼(SUS-304 以上)壩底改水裝置。

(13) 空氣壓送用管全部使用不銹鋼管(SUS-304 以上)。

(14) 為了考慮空氣壓送用管，對於不等程度之沈下及伸縮之安全性，在堤防橫斷部應設置可撓管伸縮接頭。

(15) 所有使用閥類，其閥心全部使用不銹鋼製，進、排氣閥須附出

廠證明。

(16)控制室最下層設一集水井，並應設置沉水式自動抽水機一台，以便排出積水。

(17)控制室最下層底處 60 cm 位置應設置室內抽風機一台，通風管 100A·3mmt(SUS-304 以上)，以排出沼氣、污氣，以維護工作人員之安全。

(18)操作設備：

膨脹媒體：空氣式(非水冷式鼓風機)

起伏速度：起壩為 30 分鐘以內，倒伏為 30 分鐘以內

空氣壓力：設計堰高之相等水位壓力

操作方式：自動膨脹、自動倒伏及手動膨脹、手動倒伏

自動倒伏檢測器：電子式及機械式兩種自動控制

### 8.7.4 工程範例照片

**倒伏堰**

資料來源：臺灣宜蘭農田水利會-埔仔圳第二支線制水門

### 8.7.5 工程參考圖

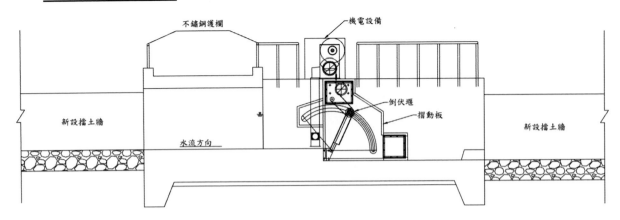

圖 8.7.1 倒伏堰設計參考圖

備註：

1. 工程範例參考資料：106 年度宜蘭農田水利會-埔仔圳第二支線制水門改善工程，詳細參考圖請詳附錄四(圖 10/18、圖 11/18)。

2. 上述參考圖之樣式僅供示意，設計時應進行結構計算及水理分析。

## 8.8 倒虹吸工

### 8.8.1 定義

倒虹吸工(Inverted Siphon)為設置於地面或地下用以輸送渠道水流穿過河川、溪谷、窪地、道路、自然排水路或公路下方之壓力管道式輸水設施。倒虹吸工亦可用做暴雨或污水輸送系統之一部份,尤其在較大渠道上,其側向排水與渠道流量比例甚小,如能符合其他部門設計要求,採用一較小之倒虹吸工則較為經濟。

【說明】

1. 倒虹吸管的材料一般採用鋼筋混凝土、預應力鋼筋混凝土及鋼材等,根據水頭、管徑大小和材料供應情況選用,其中預應力鋼筋混凝土管,可承受之壓力水頭可達 100～200 m。

2. 倒虹吸管之造價較渡槽低,施工簡單;但水頭損失較大,清淤較困難。主要可分為 3 個部分:
   (1) 進口段:包括漸變段、封水和護基等防滲防沖刷設施、攔污柵、閘門、進水口等。當含沙量大時考慮增設沉沙池。
   (2) 管身:斷面多為圓形,少部分工程也使用矩形。可埋設於地下,也可設置於地面。
   (3) 出口段:設靜水池,並與下游平順連接。

### 8.8.2 型式種類

倒虹吸工型式之選擇主要視地形條件、流量大小、水頭高低和支承形式等情況而定,一般埋藏深度較淺的倒虹吸工,可採取豎井式或緩坡式,而經過較深山谷的渡槽為減少施工困難與工程費,則可選擇渡槽與倒虹吸結合之橋式倒虹吸,有關常見虹吸工佈置如圖 8.8.1 所示。

【說明】

1. 豎井式倒虹吸工

   當倒虹吸工穿越交通道路或穿越另一渠道時,因受兩岸地形限

制、將管的兩端作成豎井，成為豎井式倒虹吸工。井底一般設集沙坑，以便沉積并清除淤沙及修理水平管段時排水之用；井頂上設蓋板，以防人畜跌入井內。當管道穿越公路時，為了改善管身受力條件，管頂常埋於路面以下 1 m 左右。豎井式不如斜管式水流順暢，水頭損失大，但施工比較容易，常用於管內流量小、水頭小、岸坡陡峻之情況。

2. 緩坡式倒虹吸工

當倒虹吸工穿過渠道或河流，兩者高差不大且兩岸坡度平緩時，可使用中間水平、兩端傾斜的緩坡式倒虹吸工。這種型式的倒虹吸工多用於平原及丘陵地區。

3. 橋式倒虹吸工

當倒虹吸工穿過深切河谷及山洪溝時，為了避免在深槽中設管的困難，降低管中段之壓力水頭，縮短管道長度和減小管路中的沿程損失，可在深槽部分建橋，在其上鋪設管道，成為橋式倒虹吸工。

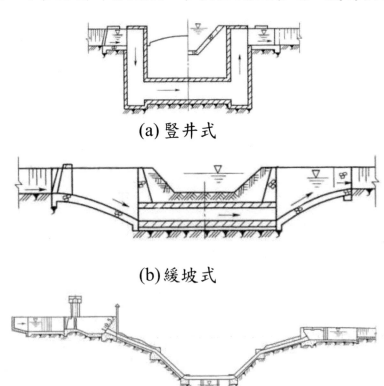

(a) 豎井式

(b) 緩坡式

(c) 橋式

資料來源：經濟部水利署水利規劃試驗所，水利工程技術規範(草案)，民國103年

圖 8.8.1 常見倒虹吸工佈置類型

### 8.8.3 設計

通常在已知上下游渠道的斷面型式、尺寸、渠底高程、水位以及需要通過之流量等條件下，設計倒虹吸管之管數、斷面尺寸、水頭損失及進出口水面銜接之關鍵為合理選擇管內流速。管內流速過大時，會增加水頭損失，降低下游水位；流速過小，管徑勢必加大，易發生淤積。因此，在整體規劃佈置時就應合理給定倒虹吸管之允許水頭損失值(上下游比能)，並應充分考量淤積及垃圾雜物堵塞問題。

【說明】

### 8.8.3.1 水理條件

1.  水頭

    在地形上可能有自由水頭者，儘可能使管內流速達到容許之最大流速，反之在低水頭之平野地帶亦須使管內流速大於容許最小流速。

2.  流速

    混凝土最大容許流速為 4 m/s，為使管內不發生淤積，管內流速應比上游渠道流速大，但不得小於 0.75 m/s。

### 8.8.3.2 構造物與地質關係

1.  管型

    小流量之倒虹吸工，因施工上方便一般均採用預製離心力鋼筋混凝土管，此種管體可依水壓及工地條件而製，可利用工廠製品目錄中選定適當尺寸與規格，如此可省去許多應力計算手續。但如有下列情形，則以利用現場澆灌混凝土管較為有利：

    (1) 內壓力低，通水量大時。

    (2) 管路較短而內側尺寸大時。

    (3) 因地質關係不能埋設較深時。(無水流時覆土厚度最小為90cm)

    (4) 利用其他構造物之一部分時。

2. 管數

　　虹吸管體排數，原則上以一排為主，但遇有下列情形者得採用兩排。

(1) 水壓力高，工廠無此規格之製造成品，購買不易。

(2) 交通不便並有地下水，搬運大型管徑不便之處。

(3) 因地質關係埋設大型管頗有困難或不適當。(地盤承載力不足，施工困難)

(4) 新開墾地須輸送計畫最大通水量之期距尚遠，分期施工，第一期先設置一排，第二排管待後期需要時增設。

(5) 其他如兼用給水為暫時性通水時。

3. 埋設深度

(1) 農地內應施設於不妨礙耕作處為原則。

(2) 避免設置隧道式結構。

(3) 移動性較大地層應設在滑動面以下。

(4) 寒冷地帶應設於凍結面以下。

(5) 穿過公路或鐵路之處，應視管體材料及基礎工如何，使用標準如表 8.8.1 所示。

表 8.8.1　管體埋設深度參考

| 埋設材料 | 道路 | 鐵路 |
|---|---|---|
| 混凝土管 | h > 0.6m > D | h > 0.9m > 1.5D |
| 鋼筋混凝土管<br>(無基礎工) | h > 0.3m | D < 1.0m，h > 0.7m<br>D > 1.2m，h > 1.0m |
| 鋼筋混凝土管<br>(混凝土基礎工) | - | D < 1.0m，h > 0.3m<br>D > 1.2m，h > 0.5m |

h ＝ 覆土厚度，D ＝ 管內徑

資料來源：水利聯合會，農田水利會技術人員訓練教材
-灌溉排水工程類合訂本，民國 85 年

4. 基礎工

　　虹吸工管體屬於輕構造物者，當 D ≤ 0.6 m 時，僅考慮防止其不均勻沉陷，不必加以嚴格施設基礎工，基礎工種類與地盤關係標準

如表 8.8.2 所示。大型管體則應盡量使其反力廣闊分佈，使管體在進出口處不產生沉陷及滑動現象。

表 8.8.2　D ≤ 0.6m 之基礎工種類

| 地盤 | 基礎工種類 |
|---|---|
| 岩盤、砂、砂土 | 挖掘後不夯實 |
| 砂土、壤土、排水良好處 | 需夯實 |
| 壤土、粘土、排水不良處 | 用砂、石子或礫石固結夯實 |
| 泥土、軟弱地盤 | 打基礎樁防止沉陷 |
| 鐵路、堤防之下 | 用枕木、梯台等為之 |

資料來源：水利聯合會，水利會技術人員訓練教材-灌溉排水工程類合訂本，民國 85 年

5. 伸縮縫

　　一般市面購買之預製管均十分乾燥，故可不考慮設置伸縮縫，但在現地澆置鋼筋混凝土管，並露出地面者需施設伸縮縫，伸縮縫間距以 10~20 m 範圍內為宜。

### 8.8.3.3 漸變段

　　進出口漸變段之設計須防止土砂、空氣流入管內，可在上游設置沉砂池，虹吸管口上端應設封水高，並設攔污柵以防止浮游物進入。

1. 進口漸變段

　　進口胸牆上之倒虹吸工口管頂應置於正常水面之下，其最小值自 $1.1(hv_2 - hv_1)$~$45\,\text{cm}$ 或 $1.5(hv_2 - hv_1)$ 兩者間之最大值。式中 $hv_1$ 為上游速度水頭、$hv_2$ 為進口漸變段之速度水頭，如圖 8.8.2 所示。一設計良好之漸變段，若用上述最小值，即不計摩擦損失時，理論上仍容許其進入管口之水沖刷頂部。若採用較大值甚至最大值時，得設管口頂上之封水。所需封水大小，視管之斜度及尺寸而定；較陡峻之斜度及較大管徑須用較大之封水。若進口底部斜度為有規律並反切於漸變段者，則進口寬度勢將收縮反較倒虹吸工之管徑為小；若平面上不收縮時在進口段底部勢必隆起。則計算進口胸牆上游一段底坡度時，可以任意改變以求得一合宜漸變結構。

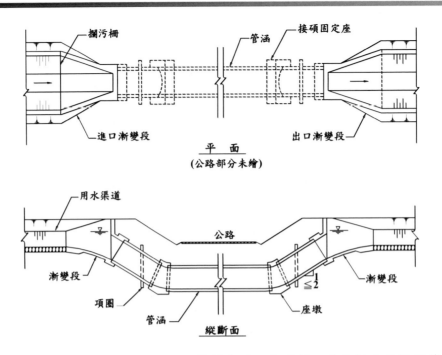

資料來源：交通部，公路排水設計規範，民國 98 年

圖 8.8.2 倒虹吸工縱剖面示意圖

2. 出口漸變段

　　設計良好之出口漸變段其恢復能量可以假定為流速水頭差之 0.8 倍，亦即損失之能量為出口胸牆流速水頭減去漸變段終點之流速水頭差的 0.2 倍。但設計大虹吸管出口通常可將摩擦損失略去不計，亦即假定其能量完全恢復。基於此種假定，出口胸牆開口頂部，即可置於計算所得水面高程處。一般假定出口恢復能量之變化為水頭差之 0.7~1.0 倍之間，依出口設計效能之高低而異。例如假定出口處能量可全部恢復，而實際上僅能恢復一部分時，則下游水面將上升而浸及胸牆，通常亦無大礙。

### 8.8.3.4 封水

1. 進口封水

　　設計倒虹吸工進口時，進口胸牆倒虹吸工開口上必需有一適當之封水高度，此種封水等於從進口正常水面至倒虹吸工開口頂點之垂直距離。依設計所需及倒虹吸工尺寸，可自水力學中計算封水高度，或自經驗中得最小封水高度。

(1) 小型倒虹吸工，直徑自 30 cm 至 90 cm 者或與此面積相等之異形管，封水通常取 $1.5\Delta hv$ 或 15 cm，採用較大之數值。

(2) 中型倒虹吸工，直徑從 90 cm 至 180 cm，或相當之管徑，從理論上計算所得之封水若大於上值，就此值與經驗值 45 cm 之最小值中採用較高之數值。

(3) 大型倒虹吸工，大於 180 cm 以上或相當之管其一般水力設計，封水高度參考上節進口漸變段。

在若干情形下，長倒虹吸工之進口，需特別考慮其水力條件，進口處不封水或進口流量減少時，水力坡降線交於離進口若干距離之管底，將會成為自由流，以至管中發生水躍，水與空氣混流阻礙水流之暢通。長倒虹吸工在部分或全部水流運用下，當實際摩擦係數小於設計時所假定之數值，均能發生以上現象。

2. 出口封水

出口封水則採用 $(hv_2 - hv_4)$ 或 $[hv_2 + h_t(出口損失水頭)]$，式中 $hv_4$ 為出口漸變段之速度水頭。

### 8.8.3.5 附屬設備

1. 沉砂池

為防止管中流速無法夾帶之粗徑砂石，須於虹吸管上游設置沉砂池，使停留於沉砂池之砂石，由排砂門排除之。若在低水頭之平野地帶，無法自然排砂時，沉砂池中之砂石則須利用非灌溉期間清除之。

2. 溢水道

由渠首工引水之渠道，如因調節失靈、渠水過剩，或因暴雨使地面逕流流入渠中，致倒虹吸工無法輸送超額流量，倒虹吸工上游渠道將因滿水而導致危害渠道安全，因此需有溢水道之設備。

3. 排氣閥

長倒虹吸工之中途，因地形關係有突出部分，因流進管內之水流為水與空氣之混合流，突出部分因空氣聚集而壓縮通水斷面，因

此需設置排氣閥排除空氣，排氣管徑之大小一般則定為虹吸管徑之 1/12 倍左右。

### 8.8.3.6 管路損失

倒虹吸工一般已知條件為流量、管長及容許水頭。但在水頭可以任意決定之處，則依市面預製混凝土管規格選定管徑或先假定管中之流速，再決定管徑尺寸。

1. 損失水頭

在初步估計損失水頭時，因可用水頭及倒虹吸工長短、大小均未定案，有時整體水路之損失很微小可忽略不計，但最後設計完成之前，所有損失均予以合理加入，尤其是較短而導虹吸管徑較大者。一般可利用水頭應較計算所得之水頭加大 10%，另外，通常規定虹吸管內之流速為 1.5~4.0 m/s。

(1)進口損失：

$$h_0 = f_0 \frac{V^2}{2g}$$

式中：

$h_0$ ： 進口損失水頭
$f_0$ ： 進口損失係數，參考圖 8.8.3
V ： 管內流速
$g$ ： 重力加速度

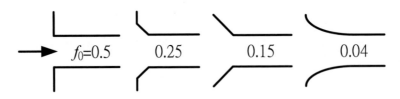

圖 8.8.3 管路幾何形狀進口損失係數參考

(2)摩擦損失：

$$h_f = f \frac{L}{4R} \frac{V^2}{2g}$$

式中：

$h_f$ ： 摩擦損失水頭
$f$ ： 摩擦損失係數 $= 124.6 n^2 / D^{1/3}$
R ： 水力半徑

V ： 管內流速

g ： 重力加速度

(3)彎管損失(示意圖如圖 8.8.4)：

$$h_b = f_b \frac{V^2}{2g}$$

式中：

V ： 管內流速

g ： 重力加速度

$f_b$ ： 摩擦係數

彎管摩擦係數(表 8.8.3)：

$$f_b = [0.131 + 1.847 \left(\frac{r}{R}\right)^{3.5}] \frac{\theta}{90}$$

折管摩擦係數(表 8.8.4)：

$$f_b = 0.946 \sin^2\left(\frac{\theta}{2}\right) + 2.407 \sin^4\left(\frac{\theta}{2}\right)$$

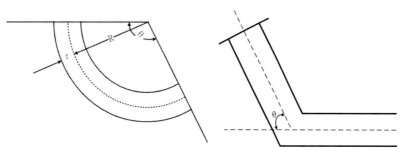

圖 8.8.4 彎管與折管示意圖

出口損失：$h_t = f_t \frac{V^2}{2g}$，式中 $f_t = 1$。

表 8.8.3 90°彎管摩擦係數

| $\frac{r}{R}$ | 0.1 | 0.2 | 0.3 | 0.4 | 0.5 | 0.6 | 0.7 | 0.8 | 0.9 | 1 |
|---|---|---|---|---|---|---|---|---|---|---|
| $f_b$ | 0.132 | 0.138 | 0.158 | 0.206 | 0.294 | 0.440 | 0.661 | 0.977 | 1.408 | 1.978 |

表 8.8.4 折管摩擦係數

| $\theta$ | 20° | 40° | 60° | 80° | 90° | 100° | 110° | 120° | 130° | 160° |
|---|---|---|---|---|---|---|---|---|---|---|
| $f_b$ | 0.046 | 0.139 | 0.364 | 0.741 | 0.985 | 1.260 | 1.560 | 1.861 | 2.150 | 2.431 |

2. 管內流速

考慮上述諸項損失水頭知管內流速 V 如下式：

$$V = \sqrt{\frac{2gH}{1 + f_0 + f_b + f \cdot \frac{L}{D}}}$$

3. 圓形斷面

圓形斷面管內之平均流速 V 可忽略彎管損失$f_b \cong 0$，其流量為：

$$Q = A{\cdot}V = \frac{\pi}{4}D^2\sqrt{2g}\left[\frac{H}{(1 + f_0) + f \cdot \frac{L}{D}}\right]^{0.5}$$

若流量 Q、管長 L 皆為已知，在求得管徑 D 之後，可利用下式求出水頭 H 之後，再利用 V = Q/A 檢討流速是否落在容許範圍內。

$$H = \frac{8}{\pi^2 g}(1 + f_0 + f \cdot \frac{L}{D})\frac{Q^2}{D^4}$$

若倒虹吸工之水頭受到地形所限時，由已知流量、管長、配合水頭 H，可以下式利用試誤法決定管徑：

$$D^5 = \frac{8}{\pi^2 g}[(1 + f_0)D + f \cdot L]\frac{Q^2}{H}$$

另外，若 L/D >3,000 時，$(1 + f_0)D$ 值則可忽略不計。由求得之 D 值再計算平均流速 V，應大於容許最小流速 0.75 m/s，若計算結果小於容許最小流速，需縮小管徑 D 或加大水頭 H 以調整上下游渠道坡降。

## 8.8.4 工程範例照片

資料來源：臺灣嘉南農田水利會-大埤中排二農田排水治理工程

## 8.8.5 工程參考圖

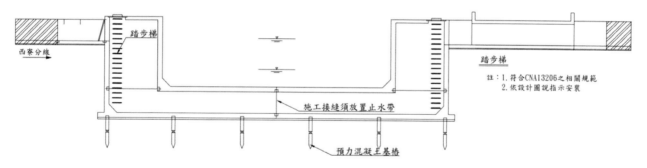

圖 8.8.5 倒虹吸工設計參考圖

備註：

1. 工程範例參考資料：107 年度嘉南農田水利會-大埤中排二農田排水治理工程，詳細參考圖請詳附錄四(圖 12/18)。

2. 上述參考圖之樣式僅供示意，設計時應進行結構計算及水理分析。

## 8.9 跌水工

### 8.9.1 定義

渠道經過地形較陡之處，渠道縱坡不依照地形設計時，為保護坡面，並消除過剩能量，穩定水流，防止渠道沖刷，可考慮採用跌水工(Drop)或陡槽(Chute)。

【說明】

1. 通常落差大、距離短之處，選用跌水工可能有利，而落差在 60 cm 以上、坡度均一且距離又長者，採用陡槽可能較有利。

2. 渠道流量中含砂量較多者，宜避免設置陡槽，宜採用跌水工以免磨損渠底。

3. 兩項均適合者，最後應以經濟及景觀條件決定之。

### 8.9.2 型式種類

跌水工依其縱向形狀或使用條件一般可分為垂直式、斜面式、齒坡式及衝擊式四種。

【說明】

1. 垂直式跌水

    渠道局部落差在 3 m 以下時，設垂直式跌水工構造消能(圖8.9.1)。跌水構造應有足夠長度及適當水褥，使跌落之水舌及產生之水躍或波浪，不致沖刷下游渠道。

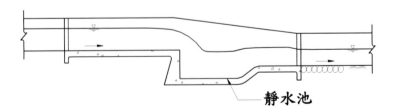

靜水池

資料來源：交通部，公路排水設計規範，民國 98 年

圖 8.9.1 垂直式跌水工示意圖

2. 斜面式跌水

　　渠道局部落差在 3 m 以上 5 m 以下時，設斜面式跌水構造消能
(圖 8.9.2)。斜面式跌水構造出入口應設漸變段，控制水流穩定；斜
面式跌水構造型式，視池前水流福祿數及尾水情況選用。

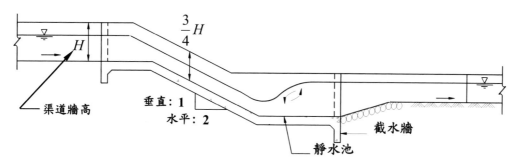

資料來源：交通部，公路排水設計規範，民國 98 年

圖 8.9.2 斜面式跌水工示意圖

3. 齒坡式跌水

　　渠道局部落差大且下游水位不穩定之情況，設齒坡式跌水構造
消能(圖 8.9.3)。齒坡式跌水縱向坡度不應大於 1:2(垂直:水平)，每公
尺寬度容許流量 1.0～2.0 m³/s。齒墩應適當布設，為防止淘刷，至少
應有一列齒墩深入下游渠底以下。

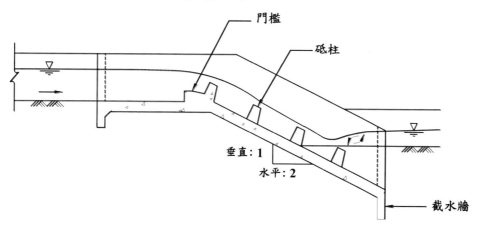

資料來源：交通部，公路排水設計規範，民國 98 年

圖 8.9.3 齒坡式跌水工示意圖

4. 衝擊式跌水

　　明溝或管涵之出口流速小於 10 m/s，且下游水位不穩定時，可
設衝擊式跌水構造消能(圖 8.9.4)。每道衝擊跌水流量應不大於 10
m³/s。

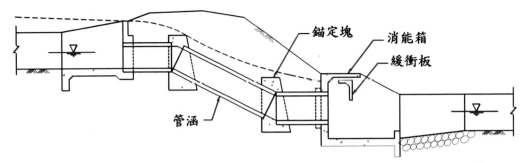

圖 8.9.4 衝擊式跌水工示意圖

### 8.9.3 設計

> 跌水工之設計應設法使上游水位不受影響且流況平順，下游則以充分消能為目標。因此設計應注意：(1)進口段左右對稱，並有足夠長度使水流漸變收縮，單位寬度流量分佈均勻。(2)控制缺口之型式和尺寸，應保證在通過各級流量時，上級管道不發生或只發生很少的迴水。(3)為避免下游沖刷，根據上下游銜接之具體情況，採用經濟合理之消能措施。為防止水流沖刷下游管道，在靜水池與下游渠道間可設置一定長度之連接固床工，以調整流速，平順流態。

【說明】

1.  消能方法

　　溢流堰、溢水道、陡槽、跌水工或者坡度很陡流速很大之渠道下游，其尾水甚淺，且由於其流速很快，將會沖刷下游河床。因此，為防止沖刷，必須設法降低其流速，使其低於下游河床所能抵抗之安全流速，以確保下游河床安全，通常利用四種方法：碰擊(Collision)、表面摩擦(Friction of Surface)、灌氣(Airation)與水躍(Hydralic Jump)。上述四種方法中以促成水躍為主，碰擊及表面摩擦為輔。

2.  水躍

(1) 水躍計算公式

　　水躍前之水流為臨界流，經水躍消能後變為亞臨界流，考慮水平、光滑之矩形渠道，其動量方程式為：

$$\frac{1}{2}\gamma y_1^2 - \frac{1}{2}\gamma y_2^2 = \rho q(V_2 - V_1)$$

式中：

| | | |
|---|---|---|
| $y_1$、$y_2$ | ： | 上、下游水深(m) |
| $V_1$、$V_2$ | ： | 上、下游流速(m/s) |
| q | ： | 單位寬度流量($m^2/s$) |
| $\rho$ | ： | 水密度(kg/m³) |
| $\gamma$ | ： | 水單位重(N/m³) |

連續方程式：

$$q = V_1 y_1 = V_2 y_2$$

根據上述兩方程式推得共軛水深比：

$$\frac{y_2}{y_1} = \frac{1}{2}(-1+\sqrt{1+8Fr_1^2})$$

式中：

| | | |
|---|---|---|
| $y_1$ | ： | 水躍前水深(m) |
| $y_2$ | ： | 水躍後水深(m) |
| $Fr_1$ | ： | 上游福祿數 |

(2) 水躍長度

水躍長度並無公式可以計算，通常均由水工試驗、實際觀測或經驗公式而得。對於溢流堰或陡槽、跌水工等構造物之水躍長度，則以斜面與水平護坦之相交處做為起點，以下游水躍終點做為終點，其之間之水平距離即為水躍長度，一般水躍所需長度建議約為下游共軛水深之 6 倍。

3. 靜水池

靜水池係與溢水道、出水口或其他高速水流之水工構造物連接，其主要結構為一混凝土護坦，主要功用為承受下落之高速射流，消耗能量、減低流速、減少亂流及波浪作用等，下列為幾種常用之靜水池。

(1) 第一型靜水池

水躍發生於水平護坦上，靜水池內並無消能設備，池長與自然水躍相同；除福祿數較小時，所需長度為共軛水深之 4~5 倍外，係數在 4.5 以上時靜水池長度需在共軛水深之 6 倍，所

需長度不甚經濟，較少採用。

(2) 第二型靜水池

適用於水壩之溢洪道及較大之渠道構造物中，適用福祿數在 4.5 以上，設置陡槽礅塊(Chute Blocks)及消力檻(End Sill)，可縮短水躍及靜水池所需長度約 33%，第二型靜水池示意圖詳圖 8.9.5。

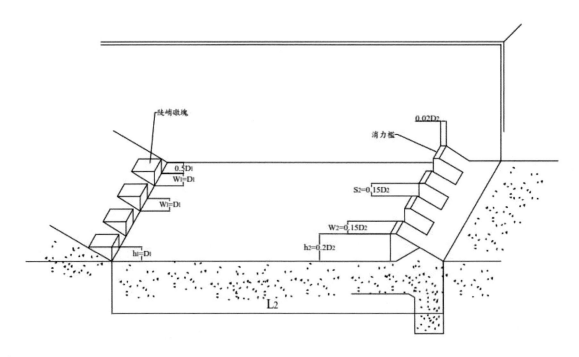

資料來源：前農復會，灌溉排水工程設計，民國 67 年

圖 8.9.5 第二型靜水池標準尺寸

(3) 第三型靜水池

適用於較小之溢水道，其射流速度小，不超過 18m/s，設計福祿數為 4.5 以上，採用陡槽礅塊、砥柱(Baffle Blocks)及消力檻，約可將水躍及靜水池長度縮短至 60%，第三型靜水池示意圖詳圖 8.9.6。

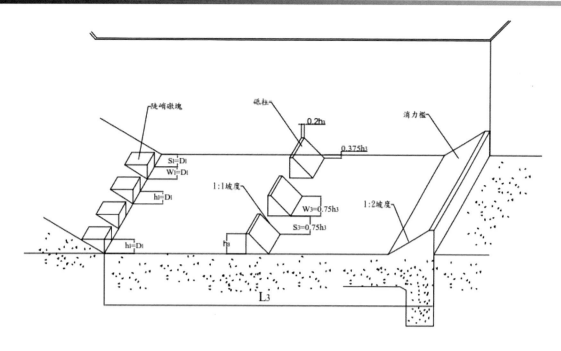

資料來源：前農復會，灌溉排水工程設計，民國 67 年

圖 8.9.6 第三型靜水池標準尺寸

(4) 第四型靜水池

　　適用之設計福祿數為 2.5~4.5 之間，通常發生於渠道構造物及攔河堰，此種靜水池之功用為減少不完全水躍之波浪作用，第四型靜水池示意圖詳圖 8.9.7。

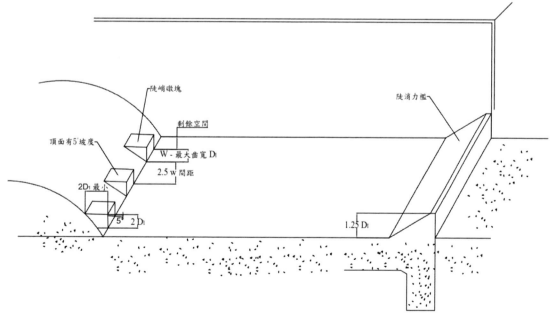

資料來源：前農復會，灌溉排水工程設計，民國 67 年

圖 8.9.7 第四型靜水池標準尺寸

## 8.9.4 工程範例照片

資料來源：臺灣屏東農田水利會-頓物埤第二排水支線

## 8.9.5 工程參考圖

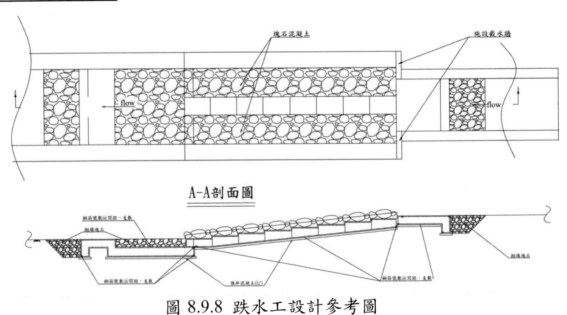

圖 8.9.8 跌水工設計參考圖

備註：

1. 工程範例參考資料：107 年度屏東農田水利會-頓物埤第二排水支線改善工程，詳細參考圖請詳附錄四(圖 13/18)。

2. 上述參考圖之樣式僅供示意，設計時應進行結構計算及水理分析。

## 8.10 護岸

### 8.10.1 定義

護岸係直接於流路坡面並深入底床所做之保護工程。主要在防止水流沖刷水岸，以保持水岸之穩定、保護私有地與相關建築設施之安全為目的。

【說明】

1. 護岸與堤防皆為排水工程常見之水利設施，其區別在於堤防(Dike)之堤頂高度通常較堤內(臨陸側)之地面高，其作用為束制水流，有效防範洪水與暴潮危害；而護岸(Revetment)之高度往往較堤內之地面為低，而且無完整之後坡，一般均沿流路而建。

2. 護岸之構造主要由護坡、基腳(或稱坡腳)、護腳三部份所構成，或其中護坡搭配基腳或護腳組成，有關護岸各部位名稱可參見圖 8.10.1，各部份定義為：

   (1) 護坡：保護水岸或堤防之坡面。

   (2) 基腳：構成護坡之基礎部分，又稱為坡腳。

   (3) 護腳：施設於基腳前端，伸入底床底部份，以防護岸前面底床之沖刷；亦即保護護坡及基腳之安全，又稱為護坦工。

   (4) 護肩：施設於護坡頂部，主要為保護護岸頂部之沖刷，通常於低水護岸時施作。

   (5) 接牆：通常於護岸之上、下游端施作，避免水流淘刷較脆弱的上、下游。

   (6) 錨定：為保護護岸頂部，通常以混凝土塊與護肩相連。

   (7) 隔牆：在重要水路段或沖刷嚴重處為避免護岸大面積破壞，可考慮每隔一段距離設置隔牆，通常配合施工縫施作。

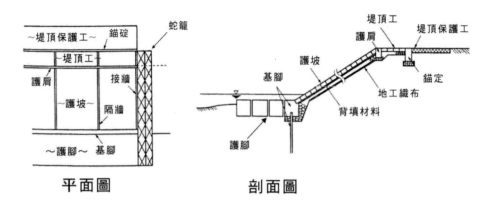

平面圖　　　　　剖面圖

資料來源：經濟部水利署水利規劃試驗所，水利工程技術規範(草案)，民國103年

圖 8.10.1 護岸各部位示意圖

## 8.10.2 型式種類

> 護岸依結構及材料其型式可分成坡式護岸、牆式護岸與板樁護岸三種型式，選擇護岸型式及其材料時，以符合保護對象之有效性、環境適應性及經濟性為原則。就可行護岸型式，根據工址之地形、地質、水流與波浪特性、施工條件、營運管理需求、環境景觀與工程經濟等因素，綜合評估擇優選用。

【說明】

1. 護岸型式研選原則茲說明如下：

   (1) 坡式護岸其分類通常以護岸材料及工法作為區分，主要採用類型如表 8.10.1 所示。坡式護岸其使用材料與類型變化最具彈性，且可以使用接近自然之材料，已成為主流之護岸型式，由於坡式護岸種類眾多，且各類型護岸皆有其特色，故選型上較困難，建議先研選三種護岸型式，再根據工程地點、地形、地質、護坡型式、風浪、水流特性、材料來源、施工條件、使用需求等因素，經評估分析比較後選定。

   (2) 牆式護岸與板樁護岸主要適用於對水道狹窄、水岸易受水流沖刷、保護對象重要、受地形條件或既有建築物限制之水岸，可考量採用牆式或板樁護岸，有關牆式護岸之型式可參見圖 8.10.2，板樁護岸之型式可參見圖 8.10.3 所示。

2.  護岸選型應視計畫之目的與其配合之設計條件而定,依據保護對象的重要性程度,設計者進行選型時,宜先分析該區段之水理條件,考量護岸之抗沖能力,並針對地形變化處考量局部沖刷之作用;而現地的地質條件特性,在選型時亦須加以考量,包括護岸邊坡穩定、牆背土砂淘出皆列為選型的條件之一。

3.  土石流潛勢溪流或崩塌地發達渠段,護岸選型宜將滾石或流木之破壞列為考量因素之一。

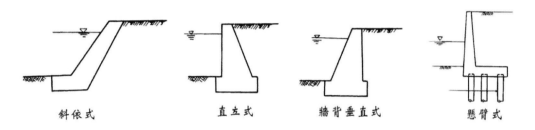

斜依式　　　　直立式　　　　牆背垂直式　　　　懸臂式

資料來源:經濟部水利署水利規劃試驗所,水利工程技術規範(草案),民國 103 年

圖 8.10.2 牆式護岸主要類型圖

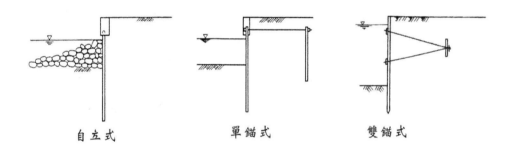

自立式　　　　　單錨式　　　　　雙錨式

資料來源:經濟部水利署水利規劃試驗所,水利工程技術規範(草案),民國 103 年

圖 8.10.3 板樁護岸主要類型圖

表 8.10.1 坡式護岸主要類型一覽表

| 項目 | 坡式護坡工法 | 主要材料 | 說明及適用條件 |
|---|---|---|---|
| 1 | 自然土坡 | 粘性土壤、植生等 | 1.適合小流量、低流速且坡度緩水路<br>2.常時不受水浸泡<br>3.兩側無住宅與重要設施<br>4.容許流速 1.0～1.5m/s |
| 2 | 混砌石護坡 | 卵石、塊石(25~45 cm)、水泥 | 1.適應流速大水路、人工湖<br>2.適用於坡面緩護坡 |
| 3 | 乾砌石護坡 | 卵石、塊石(25~45 cm) | 1.抗沖能力低於混砌石護坡<br>2.適用於坡面緩護坡<br>3.排水性能佳 |
| 4 | 漿砌石護坡 | 卵石、塊石(25~45 cm)、水泥 | 1.適應流速大水路、人工湖<br>2.多用於坡面陡護坡 |
| 5 | 混凝土格框護坡 | 混凝土格框、卵石、塊石(25~30 cm)、水泥或植生袋 | 1.適應流速大水路<br>2.適用坡面緩護坡<br>3.適用於較陡之護岸 |
| 6 | 混凝土護坡 | 混凝土厚 10~25 cm | 1.適應流速大水路、人工湖<br>2.適用於坡面緩護岸 |
| 7 | 連節混凝土塊護坡 | 混凝土塊厚 20~30 cm、不織布、鋼筋或鋼絲 | 1.抗沖能力低於漿砌石(混凝土塊)護坡<br>2.具屈撓特性<br>3.須配合地工織布與濾層 |
| 8 | 蛇(石)籠護坡 | 蛇(石)籠鍍鋅鐵絲網籠、卵塊石 | 1.有屈撓特性，適用護坡高度不大之水路<br>2.以不減少通水斷面為原則 |
| 9 | 拋石護坡 | 大塊石、混凝土塊 | 1.適宜水路、海岸<br>2.排水性佳<br>3.適合軟弱地盤 |
| 10 | 編柵護坡<br>(Hurdle work) | 採用竹材、木樁、柳枝、黏性土壤及砂礫地工織物等材料 | 1.流速小之緩坡水路<br>2.適用於滾石較少之區域<br>3.兩側無住宅與重要設施 |

資料來源：經濟部水利署水利規劃試驗所，水利工程技術規範(草案)，民國 103 年

## 8.10.3 設計

設計護岸首先考慮防沖與防洪之功能，並兼顧生態環境保全、親水性及景觀性等功能；設計時應考慮安全性、生態性、景觀性、耐久性、施工性、經濟性及維護管理等事項。

【說明】

1. 護岸設置功能主要在抵禦水流沖刷，防止水岸之沖蝕崩塌。

2. 護岸設計以防洪安全為優先，並須考量與生態景觀結合，並達到親水之目的。

3. 為確保護岸可在設計條件下安全運行，並能有效抵禦設計條件下之洪水沖刷、沖蝕作用，護岸斷面應適應地形變化。在可能範圍水道斷面採較大之水道寬度，以相對減低流速，降低水流對構造物之破壞力。

4. 護岸高度一般採用計畫洪水位加出水高，得配合水岸地形因地制宜調整。

5. 新設護岸施工段之上下游起訖點，應設接牆。通常採用蛇籠或箱型石籠等柔性工法銜接原堤岸。

6. 護岸設計之適當性判斷，經驗較定理與公式更為重要。所有應用之定理與公式，多屬於經驗公式，除有條件之假設及限制外，其所採用之係數或指數，因多屬來自某地之實驗與經驗，故不盡然可符合實際需要，應用時必須要審查是否適用。

## 8.10.3.1 護岸斷面設計

　　護岸斷面設計應根據使用材料、水流情況、高度、施工及使用條件，再經安定計算後確定。

1. 坡式護岸

　　　　坡式護岸之坡度受到材料、工法、土質、堤高、流速、浸水時間及採用材料等有關，所定之坡度必須等於或小於坡後土質在水中之抗剪力，一般採用坡度為 1:1.5~1:3，其中以 1:2 為最常見，亦有採用 1:1

之特殊情形者。有關各類型護岸之坡度、高度與限制流速參考表 8.10.2 所示，惟最後坡度之定案，仍須符合邊坡穩定、抗沖等相關規定。

2. 護岸高度超過 6 m 者，宜設置戲道。

   (1) 砌石護坡之結構應進行穩定分析，及護坡護腳沖刷深度計算。

   (2) 砌石、混凝土護坡與土體之間必須設置墊層，墊層可採用砂、礫石或碎石級配、石渣和地工織物等，砂石墊層厚度不應小於 0.2 m，如有特別需要可適當加厚。

   (3) 拋石粒徑應根據水深、流速等因素決定之。拋石厚度不宜小於拋石粒徑的 2 倍，局部水深湍急處宜增大。

   (4) 拋石護岸坡度宜緩於 1:1.5。

   (5) 坡式護岸穩定分析如下：

      坡式護岸之穩定應考慮護坡連同地基的整體滑動穩定及護坡體內部之穩定等兩類穩定進行驗算；對於沿護坡底面通過地基整體滑動的護坡穩定計算，其地基部分也應是圓弧滑動破壞。但是，一般護坡基礎較淺，滑動面也不深，所以，為簡便起見，基礎部分沿地基滑動可簡化為折線狀，用極限平衡法進行計算。

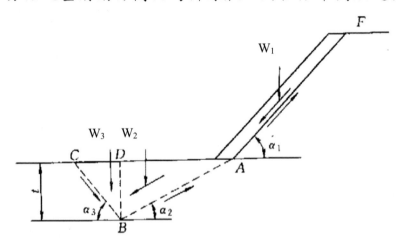

資料來源：經濟部水利署水利規劃試驗所，水利工程技術規範(草案)，民國 103 年

圖 8.10.4 坡式護岸整體滑動計算

      如圖 8.10.4，護坡 AF 沿 FABC 面之滑動，可簡化成 BCD 土體的極限平衡問題，其平衡方程為：

$$W_3 \sin \alpha_3 + W_3 \cos \alpha_3 \, tg\varphi + \frac{ct}{\sin \alpha_3} + P_2 \sin(\alpha_2 + \alpha_3) tg\varphi = P_2 \cos(\alpha_2 + \alpha_3)$$

土體 BCD 之穩定安全係數為：

$$K = \frac{W_3 \sin\alpha_3 + W_3 \cos\alpha_3\, tg\varphi + P_2 \sin(\alpha_2 + \alpha_3) tg\varphi + ct/\sin\alpha_3}{P_2 \cos(\alpha_2 + \alpha_3)}$$

式中：

c ： 地基土之粘聚力

$\varphi$ ： 地基土之摩擦角

$\alpha_1$、$\alpha_2$、$\alpha_3$ 如圖所示。穩定安全係數 K 採用 1.5~2.0 視護岸保護標的重要性與水流衝擊流況而定。

$P_2$ 可由土體 ABD 之極限平衡方程求出：

$$P_2 = W_2 \sin\alpha_2 - W_2 \cos\alpha_2\, tg\varphi - \frac{ct}{\sin\alpha_2} + P_1 \cos(\alpha_1 + \alpha_2)$$

$P_1$ 同樣由 FA 之極限平衡方程求出：

$$P_1 = W_1 \sin\alpha_1 - f_1 W_1 \cos\alpha_1$$

式中 $f_1$ 為護坡和坡底之滑動摩擦係數。

表 8.10.2 各類型護岸之坡度、高度與限制流速

| 護坡工法 | 最小邊坡(V：H) | 護岸高度(m) | 流速(m/s) |
|---|---|---|---|
| 土坡 | 1：3 | 3 | ≦1.5 |
| 鋪石護坡<br>鋪混凝土塊護坡 | 1：1.5～1：3 | 5 | ≦4 |
| 乾砌石護坡<br>乾砌混凝土塊護坡 | 1：1～1：2.5 | 3 | ≦4 |
| 漿砌石護坡<br>漿砌混凝土塊護坡 | 1：0.3～1：0.5<br>1：0.4～1：0.5 | 3<br>5 | 5~7 |
| 混凝土格框護坡 | 1：1.5～1：3 | 10 | ≦5 |
| 混凝土護坡 | 1：1.5～1：3 | 5 | ≦5 |
| 串連混凝土塊護坡<br>串磚護坡 | 1：1.5～1：3 | 3 m 以下 | ≦4 |
|  | 1：2～1：3 | 5 |  |
| 蛇(石)籠護坡 | 1:1.5 | 3 m 以下 | ≦4 |
|  | 1：2 | 5 |  |
| 拋石護坡 | 1：2 | - | ≦7 |
| 編柵護坡 | 1：2 | 3 | ≦3 |

資料來源：經濟部水利署水利規劃試驗所，水利工程技術規範(草案)，民國103年

3. 牆式護岸

(1) 牆式護岸之結構型式，可採用直立式或陡坡式。穩定分析按一般擋土牆分析。

(2) 牆體結構材料可採用鋼筋混凝土、混凝土、漿砌石等；斷面尺寸及牆基崁入堤岸坡腳之深度，則應根據具體情況及堤身和堤岸整體穩定計算分析確定。水流沖刷嚴重之堤段，應加強護基措施。

(3) 牆式護岸在牆後與岸坡之間可回填砂礫石。牆體應設置排水孔，排水孔與回填土銜接處應設置濾層。

(4) 牆式護岸沿堤線方向應設置伸縮縫，其間距鋼筋混凝土結構可為20 m，混凝土結構可為15 m，漿砌石結構可為10 m。在堤基條件改變處應增設伸縮縫，並作防漏處理。

(5) 牆式護岸基礎承載力不足時，可採用地下連續壁、排樁、沉箱或樁基礎，其結構與斷面尺寸應根據結構應力分析計算確定。

(6) 高度：一般採用計畫洪水位加出水高 0.8～1.0 公尺，惟可視實際需要與地面同高。

(7) 坡度：砌石一般採用 1：0.3～1：1。

(8) 超高：凹岸處超高如下：

$$\Delta h = 2.3 \frac{V^2}{g} \log\left(\frac{R_2}{R_1}\right)$$

$\Delta h$ ：超高（以河床中心線設計高為準）

$V$ ：流速（m/sec）

$g$ ：重力加速度（m/sec$^2$）

$R_1$ ：凸岸之曲率半徑（m）

$R_2$ ：凹岸之曲率半徑（m）

(9) 基礎深度：以計畫河床高度或現況河床高度中較低者為準，其伸入河床深度一般為1～2 公尺。

(10)岸線：起點應有穩固之地形或插入適當之岸內，終點應引導水流順岸流下或導離河岸；凹岸處應延長至曲線終點以下。

(11)安定檢討除考慮水壓力外，餘與擋土牆相同。

4. 板樁護岸

(1) 樁式護岸材料可採用木樁、鋼軌樁、預鑄鋼筋混凝土樁、基樁、板樁及全套管基樁等。

(2) 樁之長度、直徑、入土深度、樁距、材料、結構及排列方式等，應根據水深、流速、底床質、地質等情況設計，或既有工程使用經驗分析確定，以確保其功能性及護岸安全性。

(3) 樁之布置可採用 1~3 排樁，按需要選擇丁壩、順壩及混合使用，排距可採用 2~4 m。同一排樁的樁與樁間可採用透水式、不透水式。樁間及樁與堤腳之間可拋塊石、混凝土等以護樁、護底防沖刷。

## 8.10.4 工程範例照片

資料來源：臺灣宜蘭農田水利會-國民排水

### 8.10.5 工程參考圖

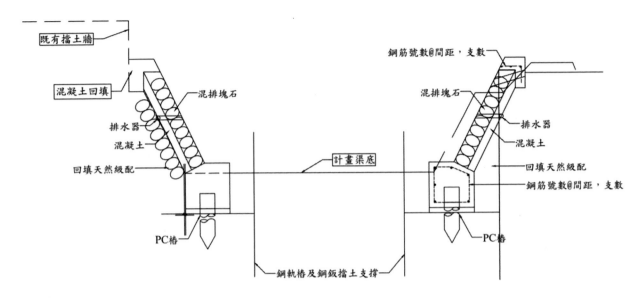

圖 8.10.5 砌石護岸設計參考圖

備註：

1. 工程範例參考資料：106 年度宜蘭農田水利會-國民排水改善工程，
   詳細參考圖請詳附錄四(圖 14/18、圖 15/18)。

2. 生態工法之選用可考慮以砌石工法為主，以符合就地取材之原則，
   唯應注意砌石護岸之透水性，石背需使用碎石級配作為濾層。

3. 上述參考圖之樣式僅供示意，設計時應進行結構計算及水理分析。

## 8.11 抽水站

### 8.11.1 定義

抽水站係指在排水路出口因地勢低窪或礙於高漲之外水而無法重力排水處，設置動力抽排機械設施排出內水，以期達成減輕淹水，對於農田排水，若逢內外水位高程差導致無法排水，均須藉抽水機抽排。

【說明】

1. 為達治水防災之目的，於有淹水潛勢地區，在評估比較各可行解決方案後，認為設置抽水站較符合經濟效益時採用之。抽水站組成如圖 8.11.1 所示。

2. 抽水站設計應以排水系統整體考慮，且為系統功能之一部分。

3. 抽水機組包括抽水機(又可稱為"泵"或"泵浦"，pump)、動力設備(電動機與內燃機)、傳動設備與其他輔助設備等。

4. 抽水站房為提供安裝抽水機組、電氣設備及提供管理人員操作營運抽水站之相關設備，設計時須綜合考量選定的抽水機組、用地條件、防洪保護、計畫功能等條件。

5. 進出水設施包括抽水站之進水與出水設施，其中進水設施作用為導引匯集水流並使其靜緩，以期抽水機組能正常運轉；而出水設施則在於提供抽水機組所抽取之水流排放之通道或空間。

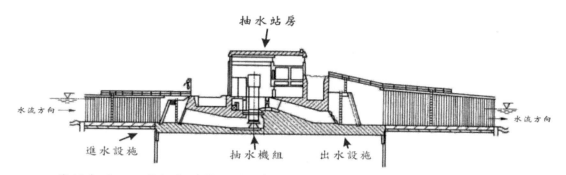

資料來源：經濟部水利署水利規劃試驗所，水利工程技術規範(草案)，民國 103 年

圖 8.11.1 抽水站示意圖

### 8.11.2 型式種類

抽水機組依構造可分為：離心式、往復式、旋轉式、噴射式、螺旋式等。目前國內排水與引水工程使用最廣之抽水機類型為離心式抽水機，而按水流與驅輪轉軸之方向離心式抽水機又可分成輻流式、軸流式及混流式。

【說明】

1. 輻流式(Radial Flow)：輸出水流與驅輪轉軸同向，屬高揚程、低流量之抽水機。

2. 軸流式(Axial Flow)：輸出水流與驅輪轉軸垂直，屬低揚程、高流量之抽水機。

3. 混流式(Mixed Flow)：輸出水流與驅輪轉軸介於水平與垂直之間，屬中揚程、中流量之抽水機。

4. 抽水機按照結構型式主要有下列各種機型可供選擇：

   (1) 豎軸式抽水機：又稱為立式抽水機，其特點為平面尺寸佔地較小，其抽水站開挖深度較深，抽水機啟動較方便，但豎軸抽水機進行安裝時之要求較高，適用於水位變動較大之場合。

   (2) 橫軸式抽水機：又稱為臥式抽水機，其特點平面尺寸佔地較大，故安裝檢修較方便，適用於地盤承載力較差，及水位變動幅度較小之場合。

   (3) 斜軸式抽水機：其特性介於豎軸與橫軸之間。

   (4) 沉水式抽水機：沉水式抽水機之特點為泵浦葉輪與沉水電機安裝在同一根軸上，早期沉水抽水機多用於深井抽水，然隨技術的進展，目前也廣泛使用於排水與引水工程。當用地受限無法設置抽水站房等地上建築物之抽排水工程可考量採用沉水式抽水機。

### 8.11.3 設計

抽水站設計主要決定抽水站位置、抽水規模、抽水操作模式、抽水條件、抽水機型式與數量、動力設備、抽水機房及與其他排水設施搭配機制。應把握以下幾點原則：(1)足夠排洩計畫排水容量、(2)具有足夠之結構強度、(3)製造及安裝容易、(4)操作簡易及平順、(5)維護保養方便、(6)工程符合經濟性及充分考量完工後有能力負擔維護及操作管理之經費與人力、(7)抽水站設置高程應避免淹水導致當機。

【說明】

### 8.11.3.1 水理條件

抽水站工程應針對設計流量、抽水站各種揚程及容許流速等水理進行計算分析，以為抽水站規模及設備設計之依據。

1. 設計流量

抽水站設計流量係決定抽水站規模及所有設備大小及數量之依據，其設計流量係根據排水系統之排水流量而定，若不考慮抽水站前池調蓄作用，抽水站設計流量宜以排水系統之設計洪水量為其設計流量。

2. 揚程

抽水站揚程為決定抽水機型式及大小之依據，對於運轉中之排水抽水站，其前池與出水池之水位通常處於變化中，故抽水站運轉之揚程至少包括設計揚程、最小揚程與最大揚程等參數，其計算方式說明如下：

(1) 設計揚程

對於抽水站而言，設計淨揚程為前池與出水池處於設計水位時之水位差，若加計管道能量損失，則稱為設計總揚程。其中前池設計水位為排水系統設計流量時之進水池水位；出水池之設計水位為內水發生計畫洪水時對應之外水水位。

(2) 最大揚程

可分為最大淨揚程與最大總揚程，為抽水站運轉之上限揚

程，其主要按照抽水站進水池出現最低水位時(不發生穴蝕)與
出水池出現最高水位時之水位差進行計算。

(3) 最小揚程

可分為最小淨揚程與最小總揚程，為抽水站運轉之下限揚
程，其主要按照抽水站進水池出現最高水位與出水池出現最低
水位時之水位差進行計算。

3. 流速

抽水站水路截面之各部件流速如表 8.11.1 所示。

表 8.11.1 抽水站水路截面之各部件流速

| 名稱 | | 流速(m/s) | 摘要 |
|---|---|---|---|
| 取水口 | | 0.15~0.3 | 洪水時防止砂、礫流入 |
| 取水管渠入口 | | 0.3~0.5 | 流入之情況良好，可防砂之流入 |
| 取水管渠 | | 0.6~1.0 | 一般多為自然流動，採最小之動水坡度 |
| 導水渠及導水管 | | 1.0~2.0 | 考慮沉積及阻塞 |
| 沉砂池 | 下水道 | 0.15~0.3 | 滯留時間 30~60 秒 |
| | 上水道 | 0.02~0.07 | 滯留時間 10~20 分 |
| 吸水槽入口 | 有柵網 | 0.5 以下 | 減少柵網損失，防止吸水槽內之漩渦 |
| | 無柵網 | 0.7 以下 | |
| 泵吸入管 | | 3.5 以下 | 考慮泵之吸入性能 |
| 泵口徑 | 橫軸 | 2~4 | 渦流泵以吸入口徑計 |
| | 豎軸 | 2~3.5 | |
| 出水閥 | 滯水閥、蝶閥(高揚程用) | 3.5~5 | |
| | 滯水閥、蝶閥(低揚程用) | 2.5~4 | |
| | 舌閥 | 1.3~1.8 | |
| | 桿閥 | 4~10 | |
| 送水管 | 水泥管、混凝土管 | 0.8~1.5 | 考慮沉積所造成之阻塞 |
| | 鋼管、鑄鐵管 (小口徑 300mm 以下) | 1.0~2.0 | |
| | 大口徑 | 1.5~3.0 | |
| 小配管 | 給水 | 1.0~1.5 | |
| | 排水(自然流動) | 0.2~0.5 | |

資料來源：水利聯合會，農田水利會技術人員訓練教材-灌溉排水工程類合訂本，民國 85 年

## 8.11.3.2 抽水機佈置數量

抽水機台數之決定，宜考量工程經濟、營運管理、備用容量等需求
綜合決定之。

1. 從工程投資來看，抽水機台數少時，其土建成本與機電成本都會降低；而從營運管理來看，抽水機台數少，單機容量大，其所需維修管理人員也較少。

2. 從抽水站操作的適應性與安全性考量，抽水機台數越多，則對流量之變化適應性越佳，一旦抽水機出現故障，則有其他抽水機可以替代出水。

3. 從抽水站的功能觀之，排水抽水站之設計流量都大於計畫流量，故排水抽水站所需的抽水機台數較多，且必須考量到備用抽水機。

### 8.11.3.3 抽水站房

抽水站房是提供抽水機、動力設備、輔助設備與電氣設備安裝之水利建造物，是抽水站工程之主體土建設施，其主要考量土地取得、地形條件、抽水機組與相關設施之安裝等條件，綜合佈置之。

1. 抽水站房型式呈多樣化，國內之抽水站房通常按抽水站房是否進水分成乾井式與濕井式，茲說明如下：

   (1) 乾井式抽水站房

   　　乾井式抽水站房通常有地上與地下兩層結構，地下結構為不能進水的乾井，抽水機組係安裝於乾井內，這類型抽水站房因抽水機組位於乾井內，故維修養護較易，其適合於揚程較低，進水池水位變動幅度較大時採用，惟造價較貴。

   (2) 濕井式抽水站房

   　　本型式抽水站房與乾井式不同者，地下結構為濕井，與進水池相連，除有抗浮功能外，尚能減省用地面積，但濕井抽水站房之安裝檢修相較乾井抽水站房不易，然近年來隨著沉水式抽水機的發展，克服了濕井式抽水站房維修不便之缺點。

2. 抽水站房土建與一般工業建築類似，其外觀形式簡單，內部則安裝多種電氣與機械設備，故進行設計時需考慮站體內之供水與供電，其中供水主要供站內人員使用，而供電主要供抽水機組運轉使用，若抽水站附近無供電系統，則要考量自設發電機。

3. 由於抽水機組運轉時，或發電機啟動時，常因振動產生噪音，故為操作人員與附近居民的健康著想，抽水機組及相關設備安裝時，須與基礎連接良好，以不產生振動與降低噪音為宜，並視需要設置消音設施。

4. 以往國內對於抽水站之外觀設計較為忽略，然參酌近年歐美日新建之抽水站工程，其已將公共藝術造景列為抽水站站房設計之重點(特別是都會地區)，其形塑原則如下：

   (1) 避免抽水站外觀單調發展，能塑造地區焦點地標尤佳。

   (2) 抽水站若有戶外開放空間，則可考量將抽水站公園化，進行綠化植栽。

   (3) 與周邊環境現況融合，避免形成視覺上之突兀感。

### 8.11.3.4 進水設施

抽水站進水設施包括引水設施、前池、進水池等項目，主要作用為導引水流進入抽水站內進行抽排運轉。

1. 引水設施

   對於排水抽水站而言，其引水設施主要由引水管道及相關制水閘門機電設備、漂浮雜物攔截設施、除污設施等所組成。排水抽水站之引水設施說明如下：

   (1) 引水管道是水流的通路，通常採用明、暗渠道或管路等方式，係抽水站水流之收集系統。

   (2) 制水閘門機電設備之功用在於控制水流進入抽水站。閘門型式宜優先採用滑動式、固定輪式等型式之閘門。

   (3) 漂浮廢雜物攔截設施之功用在於攔截流水中挾帶之廢雜物，避免影響抽水機之抽排功能，常採用之方法有攔污索及攔污柵二種。

   (4) 除污設施之功用在於清除漂浮雜物攔截設施所攔截之廢雜物。

2. 前池

   前池之作用為連接引水設施與進水池之建造物，取水前池之功

用在於儲存引進抽水站之淹積水流，以便連續流入進水池內供抽水機抽排。茲說明如下：

(1) 抽水站前池容量與抽水能量應成正比。

(2) 抽水站前池又稱為沉砂池，主要作用在於靜緩來水流況，達到沉澱泥沙及排除水中之污雜物，避免損害抽水機。

(3) 前池池內流速應限制在 0.5 m/s 以下，使其發揮靜緩水流之功能，亦可避免抽水機抽排時因水流流速過快而造成不良之影響。

(4) 前池進水方式可正向進水或側向進水，視現地條件而定。

(5) 抽水機組抽排容量較大或水流流況不佳時，前池可比照一般沉砂池之設計，於池內設置導流牆，避免抽水機運轉時於池中產生偏流或回流。

(6) 抽水機組抽排容量較大或水流流況不佳時，前池內應設有導流牆，用以引導水流至抽水機組抽排，避免產生渦流真空現象。

3. 進水池

　　進水池又可稱為抽水池，通常位於前池下游，其作用為提供抽水機適宜的吸水條件，良好之進水池設計應有抽水時水流平穩，流速分佈平均、無漩渦、無回流，不能引起抽水機之穴蝕現象與機組之振動，茲就進水池之形狀與尺寸等各種參數，分別說明如下：

(1) 進水池幾何形狀：進水池形狀大致可分成矩形、圓形、多邊形等各種形狀，吸水管佈設位置須考量進水池形狀造成之回流或漩渦效應，必要時應設置適當防漩渦產生之隔板或隔牆。

(2) 進水池寬度(B)通常取吸水管口徑(D)之 2~3 倍，主要視抽水機型號與特性而定。

(3) 進水池長度(L)：進水池須有足夠之容積，避免抽水過程中之水位急速下降，而使淹沒深度不足，而進水池長度主要係指進水池入口至邊壁之距離，其長度可考量進水池暫儲容積與停留時間計算，或可按吸水管口徑之 5~10 倍計算。

(4) 前池底部至抽水機組吸水管口距離：由於吸水口附近之流速為雙曲線分佈，其理論懸空高度(P)為 0.62D，當吸水管懸空高度

太低時，會影響抽水機進水能力，而懸空高度太高時，反而影響抽水機效率，並增加池深，故一般之懸空高度可採吸水管口徑(D)之 0.5~0.8 倍設計，抽水機配置示意如圖 8.11.2 所示。

(5) 淹沒深度(h)：淹沒深度係指水面至吸水管底端之距離，其主要作用為防範為抽水機吸水時吸入空氣，淹沒深度通常與抽水機型式有關，一般進水池淹沒深度可取吸水管口徑(D)之 1.5 倍設計。

(6) 吸水管口徑為進水池設計之重要依據，吸水管口徑(D)約為管徑(d)的 1.5~2 倍左右(Prosser，1977)。

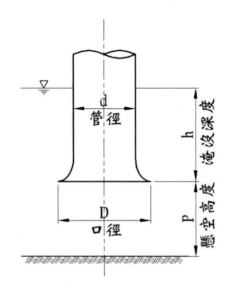

資料來源：經濟部水利署水利規劃試驗所，水利工程技術規範(草案)，民國 103 年

圖 8.11.2 抽水機配置示意圖

### 8.11.3.5 出水設施

抽水站之出水設施包括出水管道、出水池與回流防止設備，主要作用平穩排送水流至抽水站外。

1. 出水管道係作為抽水站出流之通路，通常抽水站之出水管道可採明、暗渠道或管路等型式。

2. 出水池係連接出水通道至下游排洩區，其功用為消能穩流，排水抽水站受到外水水位較高之因素，若要採取出水池方式出流，則須設置較高的出水池，先揚水至出水池再由水池洩放淹積水流至堤外，其工程量較大，且可能會影響堤防安全，故國內排水抽水站之抽水

池通常採取壓力管涵方式出流。

3. 回流防止設備之功用在於防止排出之水流或外水倒灌進入站體內，通常採用的方法是在抽水機組出口處加裝舌閥或逆止閥裝置(介紹如下)，方能防止河水倒灌，尤其當抽水機運轉期間若發生機械故障(包括抽水機、引擎、減速機)狀況，抽水機瞬間當機，勢將造成管路之水鎚作用，逆流河水如湧向抽水機端，急速形成巨大壓力，除可能損壞抽水機軸與器壁結構外，此逆流形成抽水機飛輪逆轉現象，將加速河水倒灌並流入前池與雨水下水道系統，可能衍生上游集水區之淹水災害。

(1) 舌閥：舌閥為圓形開口，其尺寸需能適合出水管，閥蓋為單片或兩片圓盤式，其啟開係藉水流速度，關閉係藉閥蓋自身之重力，閥蓋、閥體一般採球狀石墨展性鑄鐵製成，閥體應以法蘭(Flange)與出水管法蘭聯結固定。

(2) 逆止閥：逆止閥可防止管路壓力升高，亦可防止水之逆流，一般可分旋轉型、浮球型及直立型，惟目前設計常於出水管末端裝設舌閥，而鮮少再安裝逆止閥，以減少損失水頭。

因舌閥具有緩開關和急緊閉之控制功能，較其它重力式多片門逆止閘或電動制水閘門能於短時間防制水鎚衝擊，同時亦可配合抽水機之啟動而順利抽排水。抽水機之出水管路亦附設有釋氣閥與排氣管，運用舌閥操作可將管路中之殘留空氣排除，俾避免水路中積氣而產生穴蝕之不利危害。

## 8.11.4 工程範例照片

資料來源：臺灣宜蘭農田水利會-清水抽水站

## 8.11.5 工程參考圖

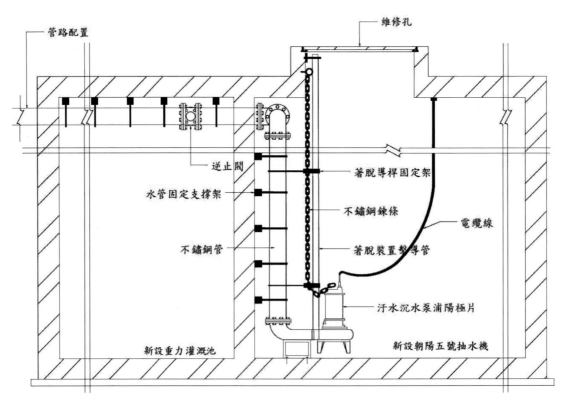

圖 8.11.3 抽水站設計參考圖

備註：

1. 工程範例參考資料：107 年度宜蘭農田水利會-玉田排水(第 1 期)改善工程，詳細參考圖請詳附錄四(圖 16/18、圖 17/18)。

2. 上述參考圖之樣式僅供示意，設計時應進行結構計算及水理分析。

備註：

1. 工程範例參考資料：107 年度宜蘭農田水利會-玉田排水(第 1 期)改善工程，詳細參考圖請詳附錄四(圖 16/18、圖 17/18)。

2. 上述參考圖之樣式僅供示意，設計時應進行結構計算及水理分析。

## 8.12 保護工及流末工

### 8.12.1 定義

渠道因暴雨逕流排入或閘門操作不當，引起之流量增加及水位上升，可能危及渠道設施安全，應於適當地點設置側渠溢道、虹吸溢道、閘門退水路及排水流入工等防護建造物。

【說明】

1. 防護構造物之功能，主要在防止突發的意外事故而避免災害，構造物應以能自動操作為佳。

2. 側渠溢道及低水頭虹吸溢道，可迅速自動排除超過計畫水位之水量，惟須注意排水之出水口。

3. 退水路目的在排除渠道剩餘或全部流量，如為大型閘門應有動力設備。

4. 中小排流入大排，大排流入區域排水路或河川，其水路末段應設消能防護構造物流末工以防沖刷，確保河床安全。

5. 排水流入輸水幹渠，應設流入工保護，流入之水量不宜超過幹渠容量之10%，如水量過大，宜設置涵管或越渠瀉槽穿越渠道為宜。

### 8.12.2 設計

保護工之範圍甚廣，本章節就側渠溢道、退水路及流末工等主要構造物之設計步驟詳述於後。

#### 8.12.2.1 側渠溢道

1. 溢流頂溢流之水理可依渠道水流型態分為二種情況討論：

   (1) 渠道下游受制水閘門控制

      A. 溢流頂長度$L_c$，可由下列溢流公式來決定。

$$Q = 1.83 L_c H^{3/2}$$

式中：

　　H　　：溢流頂水頭

　　$L_c$　：溢流頂長度

B. 溢流頂應水平，並高於渠道正常水位約 6 cm，以避免波浪造成不必要之溢流。

C. 在襯砌渠道時，溢流頂上最高水位可提升至出水高度$f_b$的 50%。則溢流頂上最大水頭：

$$H = 0.5f_b - 0.06 \text{ m}$$

式中：

　　$f_b$　：出水高度

無襯砌渠道溢流頂上最高水位可提升至出水高度$f_b$的 25%，則溢流頂上最大水頭：

$$H = 0.25f_b - 0.06 \text{ m}$$

式中：

　　$f_b$　：出水高度

(2) 渠道下游無制水設備，側溢流前水流呈流動狀態：

A. 溢流堰頂標高，一般高於計劃水位 6 cm，但為調整溢流堰長$L_c$，計算時可將溢流頂高 $H_d$ 假設較計劃水位約低 0.10~0.30 m。

B. 依柏努力定律，上下游兩斷面間能量相等，可得

$$H_1 = H_2 + (V_1{}^2 - V_2{}^2)/2g$$

式中 $H_2$、$V_2$ 為已知條件，假設 $V_1$ 求解$H_1$值。

2. 側渠：

(1) 小流量時側渠通常採用矩形斷面。

(2) 在 Q ≤ 1.4cms 時，下游段渠寬採用 0.9 m 已足，合理之渠寬為自上游最小寬度 0.6 m 直線變化至下游端的 1.2 m。

(3) 渠底坡度應大於臨界坡度，較保守之最小坡度為 0.05。

(4) 為使溢流成自由流，側渠水流水面應低於溢流頂，設計時可使渠底與溢流頂間距離 $h_2$ 等於比能再加 0.3 m 即可。

$$h_1 = h_2 - s \cdot L_c。$$

式中：

$L_c$ ：溢流頂長度

s ：渠道坡度

3. 退水斗門：

(1) 渠道內水流須放空時設置退水斗門。為了放空下游河段，渠道設計容量必須在不溢流下游制水閘門或側渠溢道之情形下，通過退水斗門。

(2) 退水斗門之閘門面積以流速 V=3 m/s 來決定。

(3) 閘門前所需水頭

$$H = \frac{Q^2}{2gA^2C^2} = \frac{V^2}{2gC^2}$$

式中：

H ：溢流頂水頭

Q ：流量(cms)

$g$ ：重力加速度(m/sec²)

V ：流速(m/s)

C ：孔口係數，約取 0.6

(4) 閘門中心線應高於幹渠渠底。所需水頭最大不可超過渠道水深。

4. 水池：

(1) 水池內水面不可高於退水斗門之閘門中心線但可略高於側渠渠底。

(2) 由水池進入排水管所需最小潛沒高自管頂算起為 $1.5hv_p$：
即 $S_m = 0.5hv_p$(入口損失)+ $hv_p$(管中流速水頭)=$1.5hv_p$。

5. 排水管：

(1) 管徑可根據滿管最大流速 3 m/s 來設計，但最小管徑為 0.6m。

(2) 管底坡度約取 0.001，以便在不產生臨界流情況下排水。

(3) 管之末端如為隔版式出水口，管徑可根據滿管最大流速 3.6m/s 來設計。

## 8.12.2.2 閘門退水路

1. 流量計算

   (1) 滑動閘門

   通常設計上流量依據孔口流量公式計算：

   $$Q = CA\sqrt{2gH}$$

   閘門下游為自由流時，則水頭 H 為從上游水面至閘門開口中心線。但若下游面淹沒閘門開口頂部時，水頭 H 為上、下游水位差。對於滑動閘門採取較保守之流量係數 C=0.6。

   (2) 弧形閘門

   弧形閘門之操作分為部份開啟及全部開啟兩種。當部份開啟時，其流量計算同滑動閘門之計算，而弧形閘門採用較保守之流量係數 C=0.72。在最大流量操作下，弧形閘門全部開啟，水流從底下流過，在此情形下，流量以堰體公式計算： $Q = CLH^{3/2}$。流量係數通常取 C=1.7。當堰之水流部份被下游淹沒時，使用改正因素 n 來修正即 $Q = CL(nH)^{3/2}$。

2. 進水口損失

   閘門進水口前通常設有使水流漸縮至門池之漸變段，閘門底高程通常比渠道稍低，以使渠道完全排水。進口處水頭損失假定為 0.5ΔHv，ΔHv 為渠道內漸變段之流速水頭差 $Hv_1-Hv_2$。渠道水流在閘門方向流速水頭 $Hv_1$ 可假設為零，進口處損失水頭可假設為 $0.5Hv_2$。

3. 拋射道

   拋射道曲線方程式：

   $$X^2=4HY$$

   式中：

   | | | |
   |---|---|---|
   | X | ： | 自曲線起點至曲線中任一點水平距離 |
   | Y | ： | 自曲線起點至曲線中任一點垂直距離 |
   | H | ： | 自上游最高水面至門池池底之水頭 (假設無進口損失) |

   將上式曲線描繪後，當曲線與下游跌水或陡槽坡面相交時，此

點至原點之水平距離，即拋射道之長度。可由X=2SH計算，再代入Y=X²/4H求垂直距離。(S：下游跌水或陡槽坡面坡度)如此即可決定曲線終點。

### 8.12.2.3 流末工

流末工設置於自然排水槽或平行於輸水幹渠之截留排水道末端，其型式與選擇分述如下：

1. 管式排水流末工
   (1) 進水口
      A. 為避免進水口前排水渠道渠底降低，及使排水渠道完全排水，管底應稍低於原排水渠道地面。
      B. 管之進水口應高於幹渠水面，以避免水之反流。
      C. 進水口處管之潛沒深度須依下列規定：
         ● 次臨界管坡度：
           管之進水口頂端，至少應潛沒 $1.5Hv_p$。
           ($Hv_p$：管進口處流速水頭)
         ● 超臨界管坡度：
           管之進水口頂端至少應潛沒 $1.5Hv_p+d_c$。
      D. 從進水口水面至幹渠堤岸頂端或排水流末工堤岸頂端之出水高度至少 0.6 m。
   (2) 導管設計
      A. 管徑：使用混凝土漸變段時，依滿管最大流速 3 m/s 設計。使用土質漸變段時，依滿管最大流速 1.5 m/s 設計。輸送無雜物淨水時，最小管徑為 30 cm，有雜草雜物時最小管徑為 45 cm。實際上管徑依 Q=AV 或 $d=\sqrt{4Q/\pi Vd}$ 決定。
      B. 坡度：管之最小坡度為 1/200。
      C. 管厚：依鑄鐵管或混凝土管厚而定。
      D. 管之覆土：設有防滲漏項圈時，在項圈上保持 15 cm 覆土，無防滲漏項圈時，管之覆土最少為 60 cm。為配合進水口處 60 cm 出水高時，須保持管之覆土至少 60 cm。

(3) 出水口

    A. 管式排水流末工直接輸入土質輸水渠道時,其管底最好保持高於正常水面 15 cm,或至少保持 10 cm。或在最高水面上 2.5 cm,取二者中較大者。

    B. 管式排水流末工水流直接輸入襯砌輸水幹渠時,管底應在襯砌面頂端以上。

    C. 出水口末端可延伸一個管徑長度或與渠道堤岸切齊。

(4) 沖刷保護

    A. 進水口保護應以 15 cm 厚礫石鋪底並延伸到正常水位或積水面外至少 30 cm。

    B. 土質漸變段保護長度最少為 3 倍管徑(至少為 1.5 m),混凝土漸變段時保護長度最少為 2.5 倍管徑(至少為 1.5m)。

    C. 進水口前為界限不明之渠道時,自管中心線向兩邊延伸保護長度最少 2.5 倍管徑。

    D. 出水口處土質渠道至少以 30 cm 礫石鋪底保護,在幹渠正常水面延長 0.30 m,同時至少由管中心線向下游延伸 2.5 倍管徑長之保護工。

2. 排入土質斷面渠道矩形混凝土排水流末工:

(1) 流槽

    A. 流槽渠底應設於或稍低於原排水渠道底,並至少高於幹渠水面上 15 cm。

    B. 輸水幹渠堤岸在流槽水面上之出水高度應為 0.60 m。

    C. 流槽坡度須以次臨界坡度通過幹渠堤岸。

    D. 流槽與瀉槽交接處產生臨界流,臨界水深依$d_c = \sqrt[3]{q^2/g}$計算得之。

    E. 流槽內水深$d_a$可假定為$H_c$,進水口前水深$d_0$,可依$d_0 = 1.75\,d_c$計算。流槽寬度之決定依流槽內比能$H_c + Hv_c$不可超過進水口前渠道$d_0 + Hv_0$。

    F. 進水口前所需水深$d_0$過高時,應增加流槽寬度。

      G. 進水口處流槽側牆應具有 0.30 m 出水高。

      H. 流槽下游段接瀉槽處，渠底高至少高出幹渠正常水面 0.15 m。

  (2) 瀉槽

      A. 瀉槽以幹渠側坡相同坡度傾斜進入池中。

      B. 瀉槽牆頂與幹渠堤岸坡面同高。

      C. 垂直於瀉槽坡度方向之牆高$h_b = d_c + 0.3$ m(最小值)。

  (3) 保護

      A. 進水口以厚 15 cm 礫石層保護，保護長度為往上游延伸 2.5 倍進水口處水深，即 2.5d(最少 1.5 m)。並延伸到進水口渠道水面 30 cm 以上。

      B. 輸水幹渠內出水口以 30 cm 厚礫石層保護，保護範圍自水池沿幹渠上下游各延伸 1.5 m，及沿幹渠內坡延伸到水面上 0.3 m。

3. 尺寸規格如表 8.12.1 所示。

表 8.12.1 保護工水工構造物規格表

| 原輸水幹渠流量 $Q_t$ (cms) | 輸水幹道渠底寬 $b_t$ (m) | 流末工設計流量 $Q_1$ (cms) | 排入流末工渠底寬 $b_1$ (m) | 流末工正常水深 $d_n$ (m) | 幹渠出水高 $f$ (m) | 幹渠水位提高 (m) | 流末工管徑決定 D (m) | 設計流末工管長 L (m) |
|---|---|---|---|---|---|---|---|---|
| 2.12 | 2.50 | 0.005 | 0.3 | 0.04 | 0.54 | 0.01 | 0.10 | 6.00 |
| 2.12 | 2.50 | 0.01 | 0.3 | 0.07 | 0.53 | 0.02 | 0.10 | 6.00 |
| 2.12 | 2.50 | 0.02 | 0.5 | 0.07 | 0.52 | 0.03 | 0.15 | 6.00 |
| 2.12 | 2.50 | 0.05 | 0.5 | 0.14 | 0.51 | 0.04 | 0.25 | 6.00 |
| 2.12 | 2.50 | 0.1 | 0.6 | 0.19 | 0.5 | 0.05 | 0.30 | 6.00 |
| 2.12 | 2.50 | 0.2 | 0.6 | 0.32 | 0.49 | 0.06 | 0.45 | 6.00 |

資料來源：內政部土地重劃工程局，農地重劃區農路、水路建造物規範手冊，民國 93 年

## 8.12.3 工程範例照片

資料來源：臺灣嘉南農田水利會-南港小排二

## 8.12.4 工程參考圖

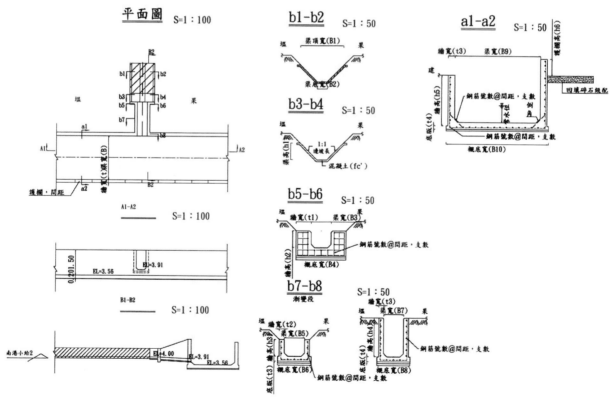

圖 8.12.1 流末工設計參考圖

備註：

1. 工程範例參考資料：107 年度嘉南農田水利會-南港小排二農田排水治理工程，詳細參考圖請詳附錄四(圖 18/18)。

2. 上述參考圖之樣式僅供示意，設計時應進行結構計算及水理分析。

## 8.13 分水工

### 8.13.1 定義

> 為從一個供水管或渠道分配水流至兩個或更多供水管或渠道之構造物，同時具有調整水位之功能。

【說明】

1. 分水工為從一個供水管或渠道分配水流至兩個或更多渠道或水管，其可為單獨構造物或需要再次分水之虹吸管、跌水或斗門之出水口。

2. 如分水處不須量水時，一般採用比率分水，隨流量變化獲得公平分水，通過分水工之水量可直接通過設有閘門或閘板之各種出水口，如須量水而有充分水頭可利用時，則可以堰分配水流。

### 8.13.2 型式種類

> 分水工有以固定設施自動分水者，亦有以固定設施配合水門及制水閘等人為方法調節水頭者，分取特定流量常用之分水工，有水路分水工、溢流分水工及潛流分水工三種，可視實際需要分別採用。

【說明】

1. 水路分水工

    一般係於緩流狀態將渠道寬度按分水量之比率，以隔牆隔開分水。因分水簡單且係自動分水，故為農民所樂意接受。但隔牆易發生邊收縮而受其影響，所以應儘量採用薄而兩端尖銳者。

2. 溢流分水工

    以溢流堰來分水，即在渠道內設置溢流堰，堰頂長度按分水流量之比率分開，或在堰的下游按照分水流量比率設置隔牆分水。

3. 潛流分水工

    具有潛流孔口、水門式及斗門式等型式。由幹渠分水至支渠，以孔口與分水門連接，調節分水門與量水門，使量水門前之水位與幹渠水位相差約 6 cm，稱為定水頭量水門；因量水與調節在同一地

點，操作甚為方便。

4. 分水工係耕作者常用之構造物，需有耐久性及容易操作。設計時，應檢討分水方向、分水地點土質與將來管理及配水。

5. 末端灌溉水路，如輪區內主給水路至小給水路之分水，是以同一水量以時間別分配至各小給水路(即定流量計時間)時，一般採用分水箱分水工。

### 8.13.3 設計

多用於支分渠等小型渠道之取水分水工，又稱為明槽分水工，無孔口與管部分，只以堰槽為之，在堰頸部份做充分之收縮，以產生臨界流，其頸部需有充分之長度，控制斷面設在頸部中央，而下游端漸次放寬以回復水位。

【說明】

1. 流量公式：$Q = C \cdot B_t \cdot H_{crt}^{3/2}$

    式中：

    C ：自由溢流狀態之流量係數

    $H_{crt}$ ：堰頸水頭

    $B_t$ ：堰控制斷面寬度

    其堰頸水面之水深($H_{crt}$)，為上游分水主渠水深之 0.9 倍，堰頸頂標高必高於下游渠底高，堰頸控制斷面($B_t$)之寬至少為 6 cm。C 值依分水量及其與上游主渠之入口交角而定，如表 8.13.1 所示。

表 8.13.1 入口交角與 C 值表

| 流量 Q 值 | C 值 | |
|---|---|---|
| 入口交角 | 60° | 45° |
| 0.56cms 以下 | 1.60 | 1.61 |
| 0.57~1.4cms | 1.61 | 1.63 |

資料來源：內政部土地重劃工程局，農地重劃區農路、水路建造物規範手冊，民國 93 年

2. 水路分水工構造物分成以下幾部分：

    (1) 堰頸上游之接近水路：該段接近水路靠近上游段之側牆應以曲

線與主渠連接，下游段則由堰頸以直線與主渠連接。

(2) 堰頸(Throat)

堰頸起自接近水路上游段曲線之終點(即與入口中心線之平行線相切)，堰頸長度等於 $2H_{crt}$。堰頸頂與上游主渠底之連接亦以曲線為之，其半徑為$H_{b-c} = 2.5H_{crt}$。由堰頸與該曲線有傾斜段，其長$L_{app} = \sqrt{(5H_{crt} - H_{b-c})H_{b-c}}$，式中$H_{b-c}$為堰頸頂與上游主渠底之高差，堰頸寬$B_t \geqq 6$ cm。

(3) 堰頸下游傾斜段

傾斜段之坡度為$2.5：1$，並以半徑 $0.6$ cm 之曲線與堰頸頂連接，其長度 $L= 2.5H_{C-S_B}$，式中 $H_{C-S_B}$為下游水槽底與頸頂之高差。

### 8.13.4 工程參考圖

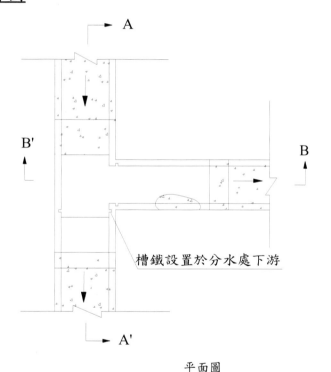

平面圖

A-A'剖面圖

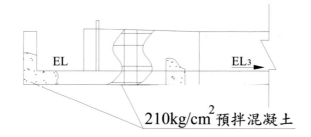

B-B'剖面圖

圖 8.13.1 分水工設計參考圖

備註：

1. 分水工為耕作者常用之構造物，需具耐久性且容易操作。設計時應檢討分水方向、分水地點土質與將來管理及配水。

2. 上述參考圖之樣式僅供示意，設計時應進行結構計算及水理分析。

# 第玖章 工程維護管理計畫

## 9.1 依據

106 年 12 月 28 日工程管字第 10600407220 號函，請工程相關機關妥善處理各種公共工程竣工後之維護管理事務。

【說明】

1. 依據「行政院農業委員會辦理流域綜合治理計畫農田排水執行作業注意事項」，特訂定本維護管理計畫。

2. 灌溉排水系統與各設施之操作維護原則，除管理之權責分工、系統及設施之操作與維護外，亦包含維護管理紀錄，並著重平時、定期、緊急等狀況之操作維護之原則。

## 9.2 計畫範圍

工程維護管理計畫應用對象為受農委會補助機關或單位，並辦理排水路與水工構造物之治理及改善工程之農田水利會及地方政府。

【說明】

1. 係主要提供受行政院農業委員會補助者使用。

2. 任何灌溉排水系統之工程建設，都須經規劃、設計、施工以至完工通水，期間不過數年，但日後的長久維護管理，對灌排水暢通及使用壽命，關係極為重要，故必須建立各項有關資料(詳表 9.2.1)，以期有效執行灌溉排水路之維護計畫。

表 9.2.1 工程設施之基本資料一覽表

| 編號 | | 所屬排水系統 | |
|---|---|---|---|
| 工程名稱 | | 位置/地點 | |
| 權責起點(座標) | | 權責終點(座標) | |
| 建造年份 | | 經費 | |
| 工程內容 | | | |
| 工程說明: | | | |

(本表自行擴充)

## 9.3 工作內容

工程維護管理計畫應包含前述各工程基本資料外，必須制定定期檢查及不定期檢查之啟動機制，檢查者應詳實妥善填寫工程檢查表單並落實執行。

【說明】

1. 受補助者應完善辦理工程之基本資料，並對於公共設施有協調及督導等權責，爰此為強化各類建設定期維護管理落實度。

2. 施設完成後之維護管理分為定期及不定期維護管理，並納入權責機關既有維護管理體制內辦理(包含作業標準、執行方式及督導機制等)，其處理方式如下：

    (1) 定期檢查：每年汛期前(4 月份)檢查 1 次，另汛期間(5 月 1 日~11 月 30 日)每 2 個月檢查 1 次，項目包含構造物結構、環境、渠道淤積等(需製作表格，內容包含檢查之時間與紀錄，詳表 9.3.1)。

    (2) 不定期檢查：颱風、豪雨、地震等(有成立應變小組)重大災害後之檢查，項目包含構造物結構、環境、渠道淤積等(需製作表格，內容包含檢查之時間與紀錄，詳表 9.3.1)。

表 9.3.1　農田排水治理工程維護管理檢查紀錄

| 日期 | 設施名稱 | 座標<br>(TWD97) | 檢查項目 | 檢查結果 | 處理情形 |
|------|----------|----------------|----------|----------|----------|
| | | X：<br>Y： | | □立即改善<br>□注意改善<br>□計畫改善 | |
| | | X：<br>Y： | | □立即改善<br>□注意改善<br>□計畫改善 | |
| | | X：<br>Y： | | □立即改善<br>□注意改善<br>□計畫改善 | |
| 備註 | | | | | |

3. 為延長田間水路壽命，須制訂良好維護計畫，並且基本維護工作通常於灌溉通水期前執行，其工作包括：清理、除草、清淤、修復斷面、結構補強、設施安全維護、設備保養。

4. 當地民眾通報需要清疏區段，則列入不定期排水路清理作業。

5. 針對水利會員及農民宣傳水路內禁止亂倒垃圾及任何雜物，建立共同維護水路之觀念。

## 9.4 維護管理檢查注意事項

1. 防汛期各排水設施應加強防護，並注意颱風、豪雨、地震及其他緊急情事，作適當之防備，如有災變，應迅予處理，並報請管理機關或事業負責人採取緊急措施。

2. 工程基本資料及維護管理檢查表應詳實填寫，避免未來工程毀壞，導致人財損失。

# 參考資料

1. 灌溉排水工程設計，中國農村復興聯合委員會，1978。

2. 農地重劃農水路規劃設計規範，臺灣省政府地政處，1985。

3. 農田水利技術人員訓練教材-灌溉排水工程類合訂本，農田水利會聯合會，1996。

4. 農地重劃區農路、水路建造物規範手冊，內政部土地重劃工程局，2004。

5. 農田灌溉排水路生態工法之推動與追蹤，行政院農業委員會，2005。

6. 水土保持手冊，行政院農業委員會水土保持局，2005。

7. 農田水利施工規範第 11 篇-第 11285 章鋼索式自動倒伏堰，行政院農業委員會，2005。

8. 農田水利會工料分析手冊，行政院農業委員會，2006。

9. 河川治理及環境營造規劃參考手冊，經濟部水利署水利規劃試驗所，2006。

10. 區域排水整治及環境營造規劃參考手冊，經濟部水利署水利規劃試驗所，2006。

11. 易淹水地區水患治理計畫農田排水工程規劃、設計參考手冊，行政院農業委員會，2007。

12. 農田水利工程設計單元參考圖冊，行政院農業委員會，2007。

13. 易淹水地區水患治理計畫第一階段實施計畫-河川、區域排水整治及環境營造規劃研習會研習手冊，經濟部水利署，2007。

14. 基層公共工程基本圖彙編，行政院公共工程委員會，2007。

15. 農田水利會工務處理要點，行政院農業委員會，2009。

16. 公路排水設計規範，交通部，2009。

17. 農田水利施工規範第 15 篇-第 15041 章橡皮壩工程，行政院農業委員會，2010。

18. 農地重劃工程農水路改善工法標準圖輯及適栽樹種手冊，行政院農業委員會，2011。

19. 水文分析報告審查作業須知，經濟部水利署，2012。

20. 水利工程技術規範(草案)，經濟部水利署水利規劃試驗所，2014。

21. 《流域綜合治理特別條例》，2014。

22. 修正「流域綜合治理計畫(103-108 年)核定本，經濟部，2014。

23. 行政院農業委員會辦理流域綜合治理計畫農田排水執行注意事項，行政院農業委員會，2014。

24. 行政院農業委員會辦理流域綜合治理計畫農田排水建立民眾參與機制注意事項，行政院農業委員會，2014。

25. 水土保持技術規範，行政院農業委員會，2017。

26. 行政院農業委員會農糧署統計資料庫，
http://210.69.71.166/Pxweb2007/Dialog/statfile9L.asp

## 附表 1 曼寧粗糙係數 n 值參考表

| 渠槽類型及材質 | 最小值 | 一般值 | 最大值 |
|---|---|---|---|
| 1.金屬 | | | |
| (1) 光滑鋼表面 | | | |
| a. 不油漆 | 0.011 | 0.012 | 0.014 |
| b. 油漆 | 0.012 | 0.013 | 0.017 |
| (2) 具有皺紋 | 0.021 | 0.025 | 0.030 |
| 2. 非金屬 | | | |
| (1) 水泥 | | | |
| a. 表面光滑、清潔 | 0.010 | 0.011 | 0.013 |
| b. 灰漿 | 0.011 | 0.013 | 0.015 |
| (2) 混凝土 | | | |
| a. 抹光 | 0.011 | 0.013 | 0.015 |
| b. 用板刮平 | 0.013 | 0.015 | 0.016 |
| c. 磨光,底部有卵石 | 0.015 | 0.017 | 0.020 |
| d. 噴漿,表面良好 | 0.016 | 0.019 | 0.023 |
| e. 噴漿,表面波狀 | 0.018 | 0.022 | 0.025 |
| f. 在開鑿良好之岩石上襯工 | 0.017 | 0.020 | |
| g. 在開鑿不好之岩石上襯工 | 0.022 | 0.027 | |
| (3) 用板刮平的混凝土底,邊壁為: | | | |
| a. 灰漿中嵌有排列整齊之石塊 | 0.015 | 0.017 | 0.020 |
| b. 灰漿中嵌有排列不規則之石塊 | 0.017 | 0.020 | 0.024 |
| c. 粉飾的水泥塊石圬工 | 0.016 | 0.020 | 0.024 |
| d. 水泥塊石圬工 | 0.020 | 0.025 | 0.030 |
| e. 乾砌塊石 | 0.020 | 0.030 | 0.035 |
| (4) 卵石底,邊壁為: | | | |
| a. 用木板澆注之混凝土 | 0.017 | 0.020 | 0.025 |
| b. 灰漿中嵌亂石塊 | 0.020 | 0.023 | 0.026 |
| c. 乾砌塊石 | 0.023 | 0.033 | 0.036 |
| (5) 槽內有植物生長 | 0.030 | | 0.050 |
| 3. 開鑿或挖掘而不敷面的渠道 | | | |
| (1) 渠線順直,斷面均勻的土渠 | | | |
| a. 清潔,最近完成 | 0.016 | 0.018 | 0.020 |
| b. 清潔,經過風雨傾蝕 | 0.018 | 0.022 | 0.025 |
| c. 清潔,底部有卵石 | 0.022 | 0.025 | 0.030 |
| d. 有牧草和雜草 | 0.022 | 0.027 | 0.033 |
| (2) 渠線彎曲,斷面變化的土渠 | | | |

| 渠槽類型及材質 | 最小值 | 一般值 | 最大值 |
|---|---|---|---|
| a. 沒有種植 | 0.023 | 0.025 | 0.030 |
| b. 有牧草和一些雜草 | 0.025 | 0.030 | 0.033 |
| c. 有密茂的雜草或在深槽中有水生植物 | 0.030 | 0.035 | 0.040 |
| d. 土底，碎石邊壁 | 0.028 | 0.030 | 0.035 |
| e. 塊石底，邊壁為雜草 | 0.025 | 0.030 | 0.040 |
| f. 圓石底，邊壁清潔 | 0.030 | 0.040 | 0.050 |
| (3) 用挖土機開鑿或挖掘的渠道 | | | |
| a. 沒有植物 | 0.025 | 0.028 | 0.030 |
| b. 渠岸有稀疏的小樹 | 0.035 | 0.050 | 0.060 |
| (4) 沒有加以維護的渠道，雜草和小樹未清除 | | | |
| a. 有與水深相等高度的濃密雜草 | 0.050 | 0.080 | 0.120 |
| b. 底部清潔，兩側壁有小樹 | 0.040 | 0.050 | 0.080 |
| c. 在最高水位時，情況同上 | 0.045 | 0.070 | 0.110 |
| d. 高水位時，有稠密的小樹 | 0.080 | 0.100 | 0.140 |

資料來源：交通部，公路排水設計規範，民國 98 年

### 附表 2 不同渠道斷面形狀之最佳水力斷面

| 斷面形狀 | 面積 A | 潤濕週 P | 水力半徑 $R=A/P$ | 水面寬度 T | 水力深度 $D=A/T$ | 斷面因子 $Z=A\sqrt{D}$ |
|---|---|---|---|---|---|---|
| 梯形 | $\sqrt{3}y^2$ | $2\sqrt{3}y$ | $\frac{1}{2}y$ | $\frac{4}{3}\sqrt{3}y$ | $\frac{3}{4}y$ | $\frac{3}{2}y^{2.5}$ |
| 矩形 | $2y^2$ | $4y$ | $\frac{1}{2}y$ | $2y$ | $y$ | $2y^{2.5}$ |

資料來源：內政部土地重劃工程局，農地重劃區農路、水路建造物規範手冊，民國 93 年

### 附表 3 明渠容許最大縱坡與土質之關係

| 土質 | 重粘土 | 礫石土 | 砂土 | 腐植土 | 粉泥 |
|---|---|---|---|---|---|
| 縱坡 | 1/150 | 1/250 | 1/800 | 1/1,000 | 1/10,000 |

資料來源：內政部土地重劃工程局，農地重劃區農路、水路建造物規範手冊，民國 93 年

## 附表 4 不同土質之 C 值(最小容許流速)

| 土質 | 流速係數 C 值 |
|---|---|
| 輕且鬆之砂質壤土 | 0.535 |
| 微細砂土 | 0.548 |
| 輕且鬆之細砂土 | 0.587 |
| 砂質壤土 | 0.645 |
| 粗砂土 | 0.698 |

Kennedy 最小容許流速：$V_s = C \cdot D^{0.64}$ 、 $V_s = C \cdot D^{0.50}$(清水時)

資料來源：內政部土地重劃工程局，農地重劃區農路、水路建造物規範手冊，民國 93 年

## 附表 5 明渠最大容許流速

| 土 質 | 最大安全流速 (m/s) | 土 質 | 最大安全流速 (m/s) |
|---|---|---|---|
| 純細砂 | 0.23-0.30 | 平常礫土 | 1.23-1.52 |
| 不緻密之細砂 | 0.30-0.46 | 全面密草生 | 1.50-2.50 |
| 粗石及細砂石 | 0.46-0.61 | 粗礫、石礫及砂礫 | 1.52-1.83 |
| 平常砂土 | 0.61-0.76 | 礫岩、硬土層、軟質、水成岩 | 1.83-2.44 |
| 砂質壤土 | 0.76-0.84 | 硬岩 | 3.05-4.57 |
| 堅壤土及粘質壤土 | 0.91-1.14 | 混凝土 | 4.57-6.10 |

資料來源：水利工程技術規範，民國 103 年

## 附表 6 水利設施耐用年限與年運轉維護費率表

| 項目 | 耐用年限 | 年運轉維護費 (建造費之%) |
|---|---|---|
| 一、 壩及水庫 | | |
| 　1. 壩(除木造壩) | 100 | - |
| 　2. 壩頂閘門、排砂道閘門、吊門機及其他附屬設備 | 30 | 1.0 |
| 二、 進水口及水路 | | |
| 　1. 進水口 | | |
| 　　(1) 混凝土及結構鋼部份 | 50 | 1.0 |
| 　　(2) 閘門及吊門機等 | 30 | 1.0 |
| 　2. 隧道 | 100 | 0.1 |
| 　3. 襯砌渠道 | | |
| 　　(1) 開挖 | 100 | 1.0 |
| 　　(2) 襯砌 | 40 | 1.0 |
| 　4. 無襯砌渠道 | 100 | 2.0 |
| 　5. 混凝土造渡槽 | 60 | 1.0 |
| 　6. 管路 | | |
| 　　(1) 鋼鐵造 | 50 | 1.5 |
| 　　(2) 混凝土造 | 40 | 1.0 |
| 　7. 前池及沈砂池 | 50 | 1.0 |
| 三、 其他 | | |
| 　1. 橋梁 | 50 | 3.0 |
| 　2. 堤防 | 80 | 2.0 |
| 　3. 混凝土護坡 | 60 | 2.0 |
| 　4. 深井及抽水機 | 20 | - |

資料來源：1.水利規劃試驗所，區域排水整治及環境營造規劃參考手冊，民國95年
2.臺灣省政府地政處，農地重劃農水路規劃設計規範，民國74年

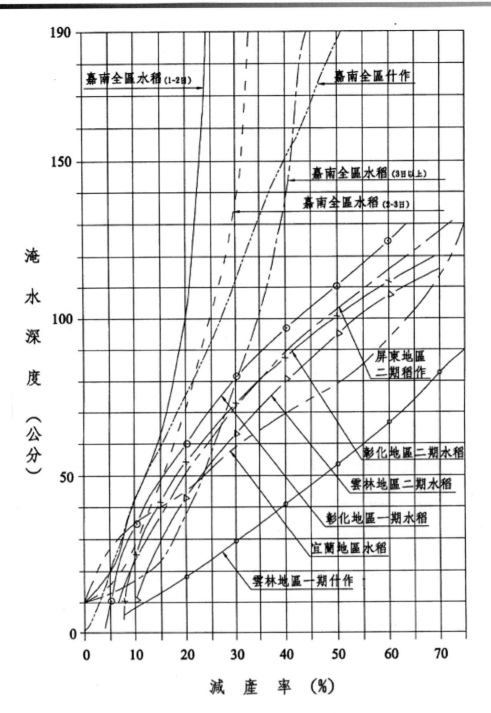

資料來源：水利局，灌溉排水工程設計之第七篇—排水規劃設計，民國70年

附圖 1 水稻雜作淹水深度與減產率關係曲線圖

# 附錄一

全臺農田水利會所轄之農田排水單位
面積流量表(108 年)

表 1 全台農田水利會各水系比流量分析結果表

| 水利會 | 流域分區 | 區域排水 | 逕流係數 | 農田排水比流量(cms/km²) | | | | | |
|---|---|---|---|---|---|---|---|---|---|
| | | | | 2 年 | 5 年 | 10 年 | 25 年 | 50 年 | 100 年 |
| | 1-頭城沿海河系 | 得子口溪水系 | 0.779 | 2.04 | 2.95 | 3.54 | 4.29 | 4.83 | 5.37 |
| 宜蘭會 | 2-蘭陽河流域 | 蘇澳溪水系(主流) | 0.818 | 3.27 | 4.84 | 6.11 | 8.01 | 9.66 | 11.53 |
| | 2-蘭陽河流域 | 美福排水系統 | 0.782 | 1.98 | 2.79 | 3.39 | 4.23 | 4.92 | 5.66 |
| | 2-蘭陽河流域 | 安農溪-中溪洲大排 | 0.792 | 2.91 | 4.03 | 4.68 | 5.40 | 5.88 | 6.31 |
| | 2-蘭陽河流域 | 宜蘭河排水系統-梅洲排水 | 0.764 | 1.97 | 2.73 | 3.20 | 3.78 | 4.19 | 4.59 |
| | 2-蘭陽河流域 | 冬山河排水系統 | 0.792 | 2.74 | 3.86 | 4.66 | 5.73 | 6.58 | 7.46 |
| 北基會 | 3-北海岸沿海河系 一 | 雙溪水系 | 0.800 | 2.26 | 3.58 | 4.57 | 5.98 | 7.13 | 8.35 |
| | 3-北海岸沿海河系 一 | 員潭溪水系 | 0.799 | 2.12 | 2.76 | 3.18 | 3.72 | 4.11 | 4.51 |
| | 4-北海岸沿海河系 二 | 老梅溪水系 | 0.793 | 1.82 | 2.55 | 3.00 | 3.55 | 3.91 | 4.27 |
| | 5-淡水河流域 | 塔寮坑溪水系統 | 0.845 | 1.63 | 2.24 | 2.63 | 3.11 | 3.45 | 3.78 |
| | 5-淡水河流域 | 大嵙崁溪水系統 | 0.857 | 1.72 | 2.47 | 2.95 | 3.56 | 4.03 | 4.48 |
| | 6-桃園沿海河系 | 東門溪排水系統 | 0.854 | 1.60 | 2.39 | 3.01 | 3.91 | 4.67 | 5.50 |
| | 6-桃園沿海河系 | 老街溪水系 | 0.807 | 1.33 | 1.89 | 2.27 | 2.74 | 3.08 | 3.43 |
| | 6-桃園沿海河系 | 南崁溪水系 | 0.821 | 1.41 | 2.01 | 2.41 | 2.94 | 3.35 | 3.77 |
| | 6-桃園沿海河系 | 社子溪水系 | 0.799 | 1.45 | 2.15 | 2.61 | 3.19 | 3.63 | 4.24 |
| 桃園會 | 6-桃園沿海河系 | 大堀溪水系 | 0.764 | 1.45 | 1.97 | 2.30 | 2.68 | 2.95 | 3.21 |
| | 6-桃園沿海河系 | 新星溪水系 | 0.756 | 1.38 | 2.00 | 2.44 | 3.02 | 3.47 | 3.94 |
| | 6-桃園沿海河系 | 觀音溪水系 | 0.771 | 1.50 | 2.11 | 2.52 | 3.03 | 3.42 | 3.80 |
| | 6-桃園沿海河系 | 新街溪排水系統 | 0.826 | 1.37 | 1.96 | 2.37 | 2.90 | 3.29 | 3.71 |
| | 6-桃園沿海河系 | 沿溪排水系統 | 0.783 | 1.26 | 1.78 | 2.11 | 2.51 | 2.80 | 3.08 |
| | 6-桃園沿海河系 | 埔心溪排水系統 | 0.812 | 1.43 | 1.98 | 2.31 | 2.69 | 2.95 | 3.20 |
| | 6-桃園沿海河系 | 東勢溪幹線排水系統 | 0.765 | 1.44 | 2.09 | 2.51 | 3.04 | 3.43 | 3.81 |
| | 6-桃園沿海河系 | 雙溪口溪排水幹線 | 0.773 | 1.37 | 1.90 | 2.25 | 2.67 | 2.98 | 3.28 |

| 水利會 | 流域分區 | 區域排水 | 逕流係數 | 農田排水比流量 (cms/km²) | | | | | |
|---|---|---|---|---|---|---|---|---|---|
| | | | | 2 年 | 5 年 | 10 年 | 25 年 | 50 年 | 100 年 |
| | 6-桃園沿海河系 | 貓兒錠幹線排水系統 | 0.786 | 1.66 | 2.35 | 2.87 | 3.61 | 4.22 | 4.89 |
| | 7-鳳山溪流域 | 新埔地區排水系統(含燒炭窩坑、太平窩坑、箭竹窩排水) | 0.777 | 1.44 | 1.99 | 2.43 | 4.26 | 5.18 | 6.23 |
| | 8-頭前溪流域 | 豆子埔溪排水系統 | 0.806 | 1.69 | 2.41 | 2.97 | 3.75 | 4.41 | 5.13 |
| | 8-頭前溪流域 | 芎林地區排水系統(坎下幹線、王爺坑幹線、鹿寮坑幹線、大肚支線) | 0.786 | 1.58 | 2.23 | 2.69 | 3.32 | 3.82 | 4.34 |
| | 8-頭前溪流域 | 溝貝幹線排水系統 | 0.796 | 1.63 | 2.35 | 2.89 | 3.66 | 4.29 | 4.96 |
| 新竹會 | 8-頭前溪流域 | 東大排水系統 | 0.880 | 1.86 | 2.63 | 3.20 | 4.00 | 4.65 | 5.35 |
| | 8-頭前溪流域 | 溪埔子排水幹線 | 0.843 | 1.78 | 2.52 | 3.07 | 3.83 | 4.46 | 5.13 |
| | 8-頭前溪流域 | 何姓溪排水系統 | 0.857 | 1.80 | 2.56 | 3.13 | 3.92 | 4.55 | 5.22 |
| | 9-香山沿海河系 | 三姓溪排水系統 | 0.809 | 1.75 | 2.56 | 3.17 | 4.00 | 4.68 | 5.38 |
| | 9-香山沿海河系 | 海水川溪排水系統 | 0.797 | 1.54 | 2.27 | 2.80 | 3.52 | 4.10 | 4.71 |
| | 9-香山沿海河系 | 港北溝排水系統(南寮地區) | 0.795 | 1.67 | 2.37 | 2.90 | 3.63 | 4.22 | 4.84 |
| | 9-香山沿海河系 | 金城湖排水系統 | 0.758 | 1.59 | 2.27 | 2.77 | 3.47 | 4.03 | 4.62 |
| | 9-香山沿海河系 | 港南溝排水系統 | 0.797 | 1.67 | 2.38 | 2.91 | 3.64 | 4.23 | 4.85 |
| | 9-香山沿海河系 | 新港溪排水系統 | 0.833 | 1.51 | 2.17 | 2.68 | 3.39 | 3.99 | 4.64 |
| | 9-香山沿海河系 | 土牛溪排水系統 | 0.794 | 1.56 | 2.34 | 2.88 | 3.60 | 4.15 | 4.72 |
| | 10-中港溪流域 | 竹南頭份地區排水系統(龍鳳排水) | 0.828 | 1.52 | 2.26 | 2.78 | 3.50 | 4.08 | 4.68 |
| | 10-中港溪流域 | 造橋地區排水系統 (造橋) | 0.793 | 1.63 | 2.33 | 2.86 | 3.61 | 4.23 | 4.89 |
| 苗栗會 | 10-中港溪流域 | 南河川排水系統 | 0.776 | 2.03 | 2.89 | 3.41 | 4.02 | 4.45 | 4.85 |
| | 10-中港溪流域 | 東興排水系統 | 0.818 | 1.66 | 2.35 | 2.85 | 3.52 | 4.05 | 4.61 |
| | 10-中港溪流域 | 大西排水系統 | 0.809 | 1.96 | 2.99 | 3.58 | 4.22 | 4.62 | 4.98 |
| | 11-後龍溪流域 | 水尾排水系統 | 0.745 | 1.46 | 2.23 | 2.83 | 3.72 | 4.47 | 5.31 |
| | 11-後龍溪流域 | 後龍地區排水系統 (北勢溪) | 0.800 | 1.94 | 3.01 | 3.79 | 4.84 | 5.67 | 6.55 |

| 水利會 | 流域分區 | 區域排水 | 逕流係數 | 農田排水比流量(cms/km²) | | | | | |
|---|---|---|---|---|---|---|---|---|---|
| | | | | 2 年 | 5 年 | 10 年 | 25 年 | 50 年 | 100 年 |
| | 11-後龍溪流域 | 公館排水系統 | 0.788 | 1.77 | 2.73 | 3.54 | 4.76 | 5.85 | 7.10 |
| | 11-後龍溪流域 | 北幹線支線 | 0.788 | 1.77 | 2.73 | 3.54 | 4.76 | 5.85 | 7.10 |
| | 11-後龍溪流域 | 東河排水系統 | 0.755 | 1.84 | 2.75 | 3.42 | 4.35 | 5.10 | 5.90 |
| | 11-後龍溪流域 | 嘉盛大排排水系統 | 0.840 | 1.79 | 2.57 | 3.06 | 3.66 | 4.09 | 4.51 |
| | 11-後龍溪流域 | 田寮排水系統 | 0.861 | 1.83 | 2.63 | 3.14 | 3.76 | 4.20 | 4.62 |
| | 11-後龍溪流域 | 西山排水系統 | 0.841 | 1.79 | 2.57 | 3.06 | 3.67 | 4.10 | 4.51 |
| | 11-後龍溪流域 | 十七大排排水系統 | 0.780 | 1.65 | 2.35 | 2.87 | 3.58 | 4.16 | 4.77 |
| | 12-竹南沿海河系 | 西湖溪水系 | 0.795 | 1.61 | 2.48 | 3.19 | 4.27 | 5.22 | 6.31 |
| | 12-竹南沿海河系 | 過港溪排水系統 | 0.812 | 1.52 | 2.34 | 2.94 | 3.73 | 4.33 | 4.94 |
| | 17-烏溪流域 | 房裡溪水系 | 0.768 | 1.65 | 2.48 | 3.08 | 3.89 | 4.51 | 5.17 |
| | 17-烏溪流域 | 苑裡溪水系 | 0.794 | 1.52 | 2.32 | 2.85 | 3.50 | 3.98 | 4.45 |
| | 17-烏溪流域 | 老庄溪排水系統 | 0.772 | 2.12 | 3.24 | 3.96 | 4.86 | 5.51 | 6.15 |
| | 17-烏溪流域 | 溫寮溪水系 | 0.781 | 1.52 | 2.48 | 3.24 | 4.35 | 5.29 | 6.32 |
| | 17-烏溪流域 | 旱溝排水系統 | 0.790 | 1.93 | 3.07 | 3.81 | 4.76 | 5.46 | 6.15 |
| | 17-烏溪流域 | 沙連溪排水系統(砂連) | 0.771 | 2.06 | 2.90 | 3.47 | 4.18 | 4.72 | 5.25 |
| | 17-烏溪流域 | 食水科排水系統 | 0.775 | 1.74 | 2.68 | 3.36 | 4.24 | 4.94 | 5.65 |
| 台中會 | 17-烏溪流域 | 旱坑排水系統 | 0.775 | 2.18 | 3.25 | 3.91 | 4.69 | 5.25 | 5.78 |
| | 17-烏溪流域 | 龍井大排排水系統 | 0.808 | 1.55 | 2.28 | 2.84 | 3.62 | 4.26 | 4.96 |
| | 17-烏溪流域 | 清水大排排水系統 | 0.793 | 1.41 | 2.24 | 2.89 | 3.80 | 4.56 | 5.39 |
| | 17-烏溪流域 | 梧棲溪排水系統 | 0.830 | 1.72 | 2.55 | 3.11 | 3.81 | 4.33 | 4.84 |
| | 17-烏溪流域 | 安良港排水系統 | 0.827 | 1.71 | 2.54 | 3.10 | 3.80 | 4.31 | 4.82 |
| | 17-烏溪流域 | 中興段排水 | 0.843 | 1.67 | 2.55 | 3.23 | 4.21 | 5.03 | 5.94 |
| | 17-烏溪流域 | 十三寮排水系統 | 0.802 | 1.77 | 2.61 | 3.13 | 3.76 | 4.20 | 4.63 |
| | 17-烏溪流域 | 牛角坑溝排水系統 | 0.839 | 1.88 | 2.76 | 3.44 | 4.43 | 5.26 | 6.18 |

附錄一-3

| 水利會 | 流域分區 | 區域排水 | 遲滯係數 | 農田排水比流量(cms/km²) | | | | | |
|---|---|---|---|---|---|---|---|---|---|
| | | | | 2 年 | 5 年 | 10 年 | 25 年 | 50 年 | 100 年 |
| 南投會 | 17-烏溪流域 | 坪林排水系統 | 0.821 | 2.00 | 2.75 | 3.18 | 3.67 | 3.99 | 4.30 |
| | 17-烏溪流域 | 港尾子溪支流排水系統 | 0.828 | 1.94 | 3.02 | 3.84 | 4.99 | 5.92 | 6.92 |
| | 17-烏溪流域 | 北屯川排水系統 | 0.884 | 2.07 | 3.00 | 3.66 | 4.54 | 5.24 | 5.96 |
| | 17-烏溪流域 | 乾溪排水系統 | 0.843 | 1.70 | 2.49 | 3.09 | 3.97 | 4.70 | 5.50 |
| | 17-烏溪流域 | 車籠埤排水 | 0.777 | 1.54 | 2.35 | 2.98 | 3.88 | 4.64 | 5.48 |
| | 17-烏溪流域 | 樹王埤排水 | 0.839 | 1.66 | 2.54 | 3.21 | 4.19 | 5.01 | 5.91 |
| | 17-烏溪流域 | 埔里盆地排水(枇杷城排水系統) | 0.786 | 1.70 | 2.48 | 3.09 | 3.98 | 4.72 | 5.54 |
| | 17-烏溪流域 | 蜈蚣崙排水系統 | 0.800 | 1.84 | 2.69 | 3.27 | 4.01 | 4.57 | 5.13 |
| | 17-烏溪流域 | 溪洲埤排水系統 | 0.796 | 1.74 | 2.53 | 3.06 | 3.74 | 4.23 | 4.72 |
| | 20-濁水溪流域 | 頭社武登地區排水系統 | 0.754 | 2.08 | 3.09 | 3.69 | 4.39 | 4.88 | 5.35 |
| 彰化會 | 16-彰化沿海河系 | 洋仔厝溪排水系統 | 0.807 | 1.48 | 2.16 | 2.65 | 3.33 | 3.88 | 4.46 |
| | 16-彰化沿海河系 | 魚寮溪排水系統 | 0.737 | 1.46 | 2.16 | 2.64 | 3.27 | 3.75 | 4.25 |
| | 16-彰化沿海河系 | 萬興排水系統 | 0.750 | 1.49 | 2.19 | 2.68 | 3.33 | 3.85 | 4.39 |
| | 16-彰化沿海河系 | 舊濁水溪排水系統 | 0.764 | 1.52 | 2.25 | 2.73 | 3.34 | 3.77 | 4.21 |
| | 16-彰化沿海河系 | 員林大排水系統 | 0.782 | 1.45 | 2.11 | 2.60 | 3.27 | 3.80 | 4.35 |
| | 16-彰化沿海河系 | 溪洲大排水系統 | 0.751 | 1.48 | 2.22 | 2.79 | 3.61 | 4.29 | 5.03 |
| | 16-彰化沿海河系 | 二林排水系統 | 0.751 | 1.52 | 2.27 | 2.76 | 3.38 | 3.84 | 4.29 |
| | 16-彰化沿海河系 | 舊媽甲排水系統 | 0.733 | 1.36 | 2.04 | 2.49 | 3.06 | 3.48 | 3.90 |
| | 16-彰化沿海河系 | 王功排水系統 | 0.752 | 1.39 | 2.09 | 2.55 | 3.14 | 3.57 | 4.00 |
| | 16-彰化沿海河系 | 下海墘排水系統 | 0.735 | 1.46 | 2.15 | 2.63 | 3.26 | 3.74 | 4.23 |
| | 16-彰化沿海河系 | 番雅溝排水系統 | 0.801 | 1.37 | 1.96 | 2.32 | 2.75 | 3.04 | 3.32 |
| | 16-彰化沿海河系 | 顏厝排水系統 | 0.806 | 1.49 | 2.18 | 2.68 | 3.37 | 3.92 | 4.48 |
| | 16-彰化沿海河系 | 芳苑二排水系統 | 0.755 | 1.50 | 2.21 | 2.70 | 3.35 | 3.84 | 4.35 |
| | 16-彰化沿海河系 | 八洲排水系統 | 0.736 | 1.44 | 2.11 | 2.52 | 3.01 | 3.35 | 3.67 |

| 水利會 | 流域分區 | 區域排水 | 逕流係數 | 農田排水比流量(cms/km²) | | | | | | | |
| --- | --- | --- | --- | --- | --- | --- | --- | --- | --- | --- | --- |
| | | | | 2 年 | 5 年 | 10 年 | 25 年 | 50 年 | 100 年 | | |
| | 16-彰化沿海河系 | 海尾二排排水系統 | 0.761 | 1.49 | 2.19 | 2.61 | 3.11 | 3.47 | 3.80 | | |
| | 16-彰化沿海河系 | 牛路溝排水系統 | 0.833 | 1.50 | 2.21 | 2.68 | 3.28 | 3.72 | 4.15 | | |
| | 16-彰化沿海河系 | 頭崙埔排水系統 | 0.778 | 1.47 | 2.25 | 2.76 | 3.42 | 3.90 | 4.38 | | |
| | 16-彰化沿海河系 | 頂西港排水系統 | 0.784 | 1.56 | 2.30 | 2.81 | 3.48 | 3.99 | 4.52 | | |
| | 16-彰化沿海河系 | 二港排水幹線排水系統 | 0.763 | 1.41 | 2.06 | 2.54 | 3.19 | 3.71 | 4.24 | | |
| | 17-烏溪流域 | 坑內流溪排水系統 | 0.754 | 1.76 | 2.38 | 2.76 | 3.22 | 3.54 | 3.85 | | |
| | 17-烏溪流域 | 彰化山寨排水系統(含大竹坑排水系統) | 0.790 | 1.60 | 2.19 | 2.53 | 2.93 | 3.20 | 3.46 | | |
| | 17-烏溪流域 | 縣庄排水系統 | 0.765 | 1.69 | 2.39 | 2.85 | 3.40 | 3.80 | 4.19 | | |
| | 18-崙背沿海河系 | 施厝寮排水系統 | 0.752 | 1.38 | 2.16 | 2.73 | 3.47 | 4.03 | 4.60 | | |
| | 19-虎尾沿海河系 | 尖山大排排水系統 | 0.751 | 1.43 | 2.03 | 2.44 | 3.00 | 3.43 | 3.88 | | |
| | 19-虎尾沿海河系 | 蔦松大排排水系統 | 0.751 | 1.43 | 2.04 | 2.44 | 3.00 | 3.43 | 3.89 | | |
| | 19-虎尾沿海河系 | 牛挑灣排水系統 | 0.745 | 1.42 | 2.02 | 2.42 | 2.98 | 3.40 | 3.85 | | |
| | 19-虎尾沿海河系 | 舊虎尾溪排水系統 | 0.752 | 1.38 | 2.16 | 2.72 | 3.47 | 4.03 | 4.59 | | |
| | 19-虎尾沿海河系 | 馬公厝排水系統 | 0.751 | 1.38 | 2.16 | 2.72 | 3.46 | 4.03 | 4.59 | | |
| | 19-虎尾沿海河系 | 有才寮排水系統 | 0.735 | 1.35 | 2.11 | 2.66 | 3.39 | 3.94 | 4.49 | | |
| | 19-虎尾沿海河系 | 羊稠厝排水系統 | 0.750 | 1.43 | 2.03 | 2.44 | 3.00 | 3.42 | 3.88 | | |
| | 19-虎尾沿海河系 | 土間厝排水系統 | 0.739 | 1.41 | 2.00 | 2.40 | 2.95 | 3.37 | 3.82 | | |
| | 19-虎尾沿海河系 | 柑子蔡大排排水系統 | 0.766 | 1.46 | 2.07 | 2.49 | 3.06 | 3.49 | 3.96 | | |
| | 19-虎尾沿海河系 | 林厝寮排水系統 | 0.748 | 1.43 | 2.02 | 2.43 | 2.99 | 3.41 | 3.87 | | |
| 雲林會 | 20-濁水溪流域 | 清水溝排水系統 | 0.755 | 1.80 | 2.65 | 3.31 | 4.26 | 5.07 | 5.96 | | |
| | 20-濁水溪流域 | 冷水坑排水 | 0.764 | 1.79 | 2.80 | 3.63 | 4.89 | 6.00 | 7.28 | | |
| | 20-濁水溪流域 | 獅尾堀排水系統 | 0.770 | 1.84 | 2.77 | 3.41 | 4.20 | 4.79 | 5.37 | | |
| | 20-濁水溪流域 | 大義崙排水系統 | 0.751 | 1.55 | 2.30 | 2.88 | 3.72 | 4.43 | 5.21 | | |
| | 20-濁水溪流域 | 雷厝排水系統 | 0.746 | 1.29 | 1.94 | 2.46 | 3.21 | 3.86 | 4.58 | | |

| 水利會 | 流域分區 | 區域排水 | 逕流係數 | 農田排水比流量(cms/km²) | | | | | |
|---|---|---|---|---|---|---|---|---|---|
| | | | | 2 年 | 5 年 | 10 年 | 25 年 | 50 年 | 100 年 |
| | 20-濁水溪流域 | 八角亭排水系統 | 0.744 | 1.39 | 2.08 | 2.64 | 3.46 | 4.17 | 4.96 |
| | 20-濁水溪流域 | 樹子腳大排排水系 | 0.785 | 1.69 | 2.53 | 3.15 | 4.01 | 4.70 | 5.45 |
| | 21-新虎尾溪流域 | 新虎尾溪水系 | 0.760 | 1.42 | 2.04 | 2.46 | 2.98 | 3.36 | 3.75 |
| | 21-新虎尾溪流域 | 中央排水系統 | 0.798 | 1.80 | 2.50 | 3.02 | 3.74 | 4.34 | 4.98 |
| | 24-北港溪流域 | 新街大排排水系統 | 0.760 | 1.45 | 2.06 | 2.47 | 3.04 | 3.47 | 3.93 |
| | 24-北港溪流域 | 延潭排水系統 | 0.735 | 1.63 | 2.44 | 3.11 | 4.13 | 5.02 | 6.06 |
| | 24-北港溪流域 | 紅瓦窯排水 | 0.763 | 1.67 | 2.50 | 3.16 | 4.16 | 5.02 | 6.00 |
| | 24-北港溪流域 | 湳子溝排水系統 | 0.809 | 1.73 | 2.58 | 3.16 | 3.91 | 4.47 | 5.02 |
| | 24-北港溪流域 | 舊庄大排排水系統 | 0.741 | 1.56 | 2.21 | 2.63 | 3.18 | 3.58 | 3.97 |
| | 24-北港溪流域 | 大崙排水系統 | 0.755 | 1.93 | 2.76 | 3.31 | 4.01 | 4.51 | 5.02 |
| | 24-北港溪流域 | 埤麻排水系統 | 0.755 | 1.64 | 2.36 | 2.82 | 3.39 | 3.80 | 4.21 |
| | 24-北港溪流域 | 溪仔圳排水系統 | 0.752 | 2.03 | 3.12 | 3.88 | 4.85 | 5.56 | 6.28 |
| | 24-北港溪流域 | 客子厝排水系統 | 0.740 | 1.50 | 2.17 | 2.61 | 3.17 | 3.59 | 4.01 |
| | 24-北港溪流域 | 湖底排水系統 | 0.752 | 1.69 | 2.23 | 2.59 | 3.05 | 3.39 | 3.73 |
| | 24-北港溪流域 | 新興排水系統 | 0.816 | 1.76 | 2.69 | 3.46 | 4.65 | 5.70 | 6.93 |
| | 24-北港溪流域 | 十三份排水系統 | 0.764 | 1.80 | 2.75 | 3.53 | 4.74 | 5.81 | 7.07 |
| | 24-北港溪流域 | 豬母溝排水系統 | 0.762 | 1.69 | 2.48 | 3.04 | 3.82 | 4.44 | 5.09 |
| | 24-北港溪流域 | 高林排水系統 | 0.752 | 1.89 | 2.87 | 3.60 | 4.63 | 5.46 | 6.35 |
| | 24-北港溪流域 | 惠來厝排水系統 | 0.761 | 1.68 | 2.38 | 2.84 | 3.45 | 3.91 | 4.37 |
| | 24-北港溪流域 | 石龜溪支流排水系統 | 0.750 | 1.96 | 2.64 | 3.03 | 3.49 | 3.80 | 4.11 |
| | 24-北港溪流域 | 三疊溪支流排水系統 | 0.760 | 1.78 | 2.55 | 3.09 | 4.32 | 4.87 | 5.44 |
| 嘉南會 | 22-朴子溪流域 | 荷苞嶼排水系統 | 0.750 | 1.53 | 2.04 | 2.43 | 2.98 | 3.41 | 3.88 |
| | 22-朴子溪流域 | 新埤排水系統 | 0.742 | 1.34 | 2.03 | 2.53 | 3.19 | 3.69 | 4.19 |
| | 23-八掌溪流域 | 八掌溪支流排水-南靖排水 | 0.773 | 1.58 | 2.23 | 2.76 | 3.53 | 4.21 | 4.95 |

| 流域分區 | 區域排水 | 逕流係數 | 農田排水比流量 (cms/km²) 2年 | 5年 | 10年 | 25年 | 50年 | 100年 |
|---|---|---|---|---|---|---|---|---|
| 24-北港溪流域 | 埤子頭排水系統 | 0.747 | 1.73 | 2.33 | 2.69 | 3.07 | 3.34 | 3.60 |
| 25-布袋沿海河系 | 龍宮溪排水系統 | 0.756 | 1.49 | 2.08 | 2.51 | 3.06 | 3.49 | 3.94 |
| 25-布袋沿海河系 | 考試潭排水系統 | 0.783 | 1.54 | 2.16 | 2.60 | 3.17 | 3.62 | 4.08 |
| 25-布袋沿海河系 | 栗子崙排水系統 | 0.749 | 1.47 | 2.06 | 2.49 | 3.03 | 3.46 | 3.90 |
| 25-布袋沿海河系 | 內田排水系統 | 0.743 | 1.46 | 2.05 | 2.47 | 3.01 | 3.43 | 3.87 |
| 25-布袋沿海河系 | 松子溝排水系統 | 0.860 | 1.69 | 2.37 | 2.86 | 3.48 | 3.97 | 4.48 |
| 25-布袋沿海河系 | 鹽館溝排水路系統 | 0.851 | 1.67 | 2.34 | 2.83 | 3.45 | 3.93 | 4.43 |
| 25-布袋沿海河系 | 贊寮溝排水路系統 | 0.838 | 1.65 | 2.31 | 2.79 | 3.40 | 3.87 | 4.37 |
| 26-新港沿海河系 | 朴子溪支流排水 | 0.786 | 1.68 | 2.38 | 2.87 | 3.47 | 3.93 | 4.40 |
| 26-新港沿海河系 | 六腳蒜鼓排水系統 | 0.748 | 1.45 | 2.06 | 2.48 | 3.06 | 3.51 | 3.97 |
| 26-新港沿海河系 | 堤港排水系統 | 0.768 | 1.48 | 2.09 | 2.52 | 3.11 | 3.57 | 4.05 |
| 26-新港沿海河系 | 中三塊中排三排水系統 | 0.767 | 1.48 | 2.09 | 2.52 | 3.11 | 3.56 | 4.04 |
| 26-新港沿海河系 | 魚寮中排三排水系統 | 0.737 | 1.51 | 2.11 | 2.56 | 3.13 | 3.58 | 4.04 |
| 27-二仁溪流域 | 港尾溝溪排水系統 | 0.778 | 1.75 | 2.49 | 2.96 | 3.54 | 3.96 | 4.37 |
| 27-二仁溪流域 | 三爺溪排水系統 | 0.825 | 2.09 | 2.80 | 3.24 | 3.76 | 4.13 | 4.48 |
| 28-急水溪流域 | 新田寮排水系統 | 0.771 | 1.51 | 2.13 | 2.53 | 3.02 | 3.38 | 3.75 |
| 28-急水溪流域 | 後鎮菁寮排水系統 | 0.744 | 1.52 | 2.13 | 2.52 | 2.99 | 3.33 | 3.66 |
| 28-急水溪流域 | 吉貝要排水系統 | 0.751 | 1.56 | 2.33 | 2.93 | 3.77 | 4.48 | 5.26 |
| 28-急水溪流域 | 龜子港排水系統 | 0.761 | 1.76 | 2.41 | 2.83 | 3.33 | 3.70 | 4.04 |
| 28-急水溪流域 | 大腳腿排水系統 | 0.765 | 1.60 | 2.31 | 2.81 | 3.46 | 3.97 | 4.49 |
| 29-佳里沿海河系 | 劉厝排水 | 0.753 | 1.41 | 2.01 | 2.44 | 3.02 | 3.47 | 3.94 |
| 29-佳里沿海河系 | 番子田排水系統 | 0.769 | 1.82 | 2.52 | 3.00 | 3.63 | 4.13 | 4.65 |
| 29-佳里沿海河系 | 將軍溪水系排水系統 | 0.761 | 1.67 | 2.36 | 2.85 | 3.52 | 4.04 | 4.59 |
| 29-佳里沿海河系 | 頭港排水系統 | 0.777 | 1.62 | 2.21 | 2.56 | 2.96 | 3.26 | 3.54 |

農田排水比流量(cms/km²)

| 水利會 | 流域分區 | 區域排水 | 還流係數 | 2年 | 5年 | 10年 | 25年 | 50年 | 100年 |
|---|---|---|---|---|---|---|---|---|---|
| | 29-佳里沿海河系 | 六成排水系統 | 0.754 | 1.60 | 2.23 | 2.61 | 3.06 | 3.38 | 3.69 |
| | 29-佳里沿海河系 | 漚汪排水系統 | 0.818 | 1.61 | 2.34 | 2.89 | 3.67 | 4.30 | 4.99 |
| | 29-佳里沿海河系 | 七股地區排水系統(含大寮排水) | 0.791 | 1.59 | 2.35 | 2.87 | 3.54 | 4.04 | 4.53 |
| | 29-佳里沿海河系 | 北門地區排水系統 | 0.776 | 1.66 | 2.23 | 2.60 | 3.08 | 3.44 | 3.79 |
| | 30-曾文溪流域 | 安定排水 | 0.794 | 1.63 | 2.32 | 2.84 | 3.54 | 4.10 | 4.71 |
| | 30-曾文溪流域 | 曾文溪水系支流排水-山上及後營等排水 | 0.764 | 1.69 | 2.43 | 2.98 | 3.72 | 4.07 | 4.66 |
| | 31-鹽水溪流域 | 渡子頭溪排水系統 | 0.757 | 1.70 | 2.28 | 2.68 | 3.17 | 3.55 | 3.91 |
| | 31-鹽水溪流域 | 永康溪排水系統 | 0.859 | 1.64 | 2.44 | 3.07 | 3.93 | 4.63 | 5.41 |
| | 31-鹽水溪流域 | 曾文溪水系及鹽水溪支流排水-虎頭溪排水 | 0.769 | 1.94 | 2.55 | 2.88 | 3.24 | 3.47 | 3.69 |
| | 31-鹽水溪流域 | 鹿耳門排水系統 | 0.762 | 1.94 | 2.61 | 3.07 | 3.63 | 4.06 | 4.48 |
| | 31-鹽水溪流域 | 鹽水溪排水及曾文溪水系支流排水支流 | 0.796 | 1.81 | 2.52 | 2.99 | 3.60 | 4.04 | 4.50 |
| 高雄會 | 32-高雄沿海河系二 | 典寶溪排水系統 | 0.793 | 2.02 | 2.89 | 3.46 | 4.19 | 4.74 | 5.27 |
| | 32-高雄沿海河系二 | 後勁溪排水系統 | 0.849 | 2.20 | 3.19 | 3.84 | 4.66 | 5.27 | 5.88 |
| | 32-高雄沿海河系二 | 鳳山溪排水系統 | 0.843 | 2.04 | 3.11 | 3.82 | 4.70 | 5.36 | 6.03 |
| | 36-高屏溪流域 | 林園排水系統 | 0.830 | 2.16 | 3.21 | 3.80 | 4.43 | 4.82 | 5.16 |
| | 36-高屏溪流域 | 美濃地區排水系統 | 0.775 | 2.46 | 3.20 | 3.66 | 4.19 | 4.55 | 4.91 |
| | 36-高屏溪流域 | 大樹地區排水系統 | 0.776 | 2.08 | 3.33 | 4.16 | 5.20 | 5.98 | 6.75 |
| | 36-高屏溪流域 | 旗山地區排水系統-溪洲排水 | 0.773 | 2.25 | 3.26 | 3.94 | 4.79 | 5.42 | 6.05 |
| | 33-林邊溪流域 | 林邊溪排水系 | 0.797 | 3.24 | 4.58 | 5.39 | 6.32 | 6.97 | 7.56 |
| | 33-林邊溪流域 | 林邊溪排水系統 | 0.764 | 2.76 | 3.98 | 4.75 | 5.65 | 6.28 | 6.88 |
| 屏東會 | 34-東港溪流域 | 東港溪支流排水系統 | 0.759 | 2.03 | 3.02 | 3.71 | 4.62 | 5.31 | 6.03 |
| | 34-東港溪流域 | 牛埔排水系統 | 0.754 | 2.60 | 3.46 | 4.04 | 4.78 | 5.35 | 5.91 |
| | 35-高屏沿海河系 | 保力溪水系 | 0.794 | 2.09 | 2.99 | 3.57 | 4.32 | 4.86 | 8.59 |

| 水利會 | 流域分區 | 區域排水 | 逕流係數 | 農田排水比流量 (cms/km²) | | | | | |
|---|---|---|---|---|---|---|---|---|---|
| | | | | 2 年 | 5 年 | 10 年 | 25 年 | 50 年 | 100 年 |
| | 35-南屏東沿海河系 | 楓港溪水系 | 0.799 | 2.65 | 3.73 | 4.59 | 5.77 | 6.71 | 7.65 |
| | 35-南屏東沿海河系 | 枋寮排水系統 | 0.764 | 2.24 | 3.11 | 3.68 | 4.38 | 4.89 | 5.40 |
| | 36-高屏溪流域 | 土庫排水系統 | 0.784 | 2.33 | 3.12 | 3.57 | 4.09 | 4.43 | 4.76 |
| | 36-高屏溪流域 | 武洛溪排水系統 | 0.756 | 2.19 | 3.00 | 3.48 | 4.04 | 4.42 | 4.78 |
| | 36-高屏溪流域 | 牛稠溪排水系統 | 0.811 | 2.41 | 3.51 | 4.16 | 4.92 | 5.43 | 5.89 |
| | 36-高屏溪流域 | 埔羌溪排水 | 0.759 | 2.55 | 3.92 | 4.96 | 6.41 | 7.61 | 8.90 |
| | 36-高屏溪流域 | 萬丹排水系統 | 0.769 | 2.01 | 3.02 | 3.74 | 4.72 | 5.48 | 6.28 |
| | 37-海岸山脈東側河系 | 富家溪水系 | 0.800 | 2.86 | 3.85 | 4.57 | 5.57 | 6.36 | 7.22 |
| | 37-海岸山脈東側河系 | 馬武溪水系 | 0.795 | 2.12 | 3.04 | 3.64 | 4.40 | 4.94 | 5.48 |
| 台東會 | 38-台東沿海河系 | 太平溪水系 | 0.785 | 2.13 | 3.03 | 3.61 | 4.34 | 4.86 | 5.38 |
| | 38-台東沿海河系 | 知本溪水系 | 0.802 | 2.74 | 4.03 | 4.87 | 5.91 | 6.67 | 7.41 |
| | 38-台東沿海河系 | 利嘉溪水系 | 0.798 | 2.55 | 3.51 | 4.08 | 4.72 | 5.15 | 5.54 |
| | 38-台東沿海河系 | 太麻里溪水系 | 0.803 | 2.71 | 3.94 | 4.84 | 6.07 | 7.06 | 8.11 |
| | 38-台東沿海河系 | 台東市地區排水系統 | 0.781 | 2.50 | 3.68 | 4.46 | 5.45 | 6.19 | 6.91 |
| | 39-太魯閣沿海河系 | 立霧溪水系 | 0.809 | 3.02 | 4.88 | 6.11 | 7.67 | 8.83 | 9.97 |
| | 39-太魯閣沿海河系 | 三棧溪水系 | 0.807 | 3.13 | 4.34 | 4.98 | 5.69 | 5.93 | 6.57 |
| | 40-秀姑巒溪流域 | 無尾溪排水系統 | 0.773 | 2.74 | 4.24 | 5.22 | 6.47 | 7.40 | 8.31 |
| | 40-秀姑巒溪流域 | 中興排水系統 | 0.762 | 2.96 | 4.32 | 5.11 | 6.01 | 6.61 | 7.15 |
| | 40-秀姑巒溪流域 | 明里排水系統 | 0.763 | 2.96 | 4.32 | 5.11 | 6.01 | 6.61 | 7.15 |
| 花蓮會 | 40-秀姑巒溪流域 | 萬寧排水系統 | 0.743 | 2.79 | 4.04 | 4.77 | 5.59 | 6.13 | 6.63 |
| | 40-秀姑巒溪流域 | 春日排水系統 | 0.746 | 2.73 | 3.70 | 4.25 | 4.86 | 5.27 | 5.66 |
| | 41-花蓮溪流域 | 樹湖溪排水系統 | 0.758 | 2.72 | 3.69 | 4.20 | 4.77 | 5.13 | 5.48 |
| | 41-花蓮溪流域 | 國強排水系統 | 0.784 | 2.42 | 3.43 | 3.98 | 4.55 | 4.90 | 5.20 |
| | 41-花蓮溪流域 | 須美基溪排水系統 | 0.797 | 2.51 | 3.56 | 4.13 | 4.73 | 5.09 | 5.40 |

| 水利會 | 流域分區 | 區域排水 | 逕流係數 | 農田排水比流量 (cms/km²) | | | | | | |
| --- | --- | --- | --- | --- | --- | --- | --- | --- | --- | --- |
| | | | | 2 年 | 5 年 | 10 年 | 25 年 | 50 年 | 100 年 |
| | 41-花蓮溪流域 | 聯合排水系統 | 0.787 | 2.42 | 3.31 | 3.82 | 4.35 | 4.69 | 5.00 |
| | 41-花蓮溪流域 | 南平排水系統 | 0.762 | 2.38 | 3.42 | 4.12 | 4.99 | 5.65 | 6.29 |

表 1 各農田水利會流域分區比流量分析結果一覽表-1

| 水利會 | 流域分區 | 水系數量 | 流域分區農田排水比流量 - 範圍值 (cms/km²) | | | | | | 流域分區農田排水比流量 - 平均值 (cms/km²) | | | | | |
|---|---|---|---|---|---|---|---|---|---|---|---|---|---|---|
| | | | 2 年 | 5 年 | 10 年 | 25 年 | 50 年 | 100 年 | 2 年 | 5 年 | 10 年 | 25 年 | 50 年 | 100 年 |
| 宜蘭會 | 頭城沿海河系 | 1 | 2.04-2.04 | 2.95-2.95 | 3.54-3.54 | 4.29-4.29 | 4.83-4.83 | 5.37-5.37 | 2.04 | 2.95 | 3.54 | 4.29 | 4.83 | 5.37 |
| | 蘭陽河流域 | 5 | 1.97-3.27 | 2.73-4.84 | 3.2-6.11 | 3.78-8.01 | 4.19-9.66 | 4.59-11.53 | 2.57 | 3.65 | 4.41 | 5.43 | 6.24 | 7.11 |
| 北基會 | 北海岸沿海河系一 | 2 | 2.12-2.26 | 2.76-3.58 | 3.18-4.57 | 3.72-5.98 | 4.11-7.13 | 4.51-8.35 | 2.19 | 3.17 | 3.88 | 4.85 | 5.62 | 6.43 |
| | 北海岸沿海河系二 | 1 | 1.82-1.82 | 2.55-2.55 | 3.00-3.00 | 3.55-3.55 | 3.91-3.91 | 4.27-4.27 | 1.82 | 2.55 | 3.00 | 3.55 | 3.91 | 4.27 |
| 桃園會 | 淡水河流域 | 2 | 1.63-1.72 | 2.24-2.47 | 2.63-2.95 | 3.11-3.56 | 3.45-4.03 | 3.78-4.48 | 1.67 | 2.35 | 2.79 | 3.34 | 3.74 | 4.13 |
| | 桃園沿海河系 | 12 | 1.26-1.6 | 1.78-2.39 | 2.11-3.01 | 2.51-3.91 | 2.80-4.67 | 3.08-5.50 | 1.42 | 2.02 | 2.43 | 2.94 | 3.34 | 3.75 |
| 新竹會 | 桃園沿海河系 | 1 | 1.66-1.66 | 2.35-2.35 | 2.87-2.87 | 3.61-3.61 | 4.22-4.22 | 4.89-4.89 | 1.66 | 2.35 | 2.87 | 3.61 | 4.22 | 4.89 |
| | 鳳山溪流域 | 1 | 1.44-1.44 | 1.99-1.99 | 2.43-2.43 | 4.26-4.26 | 5.18-5.18 | 6.23-6.23 | 1.44 | 1.99 | 2.43 | 4.26 | 5.18 | 6.23 |
| | 頭前溪流域 | 6 | 1.58-1.86 | 2.23-2.63 | 2.69-3.20 | 3.32-4.00 | 3.82-4.65 | 4.34-5.35 | 1.72 | 2.45 | 2.99 | 3.75 | 4.36 | 5.02 |
| | 香山沿海河系 | 5 | 1.54-1.75 | 2.27-2.56 | 2.77-3.17 | 3.47-4.00 | 4.03-4.68 | 4.62-5.38 | 1.65 | 2.37 | 2.91 | 3.65 | 4.25 | 4.88 |
| | 香山沿海河系 | 1 | 1.51-1.51 | 2.17-2.17 | 2.68-2.68 | 3.39-3.39 | 3.99-3.99 | 4.64-4.64 | 1.51 | 2.17 | 2.68 | 3.39 | 3.99 | 4.64 |
| 苗栗會 | 中港溪流域 | 6 | 1.52-2.03 | 2.26-2.99 | 2.78-3.58 | 3.50-4.22 | 4.05-4.62 | 4.61-4.98 | 1.73 | 2.53 | 3.06 | 3.74 | 4.26 | 4.79 |
| | 後龍溪流域 | 9 | 1.46-1.94 | 2.23-3.01 | 2.83-3.79 | 3.58-4.84 | 4.09-5.85 | 4.51-7.10 | 1.76 | 2.62 | 3.25 | 4.12 | 4.83 | 5.60 |
| | 竹南沿海河系 | 2 | 1.52-1.61 | 2.34-2.48 | 2.94-3.19 | 3.73-4.27 | 4.33-5.22 | 4.94-6.31 | 1.56 | 2.41 | 3.06 | 4.00 | 4.78 | 5.63 |
| | 竹南沿海河系 | 2 | 1.52-1.65 | 2.32-2.48 | 2.85-3.08 | 3.50-3.89 | 3.98-4.51 | 4.45-5.17 | 1.58 | 2.40 | 2.96 | 3.69 | 4.25 | 4.81 |
| 台中會 | 大安溪流域 | 1 | 2.12-2.12 | 3.24-3.24 | 3.96-3.96 | 4.86-4.86 | 5.51-5.51 | 6.15-6.15 | 2.12 | 3.24 | 3.96 | 4.86 | 5.51 | 6.15 |
| | 大甲溪流域 | 5 | 1.52-2.18 | 2.48-3.25 | 3.24-3.91 | 4.18-4.76 | 4.72-5.46 | 5.25-6.32 | 1.89 | 2.88 | 3.56 | 4.45 | 5.13 | 5.83 |
| | 清水沿海河系 | 4 | 1.41-1.72 | 2.24-2.55 | 2.84-3.11 | 3.62-3.81 | 4.26-4.56 | 4.82-5.39 | 1.60 | 2.40 | 2.98 | 3.76 | 4.37 | 5.00 |
| 南投會 | 烏溪流域 | 6 | 1.67-2.07 | 2.55-3.02 | 3.13-3.84 | 3.67-4.99 | 3.99-5.92 | 4.3-6.92 | 1.89 | 2.78 | 3.41 | 4.27 | 4.94 | 5.66 |
| | 烏溪流域 | 6 | 1.54-1.84 | 2.35-2.69 | 2.98-3.27 | 3.74-4.19 | 4.23-5.01 | 4.72-5.91 | 1.70 | 2.51 | 3.12 | 3.96 | 4.64 | 5.38 |
| | 濁水溪流域 | 1 | 2.08-2.08 | 3.09-3.09 | 3.69-3.69 | 4.39-4.39 | 4.88-4.88 | 5.35-5.35 | 2.08 | 3.09 | 3.69 | 4.39 | 4.88 | 5.35 |
| 彰化會 | 彰化沿海河系 | 19 | 1.36-1.56 | 1.96-2.30 | 2.32-2.81 | 2.75-3.61 | 3.04-4.29 | 3.32-5.03 | 1.46 | 2.16 | 2.64 | 3.26 | 3.73 | 4.21 |
| | 烏溪流域 | 3 | 1.6-1.76 | 2.19-2.39 | 2.53-2.85 | 2.93-3.4 | 3.20-3.80 | 3.46-4.19 | 1.68 | 2.32 | 2.71 | 3.18 | 3.52 | 3.83 |

備註：區域農田排水比流量平均值係將流域分區內各水系農田排水比流量以算數平均方法計算

表 2　各農田水利會流域分區比流量分析結果一覽表-2

| 水利會 | 流域分區 | 水系數量 | 流域分區農田排水比流量 - 範圍值 (cms/km²) | | | | | | 流域分區農田排水比流量 - 平均值 (cms/km²) | | | | | |
|---|---|---|---|---|---|---|---|---|---|---|---|---|---|---|
| | | | 2年 | 5年 | 10年 | 25年 | 50年 | 100年 | 2年 | 5年 | 10年 | 25年 | 50年 | 100年 |
| 雲林會 | 崙背沿海河系 | 1 | 1.38-1.38 | 2.16-2.16 | 2.73-2.73 | 3.47-3.47 | 4.03-4.03 | 4.60-4.60 | 1.38 | 2.16 | 2.73 | 3.47 | 4.03 | 4.60 |
| | 虎尾沿海河系 | 10 | 1.35-1.46 | 2.00-2.16 | 2.40-2.72 | 2.95-3.47 | 3.37-4.03 | 3.82-4.59 | 1.41 | 2.07 | 2.52 | 3.13 | 3.60 | 4.08 |
| | 濁水溪流域 | 7 | 1.29-1.84 | 1.94-2.80 | 2.46-3.63 | 3.21-4.89 | 3.86-6.00 | 4.58-7.28 | 1.62 | 2.44 | 3.07 | 3.97 | 4.72 | 5.54 |
| | 新虎尾溪流域 | 2 | 1.42-1.80 | 2.04-2.50 | 2.46-3.02 | 2.98-3.74 | 3.36-4.34 | 3.75-4.98 | 1.61 | 2.27 | 2.74 | 3.36 | 3.85 | 4.36 |
| | 北港溪流域 | 17 | 1.45-2.03 | 2.06-3.12 | 2.47-3.88 | 3.04-4.85 | 3.39-5.81 | 3.73-7.07 | 1.73 | 2.52 | 3.08 | 3.88 | 4.49 | 5.15 |
| 嘉南會 | 朴子溪流域 | 2 | 1.34-1.53 | 2.03-2.04 | 2.43-2.53 | 2.98-3.19 | 3.41-3.69 | 3.88-4.19 | 1.43 | 2.03 | 2.48 | 3.09 | 3.55 | 4.04 |
| | 八掌溪流域 | 1 | 1.58-1.58 | 2.23-2.23 | 2.76-2.76 | 3.53-3.53 | 4.21-4.21 | 4.95-4.95 | 1.58 | 2.23 | 2.76 | 3.53 | 4.21 | 4.95 |
| | 北港溪流域 | 1 | 1.73-1.73 | 2.33-2.33 | 2.69-2.69 | 3.07-3.07 | 3.34-3.34 | 3.60-3.60 | 1.73 | 2.33 | 2.69 | 3.07 | 3.34 | 3.60 |
| | 布袋沿海河系 | 7 | 1.46-1.69 | 2.05-2.37 | 2.47-2.86 | 3.01-3.48 | 3.43-3.97 | 3.87-4.48 | 1.57 | 2.20 | 2.65 | 3.23 | 3.68 | 4.15 |
| | 新港沿海河系 | 5 | 1.45-1.68 | 2.06-2.38 | 2.48-2.87 | 3.06-3.47 | 3.51-3.93 | 3.97-4.40 | 1.52 | 2.15 | 2.59 | 3.17 | 3.63 | 4.10 |
| | 二仁溪流域 | 2 | 1.75-2.09 | 2.49-2.80 | 2.96-3.24 | 3.54-3.76 | 3.96-4.13 | 4.37-4.48 | 1.92 | 2.64 | 3.10 | 3.65 | 4.04 | 4.43 |
| | 急水溪流域 | 5 | 1.51-1.76 | 2.13-2.41 | 2.52-2.93 | 2.99-3.48 | 3.33-4.48 | 3.66-5.26 | 1.59 | 2.26 | 2.72 | 3.31 | 3.77 | 4.24 |
| | 佳里沿海河系 | 8 | 1.41-1.82 | 2.01-2.52 | 2.44-3.00 | 2.96-3.67 | 3.26-4.3 | 3.54-4.99 | 1.62 | 2.28 | 2.73 | 3.31 | 3.76 | 4.21 |
| | 曾文溪流域 | 2 | 1.63-1.69 | 2.32-2.43 | 2.84-2.98 | 3.54-3.72 | 4.07-4.10 | 4.66-4.71 | 1.66 | 2.38 | 2.91 | 3.63 | 4.08 | 4.68 |
| | 鹽水溪流域 | 5 | 1.64-1.94 | 2.28-2.61 | 2.68-3.07 | 3.17-3.93 | 3.47-4.63 | 3.69-5.41 | 1.80 | 2.48 | 2.94 | 3.52 | 3.95 | 4.40 |
| 高雄會 | 高雄沿海河系二 | 3 | 2.02-2.20 | 2.89-3.19 | 3.46-3.84 | 4.19-4.70 | 4.74-5.36 | 5.27-6.03 | 2.09 | 3.06 | 3.71 | 4.52 | 5.12 | 5.72 |
| | 高屏溪流域 | 4 | 2.08-2.46 | 3.20-3.33 | 3.66-4.16 | 4.19-5.20 | 4.55-5.98 | 4.91-6.75 | 2.24 | 3.25 | 3.89 | 4.65 | 5.19 | 5.72 |
| | 林邊溪流域 | 2 | 2.76-3.24 | 3.98-4.58 | 4.75-5.39 | 5.65-6.32 | 6.28-6.97 | 6.88-7.56 | 3.00 | 4.28 | 5.07 | 5.99 | 6.62 | 7.22 |
| 屏東會 | 東港溪流域 | 2 | 2.03-2.60 | 3.02-3.46 | 3.71-4.04 | 4.62-4.78 | 5.31-5.35 | 5.91-6.03 | 2.32 | 3.24 | 3.88 | 4.70 | 5.33 | 5.97 |
| | 南屏東沿海河系 | 3 | 2.09-2.65 | 2.99-3.73 | 3.57-4.59 | 4.32-5.77 | 4.86-6.71 | 5.40-8.59 | 2.32 | 3.28 | 3.95 | 4.83 | 5.49 | 7.21 |
| | 高屏溪流域 | 5 | 2.01-2.55 | 3.00-3.92 | 3.48-4.96 | 4.04-6.41 | 4.42-7.61 | 4.76-8.90 | 2.30 | 3.31 | 3.98 | 4.83 | 5.47 | 6.12 |
| 台東會 | 海岸山脈東側河系 | 2 | 2.12-2.86 | 3.04-3.85 | 3.64-4.57 | 4.40-5.57 | 4.94-6.36 | 5.48-7.22 | 2.49 | 3.44 | 4.11 | 4.98 | 5.65 | 6.35 |
| | 台東沿海河系 | 5 | 2.13-2.74 | 3.03-4.03 | 3.61-4.87 | 4.34-6.07 | 4.86-7.06 | 5.38-8.11 | 2.53 | 3.64 | 4.37 | 5.30 | 5.98 | 6.67 |
| | 大魯閣沿海河系 | 2 | 3.02-3.13 | 4.34-4.88 | 4.98-6.11 | 5.69-7.67 | 5.93-8.83 | 6.57-9.97 | 3.07 | 4.61 | 5.55 | 6.68 | 7.38 | 8.27 |
| 花蓮會 | 秀姑巒溪流域 | 5 | 2.73-2.96 | 3.70-4.32 | 4.25-5.22 | 4.86-6.47 | 5.27-7.40 | 5.66-8.31 | 2.84 | 4.12 | 4.89 | 5.79 | 6.41 | 6.98 |
| | 花蓮溪流域 | 5 | 2.38-2.72 | 3.31-3.69 | 3.82-4.20 | 4.35-4.99 | 4.69-5.65 | 5.00-6.29 | 2.49 | 3.48 | 4.05 | 4.68 | 5.09 | 5.47 |

備註：區域農田排水比流量平均值係將流域分區內各水系農田排水比流量以算數平均方法計算

表 3 各農田水利會比流量分析結果一覽表

| 水利會 | 水系數量 | 水利會農田排水比流量 - 範圍值 (cms/km²) | | | | | | 水利會分區農田排水比流量 - 平均值 (cms/km²) | | | | | |
|---|---|---|---|---|---|---|---|---|---|---|---|---|---|
| | | 2 年 | 5 年 | 10 年 | 25 年 | 50 年 | 100 年 | 2 年 | 5 年 | 10 年 | 25 年 | 50 年 | 100 年 |
| 宜蘭會 | 6 | 1.97-3.27 | 2.73-4.84 | 3.20-6.11 | 3.78-8.01 | 4.19-9.66 | 4.59-11.53 | 2.49 | 3.53 | 4.26 | 5.24 | 6.01 | 6.82 |
| 北基會 | 3 | 1.82-2.26 | 2.55-3.58 | 3.00-4.57 | 3.55-5.98 | 3.91-7.13 | 4.27-8.35 | 2.07 | 2.96 | 3.59 | 4.42 | 5.05 | 5.71 |
| 桃園會 | 14 | 1.26-1.72 | 1.78-2.47 | 2.11-3.01 | 2.51-3.91 | 2.80-4.67 | 3.08-5.50 | 1.45 | 2.07 | 2.48 | 3.00 | 3.39 | 3.80 |
| 新竹會 | 13 | 1.44-1.86 | 1.99-2.63 | 2.43-3.2 | 3.32-4.26 | 3.82-5.18 | 4.34-6.23 | 1.67 | 2.38 | 2.91 | 3.74 | 4.37 | 5.05 |
| 苗栗會 | 18 | 1.46-2.03 | 2.17-3.01 | 2.68-3.79 | 3.39-4.84 | 3.99-5.85 | 4.51-7.10 | 1.71 | 2.54 | 3.13 | 3.94 | 4.59 | 5.28 |
| 台中會 | 18 | 1.41-2.18 | 2.24-3.25 | 2.84-3.96 | 3.50-4.99 | 3.98-5.92 | 4.30-6.92 | 1.80 | 2.71 | 3.34 | 4.17 | 4.82 | 5.49 |
| 南投會 | 7 | 1.54-2.08 | 2.35-3.09 | 2.98-3.69 | 3.74-4.39 | 4.23-5.01 | 4.72-5.91 | 1.75 | 2.60 | 3.20 | 4.02 | 4.68 | 5.37 |
| 彰化會 | 22 | 1.36-1.76 | 1.96-2.39 | 2.32-2.85 | 2.75-3.61 | 3.04-4.29 | 3.32-5.03 | 1.49 | 2.18 | 2.65 | 3.25 | 3.70 | 4.16 |
| 雲林會 | 37 | 1.29-2.03 | 1.94-3.12 | 2.40-3.88 | 2.95-4.89 | 3.36-6.00 | 3.73-7.28 | 1.61 | 2.36 | 2.90 | 3.65 | 4.25 | 4.88 |
| 嘉南會 | 38 | 1.34-2.09 | 2.01-2.80 | 2.43-3.24 | 2.96-3.93 | 3.26-4.63 | 3.54-5.41 | 1.63 | 2.28 | 2.74 | 3.33 | 3.78 | 4.24 |
| 高雄會 | 7 | 2.02-2.46 | 2.89-3.33 | 3.46-4.16 | 4.19-5.20 | 4.55-5.98 | 4.91-6.75 | 2.17 | 3.17 | 3.81 | 4.59 | 5.16 | 5.72 |
| 屏東會 | 12 | 2.01-3.24 | 2.99-4.58 | 3.48-5.39 | 4.04-6.41 | 4.42-7.61 | 4.76-8.90 | 2.42 | 3.45 | 4.14 | 5.00 | 5.65 | 6.55 |
| 台東會 | 7 | 2.12-2.86 | 3.03-4.03 | 3.61-4.87 | 4.34-6.07 | 4.86-7.06 | 5.38-8.11 | 2.52 | 3.58 | 4.30 | 5.21 | 5.89 | 6.58 |
| 花蓮會 | 12 | 2.38-3.13 | 3.31-4.88 | 3.82-6.11 | 4.35-7.67 | 4.69-8.83 | 5.00-9.97 | 2.73 | 3.94 | 4.65 | 5.48 | 6.02 | 6.57 |

備註：區域農田排水比流量平均值係將流域分區內各水系農田排水比流量以算數平均方法計算

表 1 宜蘭農田水利會水系治理規劃報告一覽表

| 流域分區 | 區域排水 | 治理規劃報告名稱 | 主辦單位 | 報告年月 |
|---|---|---|---|---|
| 1-頭城沿海河系 | 得子口溪水系 | 『易淹水地區水患治理計畫』第一階段實施計畫 得子口溪水系治理規劃一川部份 | 經濟部水利署水利規劃試驗所 | 民國 98 年 6 月 |
| 2-蘭陽河流域 | 蘇澳溪水系(主流) | 易淹水地區水患治理計畫一第三階段實施計畫 宜蘭縣縣管河川蘇澳溪水系治理規劃報告檢討 | 經濟部水利署水利規劃試驗所 | 民國 102 年 3 月 |
| 2-蘭陽河流域 | 美福排水系統 | 「易淹水地區水患治理計畫」縣管區域排水美福排水系統規劃報告 | 經濟部水利署第一河川局 | 民國 100 年 9 月 |
| 2-蘭陽河流域 | 安農溪-中溪洲大排 | 蘭陽溪水系-安農溪治理規劃水文分析報告 | 經濟部水利署第一河川局 | 民國 98 年 2 月 |
| 2-蘭陽河流域 | 宜蘭河排水系統-梅洲排水 | 「易淹水地區水患治理計畫」宜蘭縣縣管區域排水梅洲排水系統規劃報告 | 經濟部水利署第一河川局 | 民國 98 年 1 月 |
| 2-蘭陽河流域 | 冬山河排水系統 | 「易淹水地區水患治理計畫」宜蘭縣管區域排水冬山河水系系統規劃報告 | 經濟部水利署第一河川局 | 民國 98 年 4 月 |

表 2 宜蘭農田水利會水系地文因子一覽表

| 流域分區 | 區域排水 | 控制點名稱 | 面積 A (km²) | 河長 L (km) | 坡度 S | 不同重現期區域排水尖峰流量成果(cms) | | | | | |
|---|---|---|---|---|---|---|---|---|---|---|---|
| | | | | | | 2 年 | 5 年 | 10 年 | 25 年 | 50 年 | 100 年 |
| 1-頭城沿海河系 | 得子口溪水系 | 河口 | 98.4 | 19.30 | 0.057 | 580 (5.89) | 920 (9.34) | 1110 (11.28) | 1350 (13.71) | 1510 (15.34) | 1660 (16.86) |
| 2-蘭陽河流域 | 蘇澳溪水系(主流) | 河口 | 29.2 | 8.551 | 0.024 | 275 (9.41) | 479 (16.4) | 535 (18.32) | 709 (24.28) | 861 (29.48) | 1032 (35.34) |
| 2-蘭陽河流域 | 美福排水系統 | 美福排水出口 | 27.9 | 11.50 | 0.001 | 113 (4.05) | 181 (6.49) | 230 (8.24) | 295 (10.58) | 344 (12.33) | 394 (14.13) |
| 2-蘭陽河流域 | 安農溪-中溪洲大排 | 羅東溪匯流口 | 55.9 | 17.2 | 0.011 | 390 (6.97) | 560 (10.01) | 670 (11.98) | 780 (13.95) | 860 (15.38) | 940 (16.81) |
| 2-蘭陽河流域 | 宜蘭河排水系統-梅洲排水 | 梅洲大排出口 (高地排水 A-1+梅洲大排出口 B-1) | 1.5 | 2.8 | 0.003 | 3 (2.58) | 8 (5.87) | 14 (9.61) | 20 (13.76) | 24 (16.19) | 27 (18.07) |
| 2-蘭陽河流域 | 冬山河排水系統 | 冬山河排水口處 | 110.5 | - | - | 607 (5.49) | 856 (7.74) | 1033 (9.34) | 1249 (11.3) | 1445 (13.07) | 1639 (14.82) |

備註:(括弧)表為比流量成果,單位為 cms/km²

表 3 宜蘭農田水利會水系水文因子一覽表

| 流域分區 | 區域排水 | 測站數 | 資料年限(民國) | 一日暴雨量(mm) | | | | | | 最大 24 小時暴雨量(mm) | | | | | |
|---|---|---|---|---|---|---|---|---|---|---|---|---|---|---|---|
| | | | | 2 年 | 5 年 | 10 年 | 25 年 | 50 年 | 100 年 | 2 年 | 5 年 | 10 年 | 25 年 | 50 年 | 100 年 |
| 1-頭城沿海河系 | 得子口溪水系 | 3 | 37-95 | 192 | 277 | 333 | 403 | 454 | 505 | 227 | 327 | 393 | 476 | 536 | 596 |
| 2-蘭陽河流域 | 蘇澳溪水系(主流) | 1 | 37-99 | 293 | 433 | 547 | 717 | 864 | 1032 | 346 | 511 | 645 | 846 | 1020 | 1218 |
| 2-蘭陽河流域 | 美福排水系統 | 1 | 42-95 | 193 | 274 | 332 | 411 | 473 | 539 | 218 | 308 | 375 | 468 | 543 | 625 |
| 2-蘭陽河流域 | 安農溪-中溪洲大排 | 3 | 57-96 | 274 | 379 | 440 | 508 | 553 | 593 | 317 | 439 | 510 | 589 | 641 | 688 |
| 2-蘭陽河流域 | 宜蘭河排水系統-梅洲排水 | 1 | 63-95 | 189 | 261 | 307 | 362 | 402 | 440 | 223 | 308 | 362 | 428 | 474 | 519 |
| 2-蘭陽河流域 | 冬山河水系統 | 3 | 48-95 | 261 | 368 | 445 | 547 | 627 | 711 | 299 | 421 | 508 | 625 | 717 | 813 |

表 4 宜蘭農田水利會水系比流量分析結果表

| 流域分區 | 區域排水 | 逕流係數 | 農田排水比流量(cms/km²) | | | | | | 區域排水比流量(cms/km²) | | | | | | 農排/區排之比流量比(%) | | | | | | N 年重現期距* |
|---|---|---|---|---|---|---|---|---|---|---|---|---|---|---|---|---|---|---|---|---|---|
| | | | 2 年 | 5 年 | 10 年 | 25 年 | 50 年 | 100 年 | 2 年 | 5 年 | 10 年 | 25 年 | 50 年 | 100 年 | 2 年 | 5 年 | 10 年 | 25 年 | 50 年 | 100 年 | 重現期距* |
| 1-頭城沿海河系 | 得子口溪水系 | 0.779 | 2.04 | 2.95 | 3.54 | 4.29 | 4.83 | 5.37 | 5.89 | 9.35 | 11.28 | 13.72 | 15.35 | 16.87 | 35 | 32 | 31 | 31 | 31 | 32 | 未滿 2 年 |
| 2-蘭陽河流域 | 蘇澳溪水系(主流) | 0.818 | 3.27 | 4.84 | 6.11 | 8.01 | 9.66 | 11.53 | 9.42 | 16.40 | 18.32 | 24.28 | 29.49 | 35.34 | 35 | 29 | 33 | 33 | 33 | 33 | 未滿 2 年 |
| 2-蘭陽河流域 | 美福排水系統 | 0.782 | 1.98 | 2.79 | 3.39 | 4.23 | 4.92 | 5.66 | 4.05 | 6.49 | 8.25 | 10.58 | 12.34 | 14.13 | 49 | 43 | 41 | 40 | 40 | 40 | 未滿 2 年 |
| 2-蘭陽河流域 | 安農溪-中溪洲大排 | 0.792 | 2.91 | 4.03 | 4.68 | 5.40 | 5.88 | 6.31 | 6.98 | 10.02 | 11.99 | 13.95 | 15.38 | 16.82 | 42 | 40 | 39 | 39 | 38 | 38 | 未滿 2 年 |
| 2-蘭陽河流域 | 宜蘭河排水系統-梅洲排水 | 0.764 | 1.97 | 2.73 | 3.20 | 3.78 | 4.19 | 4.59 | 2.58 | 5.87 | 9.61 | 13.76 | 16.19 | 18.07 | 76 | 46 | 33 | 27 | 26 | 25 | 2-5 年 |
| 2-蘭陽河流域 | 冬山河排水系統 | 0.792 | 2.74 | 3.86 | 4.66 | 5.73 | 6.58 | 7.46 | 5.49 | 7.75 | 9.35 | 11.30 | 13.07 | 14.83 | 50 | 50 | 50 | 51 | 50 | 50 | 未滿 2 年 |

備註：10 年重現期距之農田排水比流量相當於 N 年重現期距區域排水出口控制點比流量

表 1 北基農田水利會水系治理規劃報告一覽表

| 流域分區 | 區域排水 | 治理規劃報告名稱 | 主辦單位 | 報告年月 |
|---|---|---|---|---|
| 3-北海岸沿海河系一 | 雙溪水系 | 「易淹水地區水患治理計畫」臺北縣管河川雙溪河水系規劃報告 | 經濟部水利署第十河川局 | 民國 98 年 8 月 |
| 3-北海岸沿海河系一 | 員潭溪水系 | 「易淹水地區水患治理計畫」第 2 階段實施計畫新北市管河川員潭溪水系規劃 | 經濟部水利署第十河川局 | 民國 100 年 5 月 |
| 4-北海岸沿海河系二 | 老梅溪水系 | 「易淹水地區水患治理計畫」第 2 階段實施計畫新北市管河川老梅溪水系規劃 | 經濟部水利署第十河川局 | 民國 100 年 5 月 |

表 2 北基農田水利會水系地文因子一覽表

| 流域分區 | 區域排水 | 控制點名稱 | 面積 A (km²) | 河長 L (km) | 坡度 S | 不同重現期區域排水尖峰流量成果（cms） | | | | | |
|---|---|---|---|---|---|---|---|---|---|---|---|
| | | | | | | 2 年 | 5 年 | 10 年 | 25 年 | 50 年 | 100 年 |
| 3-北海岸沿海河系一 | 雙溪水系 | 河口 | 132.5 | 26.8 | 0.026 | - | 764 (5.76) | 1028 (7.75) | 1415 (10.67) | 1744 (13.16) | 2111 (15.93) |
| 3-北海岸沿海河系一 | 員潭溪水系 | 員潭溪河口 | 26.6 | 0.3 | 0.002 | 170 (6.39) | 226 (8.49) | 263 (9.88) | 310 (11.65) | 344 (12.93) | 379 (14.24) |
| 4-北海岸沿海河系二 | 老梅溪水系 | 老梅溪出海口 | 17.6 | 9.9 | 0.081 | 170 (9.68) | 233 (13.26) | 260 (14.8) | 279 (15.88) | 285 (16.23) | 285 (16.23) |

備註：（括弧）表為比流量成果，單位為 cms/km²

表 3 北基農田水利會水系水文因子一覽表

| 流域分區 | 區域排水 | 測站數 | 資料年限（民國） | 一日暴雨量(mm) | | | | | | 最大 24 小時暴雨量(mm) | | | | | |
|---|---|---|---|---|---|---|---|---|---|---|---|---|---|---|---|
| | | | | 2 年 | 5 年 | 10 年 | 25 年 | 50 年 | 100 年 | 2 年 | 5 年 | 10 年 | 25 年 | 50 年 | 100 年 |
| 3-北海岸沿海河系一 | 雙溪水系 | 6 | 52-94 | 205 | 325 | 415 | 543 | 647 | 758 | 244 | 387 | 494 | 646 | 770 | 902 |
| 3-北海岸沿海河系一 | 員潭溪水系 | 3 | 36-97 | 199 | 259 | 299 | 350 | 387 | 424 | 229 | 298 | 344 | 402 | 445 | 488 |
| 4-北海岸沿海河系二 | 老梅溪水系 | 2 | 32-97 | 174 | 244 | 287 | 339 | 374 | 408 | 198 | 278 | 327 | 386 | 426 | 465 |

表 4 北基農田水利會水系比流量分析結果表

| 流域分區 | 區域排水 | 農田排水比流量 (cms/km²) | | | | | | | 區域排水比流量 (cms/km²) | | | | | | | 農排/區排之比流量比(%) | | | | | | | N 年 |
| | | 遲流係數 | 2 年 | 5 年 | 10 年 | 25 年 | 50 年 | 100 年 | 2 年 | 5 年 | 10 年 | 25 年 | 50 年 | 100 年 | 2 年 | 5 年 | 10 年 | 25 年 | 50 年 | 100 年 | 重現期距* |
|---|---|---|---|---|---|---|---|---|---|---|---|---|---|---|---|---|---|---|---|---|---|
| 3-北海岸沿海河系一 | 雙溪水系 | 0.800 | 2.26 | 3.58 | 4.57 | 5.98 | 7.13 | 8.35 | - | 5.77 | 7.76 | 10.68 | 13.16 | 15.93 | - | 62 | 59 | 56 | 54 | 52 | 未滿 2 年 |
| 3-北海岸沿海河系一 | 員潭溪水系 | 0.799 | 2.12 | 2.76 | 3.18 | 3.72 | 4.11 | 4.51 | 6.39 | 8.50 | 9.89 | 11.65 | 12.93 | 14.25 | 33 | 32 | 32 | 32 | 32 | 32 | 未滿 2 年 |
| 4-北海岸沿海河系二 | 老梅溪水系 | 0.793 | 1.82 | 2.55 | 3.00 | 3.55 | 3.91 | 4.27 | 9.68 | 13.27 | 14.81 | 15.89 | 16.23 | 16.23 | 19 | 19 | 20 | 22 | 24 | 26 | 未滿 2 年 |

備註：10 年重現期距之農田排水比流量相當於 N 年重現期距區域排水出口控制點比流量

表 1 桃園農田水利會水系治理規劃報告一覽表

| 流域分區 | 區域排水 | 治理規劃報告名稱 | 主辦單位 | 報告年月 |
|---|---|---|---|---|
| 5－淡水河流域 | 塔寮坑溪排水系統 | 「易淹水地區水患治理計畫」中央管區域排水塔寮坑溪水系統規劃報告 | 經濟部水利署第十河川局 | 民國 98 年 12 月 |
| 5－淡水河流域 | 大窠坑溪排水系統 | 「易淹水地區水患治理計畫」縣（市）管區排水大窠坑溪水系統規劃報告 | 經濟部水利署第十河川局 | 民國 100 年 2 月 |
| 6－桃園沿海河系 | 東門溪排水系統 | 「易淹水地區水患治理計畫」桃園縣縣管河川南崁溪水系治理規劃報告（東門溪排水幹線） | 經濟部水利署水利規劃試驗所 | 民國 98 年 6 月 |
| 6－桃園沿海河系 | 老街溪水系 | 「易淹水地區水患治理計畫」老街溪水系(含龍南、大坑坎排水系統)治理規劃 | 經濟部水利署水利規劃試驗所 | 民國 97 年 12 月 |
| 6－桃園沿海河系 | 南崁溪水系 | 「易淹水地區水患治理計畫」桃園縣管河川南崁溪水系治理規劃報告 | 經濟部水利署水利規劃試驗所 | 民國 98 年 6 月 |
| 6－桃園沿海河系 | 社子溪水系 | 「易淹水地區水患治理計畫」桃園縣管河川社子溪水系規劃報告 | 經濟部水利署第二河川局 | 民國 99 年 9 月 |
| 6－桃園沿海河系 | 大堀溪水系 | 「易淹水地區水患治理計畫第 2 階段實施計畫」桃園縣縣管河川大堀溪水系治理規劃檢討報告 | 經濟部水利署第二河川局 | 民國 102 年 6 月 |
| 6－桃園沿海河系 | 新屋溪水系 | 「易淹水地區水患治理計畫第 2 階段實施計畫」縣管河川新屋溪水系規劃 | 經濟部水利署第二河川局 | 民國 101 年 8 月 |
| 6－桃園沿海河系 | 觀音溪水系 | 「易淹水地區水患治理計畫第 2 階段實施計畫」縣管河川觀音溪水系檢討規劃 | 桃園縣政府 | 民國 101 年 12 月 |
| 6－桃園沿海河系 | 新街溪排水系統 | 「易淹水地區水患治理計畫」桃園縣管區排水新街溪水系統規劃報告 | 經濟部水利署第二河川局 | 民國 99 年 12 月 |
| 6－桃園沿海河系 | 洽溪排水系統 | 「易淹水地區水患治理計畫」桃園縣管區域排水洽溪排水系統規劃報告 | 經濟部水利署第二河川局 | 民國 100 年 2 月 |
| 6－桃園沿海河系 | 埔心溪排水系統 | 「易淹水地區水患治理計畫」桃園縣管區域排水埔心溪排水系統規劃報告 | 經濟部水利署第二河川局 | 民國 98 年 8 月 |
| 6－桃園沿海河系 | 東勢溪幹線排水系統 | 「易淹水地區水患治理計畫」桃園縣管區域排水東勢溪幹線排水系統規劃報告 | 經濟部水利署第二河川局 | 民國 102 年 4 月 |
| 6－桃園沿海河系 | 雙溪口溪排水幹線 | 「易淹水地區水患治理計畫」桃園縣管區域排水雙溪口溪排水系統規劃報告 | 經濟部水利署第二河川局 | 民國 100 年 2 月 |

表 2 桃園農田水利會水系地文因子一覽表

| 流域分區 | 區域排水 | 控制點名稱 | 面積 A (km²) | 河長 L (km) | 坡度 S | 不同重現期區域排水尖峰流量成果（cms） | | | | | |
|---|---|---|---|---|---|---|---|---|---|---|---|
| | | | | | | 2 年 | 5 年 | 10 年 | 25 年 | 50 年 | 100 年 |
| 5-淡水河流域 | 塔寮坑溪排水系統 | 塔寮坑溪出口 | 29.4 | 12.3 | 0.033 | 177 (6.02) | 239 (8.17) | 279 (9.53) | 326 (11.13) | 362 (12.33) | 395 (13.48) |
| 5-淡水河流域 | 大窠坑溪排水系統 | 大窠坑溪與二重洪疏道匯流前 | 36.7 | 9.8 | 0.007 | 218 (5.94) | 301 (8.21) | 363 (9.9) | 441 (12.03) | 506 (13.8) | 568 (15.49) |
| 6-桃園沿海河系 | 東門溪排水系統 | 東門溪河口站 | 25.2 | 12.8 | 0.004 | 99 (3.93) | 155 (6.15) | 197 (7.85) | 262 (10.39) | 314 (12.49) | 374 (14.83) |
| 6-桃園沿海河系 | 老街溪水系 | 老街溪河口 | 85.8 | 36.7 | 0.008 | 212 (2.48) | 339 (3.96) | 421 (4.91) | 509 (5.94) | 590 (6.88) | 654 (7.63) |
| 6-桃園沿海河系 | 南崁溪水系 | 河口站 | 227.9 | 53.0 | 0.006 | 661 (2.9) | 991 (4.34) | 1219 (5.34) | 1516 (6.65) | 1744 (7.65) | 1977 (8.67) |
| 6-桃園沿海河系 | 社子溪水系 | 社子溪河口 | 75.2 | 24.6 | 0.016 | 180 (2.39) | 310 (4.12) | 400 (5.31) | 520 (6.91) | 620 (8.24) | 720 (9.57) |
| 6-桃園沿海河系 | 大堀溪水系 | 河口 | 48.4 | 20.6 | 0.010 | 187 (3.86) | 268 (5.54) | 315 (6.51) | 370 (7.65) | 407 (8.41) | 442 (9.14) |
| 6-桃園沿海河系 | 新屋溪水系 | 新屋溪河口 | 19.8 | 13.5 | 0.007 | 91 (4.6) | 139 (7) | 173 (8.72) | 218 (10.99) | 253 (12.75) | 289 (14.57) |
| 6-桃園沿海河系 | 觀音溪水系 | 觀音溪河口 | 13.2 | 10.6 | 0.009 | 71 (5.37) | 103 (7.79) | 125 (9.46) | 153 (11.58) | 173 (13.09) | 194 (14.68) |
| 6-桃園沿海河系 | 新街溪排水系統 | 洽溪排水出口 | 55.1 | 33.8 | 0.007 | 150 (2.74) | 223 (4.05) | 267 (4.85) | 320 (5.81) | 360 (6.54) | 398 (7.23) |
| 6-桃園沿海河系 | 洽溪排水系統 | 洽溪排水出口 | 20.5 | 18.5 | 0.009 | 71 (3.46) | 120 (5.84) | 137 (6.67) | 157 (7.65) | 164 (7.99) | 175 (8.52) |
| 6-桃園沿海河系 | 埔心溪排水系統 | 埔心溪河口 | 54.6 | 18.5 | 0.007 | 206 (3.77) | 302 (5.53) | 359 (6.57) | 426 (7.8) | 471 (8.63) | 514 (9.42) |
| 6-桃園沿海河系 | 東勢溪幹線排水系統 | 東勢溪幹線河口 | 3.2 | 7.1 | 0.008 | 21 (6.87) | 31 (9.75) | 37 (11.71) | 45 (14.19) | 51 (16.04) | 57 (17.9) |
| 6-桃園沿海河系 | 雙溪口溪排水幹線 | 排水幹線出口 | 37.2 | 19.0 | 0.010 | 102 (2.74) | 155 (4.16) | 189 (5.08) | 230 (6.2) | 261 (7.01) | 290 (7.81) |

備註：(括弧) 表為比流量成果，單位為 cms/km²

表 3 桃園農田水利會水系水文因子一覽表

| 流域分區 | 區域排水 | 測站數 | 資料年限(民國) | 一日暴雨量(mm) | | | | | | 最大 24 小時暴雨量(mm) | | | | | |
|---|---|---|---|---|---|---|---|---|---|---|---|---|---|---|---|
| | | | | 2 年 | 5 年 | 10 年 | 25 年 | 50 年 | 100 年 | 2 年 | 5 年 | 10 年 | 25 年 | 50 年 | 100 年 |
| 5-淡水河流域 | 塔寮坑溪排水系統 | 3 | 民國前 8-93 | 135 | 186 | 219 | 258 | 286 | 314 | 166 | 229 | 269 | 318 | 352 | 386 |
| 5-淡水河流域 | 大嵙崁溪排水系統 | 3 | 62-95 | 141 | 202 | 242 | 292 | 330 | 367 | 173 | 248 | 298 | 359 | 406 | 451 |
| 6-桃園沿海河系 | 東門溪排水系統 | 3 | 67-94 | 134 | 200 | 252 | 327 | 390 | 460 | 162 | 242 | 305 | 396 | 472 | 557 |
| 6-桃園沿海河系 | 老街溪水系 | 7 | 83-95 | 121 | 172 | 206 | 249 | 280 | 311 | 143 | 203 | 243 | 294 | 330 | 367 |
| 6-桃園沿海河系 | 南崁溪水系 | 9 | 67-95 | 126 | 179 | 215 | 262 | 299 | 336 | 149 | 211 | 254 | 309 | 353 | 396 |
| 6-桃園沿海河系 | 社子溪水系 | 6 | 36-95 | 131 | 194 | 235 | 288 | 327 | 382 | 157 | 232 | 282 | 345 | 392 | 458 |
| 6-桃園沿海河系 | 大堀溪水系 | 7 | 36-97 | 142 | 194 | 226 | 264 | 290 | 316 | 164 | 223 | 260 | 304 | 334 | 363 |
| 6-桃園沿海河系 | 新屋溪水系 | 4 | 15-97 | 138 | 199 | 243 | 300 | 345 | 391 | 158 | 229 | 279 | 345 | 396 | 450 |
| 6-桃園沿海河系 | 觀音溪水系 | 3 | 15-97 | - | - | - | - | - | - | 168 | 237 | 282 | 340 | 383 | 425 |
| 6-桃園沿海河系 | 新街溪排水系統 | 6 | 44-95 | 121 | 174 | 210 | 257 | 292 | 329 | 143 | 205 | 248 | 303 | 345 | 388 |
| 6-桃園沿海河系 | 冶溪排水系統 | 5 | 36-95 | 118 | 167 | 197 | 235 | 262 | 288 | 139 | 196 | 233 | 277 | 309 | 340 |
| 6-桃園沿海河系 | 埔心溪排水系統 | 7 | 43-94 | 132 | 183 | 214 | 249 | 273 | 296 | 152 | 211 | 246 | 286 | 314 | 340 |
| 6-桃園沿海河系 | 東勢溪幹線排水系統 | 2 | 15-97 | 141 | 205 | 247 | 299 | 337 | 375 | 162 | 236 | 284 | 344 | 387 | 431 |
| 6-桃園沿海河系 | 雙溪口溪排水幹線 | 5 | 48-97 | 133 | 185 | 218 | 259 | 289 | 319 | 153 | 213 | 251 | 298 | 333 | 366 |

表 4 桃園農田水利會水系比流量分析結果表

| 流域分區 | 區域排水 | 逕流係數 | 農田排水比流量 (cms/km²) | | | | | | 區域排水比流量 (cms/km²) | | | | | | 農排/區排之比流量比(%) | | | | | | N 年 重現期距* |
|---|---|---|---|---|---|---|---|---|---|---|---|---|---|---|---|---|---|---|---|---|---|
| | | | 2年 | 5年 | 10年 | 25年 | 50年 | 100年 | 2年 | 5年 | 10年 | 25年 | 50年 | 100年 | 2年 | 5年 | 10年 | 25年 | 50年 | 100年 | |
| 5-淡水河流域 | 塔寮坑溪排水系統 | 0.845 | 1.63 | 2.24 | 2.63 | 3.11 | 3.45 | 3.78 | 6.03 | 8.17 | 9.53 | 11.13 | 12.33 | 13.48 | 27 | 27 | 28 | 28 | 28 | 28 | 未滿 2 年 |
| 5-淡水河流域 | 大窠坑溪排水系統 | 0.857 | 1.72 | 2.47 | 2.95 | 3.56 | 4.03 | 4.48 | 5.95 | 8.21 | 9.90 | 12.03 | 13.81 | 15.50 | 29 | 30 | 30 | 30 | 29 | 29 | 未滿 2 年 |
| 6-桃園沿海河系 | 東門溪排水系統 | 0.854 | 1.60 | 2.39 | 3.01 | 3.91 | 4.67 | 5.50 | 3.93 | 6.15 | 7.85 | 10.39 | 12.49 | 14.83 | 41 | 39 | 38 | 38 | 37 | 37 | 未滿 2 年 |
| 6-桃園沿海河系 | 老街溪河系 | 0.807 | 1.33 | 1.89 | 2.27 | 2.74 | 3.08 | 3.43 | 2.48 | 3.96 | 4.91 | 5.94 | 6.88 | 7.63 | 54 | 48 | 46 | 46 | 45 | 45 | 未滿 2 年 |
| 6-桃園沿海河系 | 南崁溪河系 | 0.821 | 1.41 | 2.01 | 2.41 | 2.94 | 3.35 | 3.77 | 2.90 | 4.35 | 5.35 | 6.65 | 7.65 | 8.68 | 49 | 46 | 45 | 44 | 44 | 43 | 2-5 年 |
| 6-桃園沿海河系 | 社子溪水系 | 0.799 | 1.45 | 2.15 | 2.61 | 3.19 | 3.63 | 4.24 | 2.39 | 4.12 | 5.32 | 6.92 | 8.25 | 9.58 | 61 | 52 | 49 | 46 | 44 | 44 | 2-5 年 |
| 6-桃園沿海河系 | 大堀溪水系 | 0.764 | 1.45 | 1.97 | 2.30 | 2.68 | 2.95 | 3.21 | 3.87 | 5.54 | 6.51 | 7.65 | 8.42 | 9.14 | 37 | 36 | 35 | 35 | 35 | 35 | 未滿 2 年 |
| 6-桃園沿海河系 | 新星水系 | 0.756 | 1.38 | 2.00 | 2.44 | 3.02 | 3.47 | 3.94 | 4.60 | 7.01 | 8.72 | 10.99 | 12.76 | 14.57 | 30 | 29 | 28 | 27 | 27 | 27 | 未滿 2 年 |
| 6-桃園沿海河系 | 觀音水系 | 0.771 | 1.50 | 2.11 | 2.52 | 3.03 | 3.42 | 3.80 | 5.37 | 7.80 | 9.46 | 11.58 | 13.10 | 14.69 | 28 | 27 | 27 | 26 | 26 | 26 | 未滿 2 年 |
| 6-桃園沿海河系 | 新街溪排水系統 | 0.826 | 1.37 | 1.96 | 2.37 | 2.90 | 3.29 | 3.71 | 2.74 | 4.05 | 4.85 | 5.81 | 6.54 | 7.23 | 50 | 48 | 49 | 50 | 50 | 51 | 未滿 2 年 |
| 6-桃園沿海河系 | 洽溪排水系統 | 0.783 | 1.26 | 1.78 | 2.11 | 2.51 | 2.80 | 3.08 | 3.46 | 5.85 | 6.68 | 7.65 | 7.99 | 8.53 | 36 | 30 | 32 | 33 | 35 | 36 | 未滿 2 年 |
| 6-桃園沿海河系 | 埔心溪排水系統 | 0.812 | 1.43 | 1.98 | 2.31 | 2.69 | 2.95 | 3.20 | 3.78 | 5.54 | 6.58 | 7.81 | 8.63 | 9.42 | 38 | 36 | 35 | 34 | 34 | 34 | 未滿 2 年 |
| 6-桃園沿海河系 | 東勢溪幹線排水系統 | 0.765 | 1.44 | 2.09 | 2.51 | 3.04 | 3.43 | 3.81 | 6.87 | 9.76 | 11.71 | 14.19 | 16.04 | 17.91 | 21 | 21 | 21 | 21 | 21 | 21 | 未滿 2 年 |
| 6-桃園沿海河系 | 雙溪口溪排水幹線 | 0.773 | 1.37 | 1.90 | 2.25 | 2.67 | 2.98 | 3.28 | 2.75 | 4.16 | 5.08 | 6.20 | 7.02 | 7.81 | 50 | 46 | 44 | 43 | 42 | 42 | 未滿 2 年 |

備註：10 年重現期距之農田排水比流量相當於 N 年重現期距區域排水出口控制點比流量

表 1 新竹農田水利會水系治理規劃報告一覽表

| 流域分區 | 區域排水 | 治理規劃報告名稱 | 主辦單位 | 報告年月 |
|---|---|---|---|---|
| 6-桃園沿海河系 | 貓兒錠幹線排水系統 | 「易淹水地區水患治理計畫」新竹縣管區域排水貓兒錠幹線排水系統規劃報告 | 經濟部水利署第二河川局 | 民國101年8月 |
| 7-鳳山溪流域 | 新埔地區排水系統(含燒炭窩坑、太平窩坑、箭竹窩排水) | 「易淹水地區水患治理計畫」新竹縣管區域排水新埔地區(燒炭窩坑、太平窩坑、箭竹窩排水)排水系統規劃報告 | 經濟部水利署第二河川局 | 民國100年5月 |
| 8-頭前溪流域 | 豆子埔溪排水系統 | 「易淹水地區水患治理計畫」第1階段實施計畫「縣管排水豆子埔溪排水系統規劃報告 | 經濟部水利署第二河川局 | 民國98年4月 |
| 8-頭前溪流域 | 芎林地區排水系統(崁下幹線、王爺坑幹線、鹿寮坑幹線、大肚支線) | 「易淹水地區水患治理計畫」新竹縣管區域排水芎林地區(崁下幹線、王爺坑幹線及大肚支線)排水系統規劃 | 經濟部水利署第二河川局 | 民國100年7月 |
| 8-頭前溪流域 | 溝貝幹線排水系統 | 「易淹水地區水患治理計畫」新竹縣管區域排水溝貝幹線排水系統規劃報告 | 經濟部水利署第二河川局 | 民國100年6月 |
| 8-頭前溪流域 | 東大排水系統 | 「易淹水地區水患治理計畫」第1階段實施計畫「新竹市市管區域排水東大排水系統規劃 | 經濟部水利署第二河川局 | 民國98年11月 |
| 8-頭前溪流域 | 溪埔子排水幹線 | 「易淹水地區水患治理計畫」第2階段實施計畫「新竹市市管區域排水溪埔子排水系統規劃 | 經濟部水利署第二河川局 | 民國100年8月 |
| 8-頭前溪流域 | 何姓溪排水系統 | 「易淹水地區水患治理計畫」第2階段實施計畫「新竹市市管區域排水何姓溪排水系統規劃報告 | 經濟部水利署第二河川局 | 民國100年10月 |
| 9-香山沿海河系 | 三姓溪排水系統 | 「易淹水地區水患治理計畫」新竹市市管區域排水三姓溪排水系統規劃報告 | 經濟部水利署第二河川局 | 民國97年10月 |
| 9-香山沿海河系 | 海水川溪排水系統 | 「易淹水地區水患治理計畫」新竹市市管區域排水海水川溪排水系統規劃報告 | 經濟部水利署第二河川局 | 民國99年12月 |
| 9-香山沿海河系 | 港北溝排水系統(南寮地區) | 易淹水地區水患治理計畫」第2階段實施計畫「臺市管區域排水南寮地區(港北排水系統、金城湖排水系統、港南排水系統)排水系統規劃 | 經濟部水利署第二河川局 | 民國100年1月 |
| 9-香山沿海河系 | 金城湖排水系統 | 易淹水地區水患治理計畫」第2階段實施計畫「臺市管區域排水南寮地區(港北排水系統、金城湖排水系統、港南排水系統)排水系統規劃 | 經濟部水利署第二河川局 | 民國100年1月 |
| 9-香山沿海河系 | 港南溝排水系統 | 易淹水地區水患治理計畫」第2階段實施計畫「臺市管區域排水南寮地區(港北排水系統、金城湖排水系統、港南排水系統)排水系統規劃 | 經濟部水利署第二河川局 | 民國100年1月 |

表 2 新竹農田水利會水系地文因子一覽表

| 流域分區 | 區域排水 | 控制點名稱 | 面積 A (km²) | 河長 L (km) | 坡度 S | 不同重現期區域排水尖峰流量成果（cms） | | | | | |
|---|---|---|---|---|---|---|---|---|---|---|---|
| | | | | | | 2 年 | 5 年 | 10 年 | 25 年 | 50 年 | 100 年 |
| 6-桃園沿海河系 | 貓兒錠幹線排水系統 | 一中支線出口 | 1.3 | 2.3 | 0.004 | 9 (7.34) | 13 (10.74) | 17 (13.29) | 21 (16.76) | 25 (19.78) | 29 (22.72) |
| 7-鳳山溪流域 | 新埔地區排水系統（含境炭窩坑、太平窩坑、箭竹窩排水） | 太平窩幹線排水出口 | 15.1 | 7.9 | 0.010 | 115 (7.64) | 171 (11.36) | 212 (14.08) | 267 (17.74) | 312 (20.73) | 360 (23.92) |
| 8-頭前溪流域 | 豆子埔溪排水系統 | 豆仔埔溪治理起點 A | 23.7 | 18.2 | 0.005 | 115 (4.85) | 173 (7.3) | 217 (9.16) | 280 (11.82) | 332 (14.02) | 389 (16.42) |
| 8-頭前溪流域 | 芎林地區排水系統（坎下幹線、王爺坑幹線、鹿寮坑幹線、大肚支線） | 鹿寮坑幹線 鹿寮坑幹線 鹿寮坑幹線匯流前 | 19.2 | 5.5 | 0.016 | 224 (11.66) | 300 (15.62) | 333 (17.34) | 385 (20.05) | 424 (22.08) | 463 (24.11) |
| 8-頭前溪流域 | 溝貝幹線排水系統 | 溝貝幹線匯流口 | 6.7 | 7.5 | 0.003 | 41 (6.14) | 62 (9.29) | 77 (11.54) | 99 (14.84) | 118 (17.69) | 137 (20.53) |
| 8-頭前溪流域 | 東大排水系統 | 快速道路箱涵出口 | 5.4 | 4.8 | 0.004 | 42 (7.89) | 62 (11.45) | 77 (14.22) | 98 (18.22) | 117 (21.6) | 137 (25.35) |
| 8-頭前溪流域 | 溪埔子排水幹線 | 與前溪第二排水匯流流後（隆汀分汴關閉） | 11.5 | - | 0.005 | 70 (6.08) | 109 (9.53) | 141 (12.28) | 186 (16.15) | 224 (19.46) | 266 (23.08) |
| 8-頭前溪流域 | 何姓溪排水系統 | 何姓溪排水幹線出口 | 0.4 | 0.9 | 0.001 | 4 (12.91) | 6 (18.88) | 8 (23.38) | 10 (29.44) | 12 (33.86) | 13 (38.63) |
| 9-香山沿海河系 | 三姓溪排水系統 | 出海口 | 11.8 | 1.1 | 0.003 | 81 (6.84) | 121 (10.22) | 152 (12.84) | 193 (16.31) | 227 (19.18) | 262 (22.14) |
| 9-香山沿海河系 | 海水川溪排水系統 | 出海口 | 3.4 | 3.6 | 0.006 | 31 (9.11) | 43 (12.64) | 49 (14.41) | 57 (16.76) | 63 (18.52) | 68 (20) |
| 9-香山沿海河系 | 港北溝排水系統（南寮地區） | 排水幹線出口 | 5.5 | 6.2 | 0.001 | 26 (4.74) | 38 (6.85) | 46 (8.44) | 58 (10.59) | 68 (12.36) | 78 (14.24) |
| 9-香山沿海河系 | 金城湖排水系統 | 金城湖防潮閘門 | 2.2 | 3.1 | 0.001 | 13 (6.22) | 19 (8.89) | 23 (10.87) | 29 (13.54) | 34 (15.76) | 39 (18.11) |
| 9-香山沿海河系 | 港南溝排水系統 | 幹線出口 | 1.3 | 3.9 | 0.002 | 9 (6.99) | 13 (9.84) | 16 (12.03) | 19 (14.96) | 23 (17.44) | 26 (20) |

備註：（括弧）表比流量成果，單位為 cms/km²

表 3 新竹農田水利會水系水文因子一覽表

| 流域分區 | 區域排水 | 測站數 | 資料年限(民國) | 一日暴雨量(mm) | | | | | | 最大24小時暴雨量(mm) | | | | | |
|---|---|---|---|---|---|---|---|---|---|---|---|---|---|---|---|
| | | | | 2年 | 5年 | 10年 | 25年 | 50年 | 100年 | 2年 | 5年 | 10年 | 25年 | 50年 | 100年 |
| 6-桃園沿海河系 | 貓兒錠幹線排水系統 | 1 | 49-97 | - | - | - | - | - | - | 182 | 258 | 316 | 397 | 464 | 537 |
| 7-鳳山溪流域 | 新埔地區排水系統(含燒炭窩坑、太平窩坑、箭竹窩排水) | 3 | 70-97 | 134 | 186 | 227 | 398 | 483 | 582 | 160 | 222 | 270 | 474 | 575 | 692 |
| 8-頭前溪流域 | 豆子埔溪排水系統 | 1 | 49-95 | - | - | - | - | - | - | 181 | 259 | 318 | 403 | 473 | 550 |
| 8-頭前溪流域 | 芎林地區排水系統(崁下幹線、王爺坑幹線、鹿寮坑幹線、大肚支線) | 3 | 36-97 | 147 | 208 | 251 | 309 | 355 | 404 | 174 | 245 | 296 | 365 | 419 | 477 |
| 8-頭前溪流域 | 溝貝幹線排水系統 | 1 | 49-97 | 206 | 297 | 365 | 462 | 541 | 626 | 177 | 255 | 314 | 397 | 465 | 538 |
| 8-頭前溪流域 | 東大排水系統 | 1 | 49-97 | 156 | 224 | 270 | 328 | 371 | 413 | 182 | 258 | 314 | 393 | 457 | 526 |
| 8-頭前溪流域 | 溪埔子排水幹線 | 1 | 49-96 | 156 | 224 | 270 | 328 | 371 | 413 | 182 | 258 | 314 | 393 | 457 | 526 |
| 8-頭前溪流域 | 何姓溪排水系統 | 1 | 19-97 | 160 | 224 | 268 | 327 | 373 | 421 | 181 | 258 | 316 | 395 | 459 | 526 |
| 9-香山沿海河系 | 三姓溪排水系統 | 1 | 27-96 | 156 | 228 | 282 | 356 | 416 | 479 | 187 | 274 | 338 | 427 | 499 | 575 |
| 9-香山沿海河系 | 海水川溪排水系統 | 1 | 40-94 | 140 | 205 | 253 | 318 | 371 | 426 | 167 | 246 | 303 | 382 | 445 | 511 |
| 9-香山沿海河系 | 港北溝排水系統(南寮地區) | 1 | 19-97 | 160 | 224 | 268 | 327 | 373 | 421 | 181 | 258 | 316 | 395 | 459 | 526 |
| 9-香山沿海河系 | 金城湖排水系統 | 1 | 19-97 | 160 | 224 | 268 | 327 | 373 | 421 | 181 | 258 | 316 | 395 | 459 | 526 |
| 9-香山沿海河系 | 港南溝排水系統 | 1 | 19-97 | 160 | 224 | 268 | 327 | 373 | 421 | 181 | 258 | 316 | 395 | 459 | 526 |

表 4 新竹農田水利會水系比流量分析結果表

| 流域分區 | 區域排水 | 農田排水比流量 (cms/km²) | | | | | | | 區域排水比流量 (cms/km²) | | | | | | 農排/區排之比流量比 (%) | | | | | | N 年 |
|---|---|---|---|---|---|---|---|---|---|---|---|---|---|---|---|---|---|---|---|---|---|
| | | 遲流係數 | 2 年 | 5 年 | 10 年 | 25 年 | 50 年 | 100 年 | 2 年 | 5 年 | 10 年 | 25 年 | 50 年 | 100 年 | 2 年 | 5 年 | 10 年 | 25 年 | 50 年 | 100 年 | 重現期距* |
| 6-桃園沿海河系 | 貓兒錠幹線排水系統 | 0.786 | 1.66 | 2.35 | 2.87 | 3.61 | 4.22 | 4.89 | 7.34 | 10.74 | 13.29 | 16.77 | 19.78 | 22.72 | 23 | 22 | 22 | 22 | 21 | 22 | 未滿 2 年 |
| 7-鳳山溪流域 | 新埔地區排水系統 (含墫窩坑、太平窩坑、箭竹窩排水) | 0.777 | 1.44 | 1.99 | 2.43 | 4.26 | 5.18 | 6.23 | 7.64 | 11.36 | 14.09 | 17.74 | 20.73 | 23.92 | 19 | 18 | 17 | 24 | 25 | 26 | 未滿 2 年 |
| 8-頭前溪流域 | 豆子埔溪排水系統 | 0.806 | 1.69 | 2.41 | 2.97 | 3.75 | 4.41 | 5.13 | 4.86 | 7.31 | 9.16 | 11.82 | 14.02 | 16.43 | 35 | 33 | 32 | 32 | 31 | 31 | 未滿 2 年 |
| 8-頭前溪流域 | 芎林地區排水系統(扶下幹線、王爺坑幹線、鹿寮坑幹線、大肚支線) | 0.786 | 1.58 | 2.23 | 2.69 | 3.32 | 3.82 | 4.34 | 11.67 | 15.63 | 17.34 | 20.05 | 22.08 | 24.11 | 14 | 14 | 16 | 17 | 17 | 18 | 未滿 2 年 |
| 8-頭前溪流域 | 溝貝幹線排水系統 | 0.796 | 1.63 | 2.35 | 2.89 | 3.66 | 4.29 | 4.96 | 6.15 | 9.30 | 11.54 | 14.84 | 17.69 | 20.54 | 27 | 25 | 25 | 25 | 24 | 24 | 未滿 2 年 |
| 8-頭前溪流域 | 東大排水系統 | 0.880 | 1.86 | 2.63 | 3.20 | 4.00 | 4.65 | 5.35 | 7.90 | 11.46 | 14.23 | 18.23 | 21.61 | 25.35 | 24 | 23 | 22 | 22 | 22 | 21 | 未滿 2 年 |
| 8-頭前溪流域 | 溪埔子排水幹線 | 0.843 | 1.78 | 2.52 | 3.07 | 3.83 | 4.46 | 5.13 | 6.09 | 9.53 | 12.29 | 16.16 | 19.46 | 23.09 | 29 | 26 | 25 | 24 | 23 | 22 | 未滿 2 年 |
| 8-頭前溪流域 | 何姓溪排水系統 | 0.857 | 1.80 | 2.56 | 3.13 | 3.92 | 4.55 | 5.22 | 12.92 | 18.89 | 23.39 | 29.44 | 33.86 | 38.64 | 14 | 14 | 13 | 13 | 13 | 14 | 未滿 2 年 |
| 9-香山沿海河系 | 三姓溪排水系統 | 0.809 | 1.75 | 2.56 | 3.17 | 4.00 | 4.68 | 5.38 | 6.85 | 10.23 | 12.85 | 16.31 | 19.19 | 22.15 | 26 | 25 | 25 | 25 | 24 | 24 | 未滿 2 年 |
| 9-香山沿海河系 | 海水川溪排水系統 | 0.797 | 1.54 | 2.27 | 2.80 | 3.52 | 4.10 | 4.71 | 9.12 | 12.65 | 14.41 | 16.76 | 18.53 | 20.00 | 17 | 18 | 19 | 21 | 22 | 24 | 未滿 2 年 |
| 9-香山沿海河系 | 港北溝排水系統(南寮地區) | 0.795 | 1.67 | 2.37 | 2.90 | 3.63 | 4.22 | 4.84 | 4.75 | 6.86 | 8.45 | 10.60 | 12.36 | 14.24 | 35 | 35 | 34 | 34 | 34 | 34 | 未滿 2 年 |
| 9-香山沿海河系 | 金城湖排水系統 | 0.758 | 1.59 | 2.27 | 2.77 | 3.47 | 4.03 | 4.62 | 6.22 | 8.89 | 10.88 | 13.55 | 15.76 | 18.11 | 26 | 25 | 25 | 26 | 26 | 26 | 未滿 2 年 |
| 9-香山沿海河系 | 港南溝排水系統 | 0.797 | 1.67 | 2.38 | 2.91 | 3.64 | 4.23 | 4.85 | 6.99 | 9.85 | 12.03 | 14.96 | 17.44 | 20.00 | 24 | 24 | 24 | 24 | 24 | 24 | 未滿 2 年 |

備註：10 年重現期距之農田排水比流量相當於 N 年重現期距區域排水出口控制點比流量

表 1 苗栗農田水利會水系治理規劃報告一覽表

| 流域分區 | 區域排水 | 治理規劃報告名稱 | 主辦單位 | 報告年月 |
|---|---|---|---|---|
| 9-香山沿海河系 | 新港溪排水系統 | 「易淹水地區水患治理計畫第 2 階段實施計畫」苗栗縣縣管區域排水新港溪排水系統規劃報告 | 經濟部水利署第二河川局 | 民國 100 年 1 月 |
| 10-中港溪流域 | 土牛溪排水系統 | 「易淹水地區水患治理計畫」苗栗縣縣管區域排水土牛溪排水系統規劃報告 | 經濟部水利署第二河川局 | 民國 98 年 3 月 |
| 10-中港溪流域 | 竹南頭份地區排水系統(龍鳳排水) | 「易淹水地區水患治理計畫」苗栗縣縣管區域排水竹南頭份地區排水系統規劃報告 | 經濟部水利署第二河川局 | 民國 98 年 5 月 |
| 10-中港溪流域 | 造橋地區排水系統(造橋) | 「易淹水地區水患治理計畫」苗栗縣縣管區域排水造橋地區排水系統規劃報告 | 經濟部水利署第二河川局 | 民國 98 年 4 月 |
| 10-中港溪流域 | 南河圳排水系統 | 「易淹水地區水患治理計畫第 2 階段實施計畫」苗栗縣縣管區域排水南河圳排水系統規劃 | 經濟部水利署第二河川局 | 民國 100 年 5 月 |
| 10-中港溪流域 | 東興排水系統 | 「易淹水地區水患治理計畫第 2 階段實施計畫」苗栗縣縣管區域排水東興排水系統規劃 | 經濟部水利署第二河川局 | 民國 101 年 1 月 |
| 10-中港溪流域 | 大西排水系統 | 「易淹水地區水患治理計畫第 2 階段實施計畫」苗栗縣縣管區域排水大西排水系統規劃報告 | 經濟部水利署第二河川局 | 民國 100 年 3 月 |
| 10-中港溪流域 | 水尾排水系統 | 易淹水地區水患治理計畫」苗栗縣縣管區域排水溫堀溪、水尾排水系統規劃報告 | 經濟部水利署第二河川局 | 民國 98 年 7 月 |
| 11-後龍溪流域 | 後龍地區排水系統(北勢溪) | 「易淹水地區水患治理計畫第一階段實施計畫」苗栗縣縣管區域排水後龍地區排水系統(北勢溪、南勢坑排水等)規劃報告 | 經濟部水利署第二河川局 | 民國 99 年 4 月 |
| 11-後龍溪流域 | 公館排水系統 | 「易淹水地區水患治理計畫」苗栗縣縣管區域排水公館排水系統(含山下圳支線、北幹線支線)規劃 | 經濟部水利署第二河川局 | 民國 98 年 11 月 |
| 11-後龍溪流域 | 北幹線支線 | 「易淹水地區水患治理計畫」苗栗縣縣管區域排水公館排水系統(含山下圳支線、北幹線支線)規劃 | 經濟部水利署第二河川局 | 民國 98 年 11 月 |
| 11-後龍溪流域 | 東河溪排水系統 | 「易淹水地區水患治理計畫第二階段實施計畫－東河溪」苗栗縣縣管區域排水東河溪排水系統規劃報告 | 經濟部水利署第二河川局 | 民國 100 年 7 月 |
| 11-後龍溪流域 | 嘉盛大排水系統 | 「易淹水地區水患治理計畫第 2 階段實施計畫」苗栗縣縣管區域排水嘉盛大排水(嘉盛、田寮及西山排水)系統規劃報告 | 經濟部水利署第二河川局 | 民國 100 年 3 月 |
| 11-後龍溪流域 | 田寮排水系統 | 「易淹水地區水患治理計畫第 2 階段實施計畫」苗栗縣縣管區域排水田寮地區排水(嘉盛、田寮及西山排水)系統規劃 | 經濟部水利署第二河川局 | 民國 100 年 3 月 |
| 11-後龍溪流域 | 西山排水系統 | 「易淹水地區水患治理計畫第 2 階段實施計畫」苗栗縣縣管區域排水西山地區排水(嘉盛、田寮及西山排水)系統規劃 | 經濟部水利署第二河川局 | 民國 100 年 3 月 |
| 11-後龍溪流域 | 十七大排水系統 | 「易淹水地區水患治理計畫第二階段實施計畫－十七大排水」苗栗縣縣管區域排水十七大排水系統規劃報告 | 經濟部水利署第二河川局 | 民國 100 年 8 月 |
| 12-竹南沿海河系 | 西湖溪系 | 「易淹水地區水患治理計畫」苗栗縣縣管河川西湖溪水系規劃報告 | 經濟部水利署第二河川局 | 民國 97 年 9 月 |
| 12-竹南沿海河系 | 過港溪排水系統 | 「易淹水地區水患治理計畫第 2 階段實施計畫」苗栗縣縣管區域排水過港溪排水系統規劃報告 | 經濟部水利署第二河川局 | 民國 99 年 11 月 |

表 2 苗栗農田水利會水系地文因子一覽表

| 流域分區 | 區域排水 | 控制點名稱 | 面積 A (km²) | 河長 L (km) | 坡度 S | 不同重現期區域排水尖峰流量成果（cms） | | | | | |
|---|---|---|---|---|---|---|---|---|---|---|---|
| | | | | | | 2 年 | 5 年 | 10 年 | 25 年 | 50 年 | 100 年 |
| 9-香山沿海河系 | 新港溪排水系統 | 出海口 | 11.5 | 8.67 | 0.008 | 53 (4.6) | 80 (6.98) | 101 (8.77) | 131 (11.38) | 155 (13.46) | 182 (15.81) |
| 10-中港溪流域 | 土牛溪排水系統 | 土牛溪排水出口 A | 10.9 | 16.42 | 0.016 | 72 (6.66) | 105 (9.63) | 124 (11.4) | 147 (13.44) | 161 (14.74) | 175 (16) |
| 10-中港溪流域 | 竹南頭份地區排水系統（龍鳳排水） | 龍鳳排水出口 | 7.4 | 11.63 | 0.013 | 51 (7.02) | 72 (9.9) | 85 (11.63) | 100 (13.72) | 110 (15.07) | 120 (16.36) |
| 10-中港溪流域 | 造橋地區排水系統（造橋） | 南港橋匯流前 | 13.0 | 6.310 | 0.009 | 74 (5.7) | 109 (8.39) | 133 (10.24) | 164 (12.63) | 188 (14.48) | 213 (16.4) |
| 10-中港溪流域 | 南河圳排水系統 | 南河圳排水出口 | 6.8 | 6.97 | 0.038 | 87 (12.87) | 113 (16.59) | 126 (18.5) | 140 (20.55) | 149 (21.87) | 158 (23.2) |
| 10-中港溪流域 | 東興排水系統 | 聚賢橋（東興排水出口） | 8.8 | 7.81 | 0.013 | 69 (7.83) | 106 (12.03) | 133 (15.09) | 176 (19.97) | 201 (22.81) | 235 (26.67) |
| 10-中港溪流域 | 大西排水系統 | 大西排水出口（排水出口） | 2.8 | 2.87 | 0.022 | 21 (7.75) | 32 (11.7) | 40 (14.71) | 52 (18.98) | 62 (22.53) | 72 (26.41) |
| 10-中港溪流域 | 水尾排水系統 | 水尾大排幹線 | 1.9 | 2.80 | 0.001 | 10 (5.36) | 17 (8.76) | 22 (11.39) | 29 (15.25) | 36 (18.55) | 43 (22.21) |
| 11-後龍溪流域 | 後龍地區排水系統（北勢溪） | 北勢溪排水出口 | 23.3 | 13.97 | 0.008 | 96 (4.12) | 165 (7.09) | 215 (9.24) | 283 (12.16) | 337 (14.48) | 393 (16.89) |
| 11-後龍溪流域 | 公館排水系統 | 公館排水線出口 | 18.9 | 12.04 | 0.058 | 130 (6.88) | 206 (10.91) | 265 (14.01) | 348 (18.41) | 417 (22.07) | 493 (26.06) |
| 11-後龍溪流域 | 北幹線支線 | 北幹線支線出口 | 4.6 | 6.67 | 0.079 | 42 (9.2) | 66 (14.42) | 85 (18.42) | 111 (24.1) | 133 (28.83) | 157 (33.97) |
| 11-後龍溪流域 | 東河排水系統 | 東河排水出口 | 4.4 | 7.48 | 0.011 | 25 (5.88) | 40 (9.21) | 50 (11.67) | 65 (15.08) | 77 (17.81) | 90 (20.73) |
| 11-後龍溪流域 | 嘉盛大排水系統 | 嘉盛大排水出口 | 4.7 | 5.741 | 0.007 | 39 (8.22) | 56 (11.8) | 67 (14.12) | 72 (15.17) | 86 (18.12) | 96 (20.23) |
| 11-後龍溪流域 | 田寮排水系統 | 田寮排水出口 | 2.8 | 2.508 | 0.005 | 29 (10.39) | 42 (15.05) | 50 (17.92) | 57 (20.43) | 64 (22.93) | 71 (25.44) |
| 11-後龍溪流域 | 西山排水系統 | 西山排水出口 | 6.2 | 4.893 | 0.010 | 56 (9.06) | 83 (13.43) | 100 (16.18) | 115 (18.61) | 130 (21.04) | 144 (23.3) |
| 11-後龍溪流域 | 十七大排排水系統 | 十七大排排水出口 | 2.1 | 2.25 | 0.011 | 15 (7.42) | 22 (10.97) | 27 (13.54) | 35 (17.13) | 41 (20) | 47 (23.05) |
| 12-竹南沿海河系 | 西湖溪水系 | 河口 | 110.5 | 32.50 | 0.016 | 271 (2.45) | 486 (4.39) | 663 (5.99) | 931 (8.42) | 1167 (10.55) | 1437 (13) |
| 12-竹南沿海河系 | 過港溪排水系統 | 出海口 | 6.2 | 5.62 | 0.024 | 35 (5.8) | 65 (10.59) | 84 (13.63) | 106 (17.27) | 121 (19.69) | 136 (22.17) |

備註：（括弧）表為比流量成果，單位為 cms/km²

表 3 苗栗農田水利會水系水文因子一覽表

| 流域分區 | 區域排水 | 測站數 | 資料年限 (民國) | 一日暴雨量 (mm) | | | | | | 最大 24 小時暴雨量 (mm) | | | | | |
|---|---|---|---|---|---|---|---|---|---|---|---|---|---|---|---|
| | | | | 2 年 | 5 年 | 10 年 | 25 年 | 50 年 | 100 年 | 2 年 | 5 年 | 10 年 | 25 年 | 50 年 | 100 年 |
| 9-香山沿海河系 | 新港溪排水系統 | 2 | 40-96 | 135 | 194 | 239 | 303 | 357 | 415 | 157 | 225 | 278 | 352 | 414 | 481 |
| 10-中港溪流域 | 土牛溪排水系統 | 1 | 40-95 | 154 | 231 | 285 | 356 | 411 | 467 | 169 | 254 | 314 | 392 | 452 | 514 |
| 10-中港溪流域 | 竹南頭份地區排水系統 (龍鳳排水) | 2 | 40-94 | 137 | 203 | 250 | 315 | 367 | 421 | 159 | 235 | 290 | 365 | 426 | 488 |
| 10-中港溪流域 | 造橋地區排水系統 (造橋) | 1 | 64-95 | 155 | 221 | 271 | 342 | 400 | 464 | 178 | 254 | 312 | 393 | 460 | 533 |
| 10-中港溪流域 | 南河圳排水系統 | 2 | 70-97 | 198 | 282 | 332 | 392 | 433 | 473 | 226 | 322 | 380 | 448 | 495 | 540 |
| 10-中港溪流域 | 東興排水系統 | 3 | 40-97 | 152 | 216 | 261 | 323 | 372 | 423 | 175 | 248 | 301 | 372 | 428 | 487 |
| 10-中港溪流域 | 大西排水系統 | 2 | 43-97 | 188 | 277 | 345 | 441 | 521 | 608 | 209 | 319 | 382 | 450 | 494 | 532 |
| 11-後龍溪流域 | 水尾排水系統 | 2 | 41-95 | 147 | 225 | 286 | 375 | 451 | 535 | 169 | 258 | 329 | 431 | 519 | 616 |
| 11-後龍溪流域 | 後龍地區排水系統 (北勢溪) | 2 | 11-95 | 183 | 283 | 356 | 455 | 533 | 615 | 210 | 325 | 409 | 523 | 613 | 707 |
| 11-後龍溪流域 | 公館排水系統 | 1 | 79-96 | 175 | 263 | 331 | 427 | 507 | 594 | 194 | 300 | 388 | 522 | 642 | 779 |
| 11-後龍溪流域 | 北幹線支線 | 1 | 79-96 | 175 | 263 | 331 | 427 | 507 | 594 | 194 | 300 | 388 | 522 | 642 | 779 |
| 11-後龍溪流域 | 東河排水排水系統 | 1 | 79-97 | 181 | 271 | 337 | 429 | 503 | 582 | 210 | 314 | 391 | 498 | 583 | 675 |
| 11-後龍溪流域 | 嘉盛大排水系統 | 4 | 38-97 | 164 | 244 | 297 | 362 | 409 | 455 | 184 | 264 | 315 | 377 | 421 | 464 |
| 11-後龍溪流域 | 田寮排水系統 | 4 | 38-97 | 164 | 244 | 297 | 362 | 409 | 455 | 184 | 264 | 315 | 377 | 421 | 464 |
| 11-後龍溪流域 | 西山排水系統 | 4 | 38-97 | 164 | 244 | 297 | 362 | 409 | 455 | 184 | 264 | 315 | 377 | 421 | 464 |
| 11-後龍溪流域 | 十七大排水系統 | 1 | 64-95 | 159 | 227 | 277 | 345 | 401 | 460 | 183 | 261 | 318 | 397 | 461 | 528 |
| 12-竹南沿海河系 | 西湖溪河系 | 3 | 57-95 | 151 | 232 | 299 | 400 | 489 | 591 | 175 | 269 | 346 | 464 | 567 | 685 |
| 12-竹南沿海河系 | 過港溪排水系統 | 2 | 57-97 | 139 | 214 | 270 | 342 | 398 | 453 | 162 | 249 | 313 | 397 | 461 | 526 |

表 4 苗栗縣農田水利會水系比流量分析結果表

| 流域分區 | 區域排水 | 逕流係數 | 農田排水比流量 (cms/km²) | | | | | | 區域排水比流量 (cms/km²) | | | | | | 農排/區排之比流量比(%) | | | | | | N年 重現期距* |
|---|---|---|---|---|---|---|---|---|---|---|---|---|---|---|---|---|---|---|---|---|---|
| | | | 2年 | 5年 | 10年 | 25年 | 50年 | 100年 | 2年 | 5年 | 10年 | 25年 | 50年 | 100年 | 2年 | 5年 | 10年 | 25年 | 50年 | 100年 | |
| 9-香山沿海河系 | 新港溪排水系統 | 0.833 | 1.51 | 2.17 | 2.68 | 3.39 | 3.99 | 4.64 | 4.60 | 6.98 | 8.77 | 11.38 | 13.47 | 15.81 | 33 | 31 | 30 | 30 | 30 | 29 | 未滿 2 年 |
| 10-中港溪流域 | 土牛溪排水系統 | 0.794 | 1.56 | 2.34 | 2.88 | 3.60 | 4.15 | 4.72 | 6.66 | 9.63 | 11.41 | 13.45 | 14.74 | 16.01 | 23 | 24 | 25 | 27 | 28 | 29 | 未滿 2 年 |
| 10-中港溪流域 | 竹南頭份地區排水系統(龍鳳排水) | 0.828 | 1.52 | 2.26 | 2.78 | 3.50 | 4.08 | 4.68 | 7.02 | 9.90 | 11.63 | 13.73 | 15.07 | 16.37 | 22 | 23 | 24 | 26 | 27 | 29 | 未滿 2 年 |
| 10-中港溪流域 | 造橋地區排水系統 (造橋) | 0.793 | 1.63 | 2.33 | 2.86 | 3.61 | 4.23 | 4.89 | 5.70 | 8.40 | 10.25 | 12.63 | 14.48 | 16.41 | 29 | 28 | 28 | 29 | 29 | 30 | 未滿 2 年 |
| 10-中港溪流域 | 南河圳排水系統 | 0.776 | 2.03 | 2.89 | 3.41 | 4.02 | 4.45 | 4.85 | 12.88 | 16.59 | 18.50 | 20.56 | 21.88 | 23.20 | 16 | 17 | 18 | 20 | 20 | 21 | 未滿 2 年 |
| 10-中港溪流域 | 東興排水系統 | 0.818 | 1.66 | 2.35 | 2.85 | 3.52 | 4.05 | 4.61 | 7.83 | 12.03 | 15.10 | 19.98 | 22.81 | 26.67 | 21 | 20 | 19 | 18 | 18 | 17 | 未滿 2 年 |
| 10-中港溪流域 | 大西排水系統 | 0.809 | 1.96 | 2.99 | 3.58 | 4.22 | 4.62 | 4.98 | 7.75 | 11.70 | 14.71 | 18.99 | 22.54 | 26.41 | 25 | 26 | 24 | 22 | 21 | 19 | 未滿 2 年 |
| 10-中港溪流域 | 水尾排水系統 | 0.745 | 1.46 | 2.23 | 2.83 | 3.72 | 4.47 | 5.31 | 5.36 | 8.76 | 11.39 | 15.26 | 18.56 | 22.22 | 27 | 25 | 25 | 24 | 24 | 24 | 未滿 2 年 |
| 11-後龍溪流域 | 後龍地區排水系統 (北勢溪) | 0.800 | 1.94 | 3.01 | 3.79 | 4.84 | 5.67 | 6.55 | 4.13 | 7.09 | 9.24 | 12.17 | 14.49 | 16.90 | 47 | 42 | 41 | 40 | 39 | 39 | 未滿 2 年 |
| 11-後龍溪流域 | 公館排水系統 | 0.788 | 1.77 | 2.73 | 3.54 | 4.76 | 5.85 | 7.10 | 6.88 | 10.92 | 14.01 | 18.42 | 22.07 | 26.06 | 26 | 25 | 25 | 26 | 27 | 27 | 未滿 2 年 |
| 11-後龍溪流域 | 北幹線支線 | 0.788 | 1.77 | 2.73 | 3.54 | 4.76 | 5.85 | 7.10 | 9.20 | 14.43 | 18.42 | 24.10 | 28.83 | 33.97 | 19 | 19 | 19 | 20 | 20 | 21 | 未滿 2 年 |
| 11-後龍溪流域 | 東河排水系統 | 0.755 | 1.84 | 2.75 | 3.42 | 4.35 | 5.10 | 5.90 | 5.89 | 9.22 | 11.68 | 15.08 | 17.82 | 20.74 | 31 | 30 | 29 | 29 | 29 | 28 | 未滿 2 年 |
| 11-後龍溪流域 | 嘉盛大排水系統 | 0.840 | 1.79 | 2.57 | 3.06 | 3.66 | 4.09 | 4.51 | 8.22 | 11.80 | 14.12 | 15.18 | 18.13 | 20.24 | 22 | 22 | 22 | 24 | 23 | 22 | 未滿 2 年 |
| 11-後龍溪流域 | 田寮排水系統 | 0.861 | 1.83 | 2.63 | 3.14 | 3.76 | 4.20 | 4.62 | 10.39 | 15.05 | 17.92 | 20.43 | 22.94 | 25.45 | 18 | 17 | 18 | 18 | 18 | 18 | 未滿 2 年 |
| 11-後龍溪流域 | 西山排水系統 | 0.841 | 1.79 | 2.57 | 3.06 | 3.67 | 4.10 | 4.51 | 9.06 | 13.43 | 16.19 | 18.61 | 21.04 | 23.31 | 20 | 19 | 19 | 20 | 19 | 19 | 未滿 2 年 |
| 11-後龍溪流域 | 十七大排水系統 | 0.780 | 1.65 | 2.35 | 2.87 | 3.58 | 4.16 | 4.77 | 7.43 | 10.97 | 13.54 | 17.14 | 20.00 | 23.06 | 22 | 21 | 21 | 21 | 21 | 21 | 未滿 2 年 |
| 12-竹南沿海河系 | 西湖溪水系 | 0.795 | 1.61 | 2.48 | 3.19 | 4.27 | 5.22 | 6.31 | 2.45 | 4.40 | 6.00 | 8.42 | 10.56 | 13.00 | 66 | 56 | 53 | 51 | 49 | 49 | 2-5 年 |
| 12-竹南沿海河系 | 過港溪排水系統 | 0.812 | 1.52 | 2.34 | 2.94 | 3.73 | 4.33 | 4.94 | 5.80 | 10.60 | 13.63 | 17.28 | 19.69 | 22.17 | 26 | 22 | 22 | 22 | 22 | 22 | 未滿 2 年 |

備註：10 年重現期距之農田排水比流量相當於 N 年重現期距區域排水出口控制點比流量

表 1 台中農田水利會水系治理規劃報告一覽表

| 流域分區 | 區域排水 | 治理規劃報告名稱 | 主辦單位 | 報告年月 |
|---|---|---|---|---|
| 12-竹南沿海河系 | 房裡溪系 | 「易淹水地區水患治理計畫」苗栗縣管河川房裡溪水系規劃報告 | 經濟部水利署第二河川局 | 民國98年2月 |
| 12-竹南沿海河系 | 苑裡溪水系 | 苑裡溪流域區域排水治理規劃報告(含主河道及區中溝水線、客庄溝支線、錦山溝支線) | 經濟部水利規劃試驗所 | 民國98年7月 |
| 13-大安溪流域 | 老庄溪排水系統 | 「易淹水地區水患治理計畫」苗栗縣管區域老庄溪排水系統規劃報告 | 經濟部水利規劃試驗所 | 民國99年8月 |
| 14-大甲溪流域 | 溫寮溪水系 | 「易淹水地區水患治理計畫」台中市管河川溫寮溪水系規劃報告 | 經濟部水利署第三河川局 | 中華民國100年12月 |
| 14-大甲溪流域 | 旱溝排水系統 | 「易淹水地區水患治理計畫」台中縣管區域排水旱溝排水系統規劃報告 | 經濟部水利規劃試驗所 | 中華民國99年10月 |
| 14-大甲溪流域 | 沙連溪排水系統(砂連) | 「易淹水地區水患治理計畫」台中縣管區域排水沙連溪水系規劃報告 | 經濟部水利署第三河川局 | 中華民國99年12月 |
| 14-大甲溪流域 | 食水科排水系統 | 「易淹水地區水患治理計畫」台中縣管區域排水食水科排水系統規劃報告 | 經濟部水利署第三河川局 | 中華民國98年1月 |
| 14-大甲溪流域 | 旱坑排水系統 | 「易淹水地區水患治理計畫」旱坑排水系統第三階段實施計畫治理計劃 | 經濟部水利署第三河川局 | 中華民國102年10月 |
| 15-清水沿海河系 | 龍井大排排水系統 | 「易淹水地區水患治理計畫」台中縣管區域排水龍井大排排水系統規劃報告 | 經濟部水利署第三河川局 | 中華民國98年8月 |
| 15-清水沿海河系 | 清水大排排水系統 | 「易淹水地區水患治理計畫」台中市管區域排水清水大排排水系統規劃報告 | 經濟部水利署第三河川局 | 中華民國100年5月 |
| 15-清水沿海河系 | 梧棲排水系統 | 「易淹水地區水患治理計畫」台中港特定區(中棲路以南)排水整治及環境營造規劃 | 經濟部水利規劃試驗所 | 中華民國100年5月 |
| 15-清水沿海河系 | 安良港排水系統 | 「易淹水地區水患治理計畫」台中港特定區(中棲路以南)排水整治及環境營造規劃 | 經濟部水利規劃試驗所 | 中華民國100年5月 |
| 17-烏溪流域 | 中興段排水 | 台中縣大里溪下游及草湖溪等河段中興段河段支流排水規劃 | 經濟部水利規劃試驗所 | 中華民國97年10月 |
| 17-烏溪流域 | 十三寮排水系統 | 「易淹水地區水患治理計畫」台中縣管區域排水十三寮排水系統規劃報告 | 經濟部水利署第三河川局 | 民國98年6月 |
| 17-烏溪流域 | 大里溪水系-牛角坑溝排水系統 | 「易淹水地區水患治理計畫」臺中縣管區域排水牛角坑溝排水系統規劃報告 | 經濟部水利署第三河川局 | 中華民國98年11月 |
| 17-烏溪流域 | 坪林排水系統 | 易淹水地區水患治理計畫第1階段實施計畫台中縣管區域排水坪林排水系統規劃報告 | 經濟部水利署第三河川局 | 中華民國100年5月 |
| 17-烏溪流域 | 港尾子溪支流排水系統 | 「易淹水地區水患治理計畫」台中縣管區域排水港尾子溪支流排水系統規劃報告 | 經濟部水利署第三河川局 | 中華民國98年8月 |
| 17-烏溪流域 | 北屯圳排水系統 | 「易淹水地區水患治理計畫」台中市管區域排水北屯圳排水系統規劃報告 | 經濟部水利署第三河川局 | 中華民國98年10月 |

表 2 台中農田水利會水系地文因子一覽表

| 流域分區 | 區域排水 | 控制點名稱 | 面積 A (km²) | 河長 L (km) | 坡度 S | 不同重現期區域排水尖峰流量成果（cms） | | | | | |
|---|---|---|---|---|---|---|---|---|---|---|---|
| | | | | | | 2 年 | 5 年 | 10 年 | 25 年 | 50 年 | 100 年 |
| 12-竹南沿海河系 | 房裡溪水系 | 河口 | 35.1 | 14.00 | 0.033 | 167 (4.76) | 267 (7.61) | 338 (9.64) | 434 (12.37) | 509 (14.51) | 588 (16.77) |
| 12-竹南沿海河系 | 苑裡溪水系 | 苑裡溪出海口 | 27.2 | 15.99 | 0.033 | 166 (6.09) | 216 (7.93) | 246 (9.03) | 279 (10.24) | 303 (11.13) | 326 (11.97) |
| 13-大安流域 | 老庄溪排水系統 | 河口 | 24.1 | 16.28 | 0.059 | 214 (8.86) | 283 (11.72) | 323 (13.38) | 370 (15.32) | 404 (16.73) | 422 (17.48) |
| 14-大甲溪流域 | 溫寮溪水系 | 溫寮溪出海口 | 38.7 | 14.77 | 0.017 | 243 (6.27) | 345 (8.91) | 425 (10.98) | 530 (13.69) | 621 (16.04) | 720 (18.6) |
| 14-大甲溪流域 | 旱溝排水系統 | 旱溝出口 | 23.2 | 14.40 | 0.023 | 200 (8.63) | 285 (12.31) | 331 (14.29) | 388 (16.76) | 430 (18.57) | 472 (20.38) |
| 14-大甲溪流域 | 沙連溪排水系統(砂連) | 砂連溪出口 | 60.5 | 18.63 | 0.050 | 283 (4.67) | 460 (7.6) | 563 (9.3) | 680 (11.24) | 761 (12.58) | 837 (13.83) |
| 14-大甲溪流域 | 食水科排水系統 | 食水科排水出口 | 34.3 | 15.50 | 0.033 | 156 (4.54) | 251 (7.31) | 320 (9.32) | 410 (11.95) | 481 (14.02) | 553 (16.12) |
| 14-大甲溪流域 | 旱坑排水系統 | 旱坑排水出口 | 3.7 | 4.84 | 0.063 | 41 (11.3) | 54 (14.8) | 60 (16.4) | 69 (18.6) | 73 (19.7) | 77 (20.8) |
| 15-清水沿海河系 | 龍井大排水系統 | 龍井海溝出口 | 59.5 | 15.84 | 0.019 | 373 (6.26) | 496 (8.34) | 585 (9.83) | 709 (11.92) | 807 (13.55) | 908 (15.25) |
| 15-清水沿海河系 | 清水大排排水系統 | 清水大排出口 | 32.4 | 9.33 | 0.013 | 272 (8.39) | 360 (11.11) | 409 (12.62) | 464 (14.32) | 497 (15.34) | 523 (16.14) |
| 15-清水沿海河系 | 梧棲排水系統 | 梧棲排水出口 | 21.0 | 11.85 | 0.019 | 160 (7.61) | 213 (10.13) | 250 (11.89) | 296 (14.08) | 331 (15.74) | 368 (17.5) |
| 15-清水沿海河系 | 安良港排水系統 | 安良港排水出口 | 23.8 | 12.28 | 0.024 | 195 (8.21) | 258 (10.86) | 302 (12.71) | 357 (15.03) | 398 (16.75) | 441 (18.56) |
| 17-烏溪流域 | 中興段排水 | 中興段排水出口 | 5.5 | 6.70 | 0.004 | 32 (6) | 46 (8.6) | 57 (10.6) | 72 (13.3) | 84 (15.5) | 97 (17.9) |
| 17-烏溪流域 | 十三寮排水系統 | 出口(A4) | 14.7 | 8.25 | 0.007 | 124 (8.45) | 173 (11.8) | 204 (13.91) | 237 (16.16) | 265 (18.07) | 290 (19.78) |
| 17-烏溪流域 | 大里溪排水系統-牛角坑溝排水系統 | 排水出口 | 3.8 | 5.5 | 0.037 | 21 (5.58) | 34 (9.04) | 43 (11.43) | 56 (14.89) | 66 (17.55) | 76 (20.21) |
| 17-烏溪流域 | 坪林排水系統 | 坪林排水出口 | 5.0 | 4.81 | 0.052 | 51 (10.36) | 82 (16.5) | 104 (20.8) | 131 (26.2) | 151 (30.2) | 171 (34.2) |
| 17-烏溪流域 | 港尾子溪支流排水系統 | 港尾子溪支流排水出口 | 23.6 | 11.12 | 0.009 | 149 (6.36) | 223 (9.5) | 276 (11.74) | 349 (14.81) | 408 (17.34) | 470 (19.97) |
| 17-烏溪流域 | 北屯圳排水系統 | 北屯圳排水出口 | 2.0 | 4.30 | 0.011 | 25 (12.74) | 32 (16.7) | 38 (19.69) | 46 (23.65) | 52 (26.7) | 58 (29.79) |

備註：(括弧)表為比流量成果，單位為 cms/km²

表 3 台中農田水利會水系水文因子一覽表

| 流域分區 | 區域排水 | 測站數 | 資料年限(民國) | 一日暴雨量(mm) | | | | | | 最大 24 小時暴雨量(mm) | | | | | |
|---|---|---|---|---|---|---|---|---|---|---|---|---|---|---|---|
| | | | | 2 年 | 5 年 | 10 年 | 25 年 | 50 年 | 100 年 | 2 年 | 5 年 | 10 年 | 25 年 | 50 年 | 100 年 |
| 12-竹南沿海河系 | 房裡溪水系 | 3 | 30-95 | 160 | 241 | 299 | 377 | 438 | 502 | 186 | 280 | 347 | 437 | 508 | 582 |
| 12-竹南沿海河系 | 苑裡溪水系 | 4 | 30-95 | 142 | 217 | 267 | 329 | 373 | 417 | 165 | 252 | 310 | 381 | 433 | 484 |
| 13-大安溪流域 | 老庄溪排水系統 | 2 | 49-96 | 203 | 310 | 379 | 465 | 527 | 588 | 238 | 363 | 443 | 544 | 617 | 688 |
| 14-大甲溪流域 | 溫寮溪水系 | 3 | 39-95 | 148 | 241 | 315 | 422 | 513 | 614 | 169 | 275 | 359 | 482 | 585 | 700 |
| 14-大甲溪流域 | 旱溝排水流域 | 4 | 41-95 | 179 | 284 | 353 | 441 | 506 | 570 | 211 | 335 | 417 | 520 | 597 | 673 |
| 14-大甲溪流域 | 沙連溪排水系統(砂連) | 4 | 45-94 | 195 | 276 | 329 | 397 | 448 | 499 | 231 | 325 | 388 | 469 | 529 | 589 |
| 14-大甲溪流域 | 食水科排水系統 | 6 | 42-94 | 164 | 253 | 317 | 401 | 467 | 534 | 194 | 299 | 374 | 473 | 551 | 630 |
| 14-大甲溪流域 | 旱坑排水系統 | 2 | 53-99 | 243 | 362 | 435 | 523 | 585 | 644 | 243 | 362 | 435 | 523 | 585 | 644 |
| 15-清水沿海河系 | 龍井大排排水系統 | 5 | 65-95 | 145 | 214 | 266 | 339 | 400 | 465 | 165 | 244 | 303 | 387 | 456 | 530 |
| 15-清水沿海河系 | 清水大排排水系統 | 3 | 66-97 | 135 | 214 | 276 | 363 | 436 | 515 | 154 | 244 | 314 | 414 | 497 | 587 |
| 15-清水沿海河系 | 梧棲排水系統 | 3 | 50-98 | 157 | 233 | 284 | 348 | 395 | 442 | 179 | 266 | 324 | 397 | 450 | 504 |
| 15-清水沿海河系 | 安良港排水系統 | 3 | 50-98 | 157 | 233 | 284 | 348 | 395 | 442 | 179 | 266 | 324 | 397 | 450 | 504 |
| 17-烏溪流域 | 中興段排水 | 4 | 58-94 | 138 | 211 | 267 | 348 | 416 | 491 | 171 | 262 | 331 | 432 | 516 | 609 |
| 17-烏溪流域 | 十三寮溪水系 | 1 | 30-95 | 167 | 246 | 296 | 355 | 397 | 438 | 190 | 281 | 337 | 405 | 453 | 499 |
| 17-烏溪流域 | 大里溪排水系統-牛角坑溝排水系統 | 3 | 38-96 | 156 | 229 | 286 | 368 | 437 | 513 | 193 | 284 | 355 | 456 | 542 | 636 |
| 17-烏溪流域 | 坪林排水系統 | 2 | 59-95 | 170 | 234 | 270 | 311 | 339 | 365 | 211 | 290 | 335 | 386 | 420 | 452 |
| 17-烏溪流域 | 港尾子溪支流排水系統 | 5 | 40-95 | 163 | 255 | 323 | 420 | 498 | 583 | 202 | 316 | 401 | 520 | 618 | 723 |
| 17-烏溪流域 | 北屯圳排水系統 | 1 | 4-96 | 163 | 236 | 288 | 358 | 413 | 470 | 202 | 293 | 358 | 444 | 512 | 582 |

表 4 台中農田水利會水系比流量分析結果表

| 流域分區 | 區域排水 | 逕流係數 | 農田排水比流量(cms/km²) | | | | | | 區域排水比流量(cms/km²) | | | | | | 農排/區排之比流量比(%) | | | | | | N年重現期距* |
|---|---|---|---|---|---|---|---|---|---|---|---|---|---|---|---|---|---|---|---|---|---|
| | | | 2年 | 5年 | 10年 | 25年 | 50年 | 100年 | 2年 | 5年 | 10年 | 25年 | 50年 | 100年 | 2年 | 5年 | 10年 | 25年 | 50年 | 100年 | |
| 12-竹南沿海河系 | 房裡溪水系 | 0.768 | 1.65 | 2.48 | 3.08 | 3.89 | 4.51 | 5.17 | 4.76 | 7.62 | 9.64 | 12.38 | 14.52 | 16.77 | 35 | 33 | 32 | 31 | 31 | 31 | 未滿 2 年 |
| 12-竹南沿海河系 | 苑裡溪水系 | 0.794 | 1.52 | 2.32 | 2.85 | 3.50 | 3.98 | 4.45 | 6.10 | 7.94 | 9.04 | 10.25 | 11.13 | 11.98 | 25 | 29 | 31 | 34 | 36 | 37 | 未滿 2 年 |
| 13-大安溪流域 | 老庄溪排水系統 | 0.772 | 2.12 | 3.24 | 3.96 | 4.86 | 5.51 | 6.15 | 8.86 | 11.72 | 13.38 | 15.33 | 16.74 | 17.48 | 24 | 28 | 30 | 32 | 33 | 35 | 未滿 2 年 |
| 14-大甲溪流域 | 溫寮溪水系 | 0.781 | 1.52 | 2.48 | 3.24 | 4.35 | 5.29 | 6.32 | 6.28 | 8.91 | 10.98 | 13.70 | 16.05 | 18.60 | 24 | 28 | 30 | 32 | 33 | 34 | 未滿 2 年 |
| 14-大甲溪流域 | 旱溝排水系統 | 0.790 | 1.93 | 3.07 | 3.81 | 4.76 | 5.46 | 6.15 | 8.64 | 12.31 | 14.30 | 16.76 | 18.57 | 20.39 | 22 | 25 | 27 | 28 | 29 | 30 | 未滿 2 年 |
| 14-大甲溪流域 | 沙連溪水系統(砂連) | 0.771 | 2.06 | 2.90 | 3.47 | 4.18 | 4.72 | 5.25 | 4.68 | 7.60 | 9.31 | 11.24 | 12.58 | 13.84 | 44 | 38 | 37 | 37 | 37 | 38 | 未滿 2 年 |
| 14-大甲溪流域 | 食水科排水系統 | 0.775 | 1.74 | 2.68 | 3.36 | 4.24 | 4.94 | 5.65 | 4.55 | 7.32 | 9.33 | 11.95 | 14.02 | 16.12 | 38 | 37 | 36 | 36 | 35 | 35 | 未滿 2 年 |
| 14-大甲溪流域 | 旱坑排水系統 | 0.775 | 2.18 | 3.25 | 3.91 | 4.69 | 5.25 | 5.78 | 11.30 | 14.80 | 16.40 | 18.60 | 19.70 | 20.80 | 19 | 22 | 24 | 25 | 27 | 28 | 未滿 2 年 |
| 15-清水沿海河系 | 龍井大排水系統 | 0.808 | 1.55 | 2.28 | 2.84 | 3.62 | 4.26 | 4.96 | 6.26 | 8.35 | 9.83 | 11.92 | 13.56 | 15.26 | 25 | 27 | 29 | 30 | 31 | 33 | 未滿 2 年 |
| 15-清水沿海河系 | 清水大排排水系統 | 0.793 | 1.41 | 2.24 | 2.89 | 3.80 | 4.56 | 5.39 | 8.40 | 11.11 | 12.63 | 14.33 | 15.34 | 16.15 | 17 | 20 | 23 | 27 | 30 | 33 | 未滿 2 年 |
| 15-清水沿海河系 | 梧棲排水系統 | 0.830 | 1.72 | 2.55 | 3.11 | 3.81 | 4.33 | 4.84 | 7.61 | 10.13 | 11.89 | 14.08 | 15.75 | 17.51 | 23 | 25 | 26 | 27 | 27 | 28 | 未滿 2 年 |
| 15-清水沿海河系 | 安良港排水系統 | 0.827 | 1.71 | 2.54 | 3.10 | 3.80 | 4.31 | 4.82 | 8.21 | 10.86 | 12.72 | 15.03 | 16.76 | 18.57 | 21 | 23 | 24 | 25 | 26 | 26 | 未滿 2 年 |
| 17-烏溪流域 | 中興段排水 | 0.843 | 1.67 | 2.55 | 3.23 | 4.21 | 5.03 | 5.94 | 6.00 | 8.60 | 10.60 | 13.30 | 15.50 | 17.90 | 28 | 30 | 30 | 32 | 32 | 33 | 未滿 2 年 |
| 17-烏溪流域 | 十三寮排水系統 | 0.802 | 1.77 | 2.61 | 3.13 | 3.76 | 4.20 | 4.63 | 8.46 | 11.80 | 13.92 | 16.17 | 18.08 | 19.78 | 21 | 22 | 22 | 23 | 23 | 23 | 未滿 2 年 |
| 17-烏溪流域 | 大里溪排水系統-牛角坑溝排水系統 | 0.839 | 1.88 | 2.76 | 3.44 | 4.43 | 5.26 | 6.18 | 5.59 | 9.04 | 11.44 | 14.89 | 17.55 | 20.21 | 34 | 30 | 30 | 30 | 30 | 31 | 未滿 2 年 |
| 17-烏溪流域 | 坪林排水系統 | 0.821 | 2.00 | 2.75 | 3.18 | 3.67 | 3.99 | 4.30 | 10.36 | 16.50 | 20.80 | 26.20 | 30.20 | 34.20 | 19 | 17 | 15 | 14 | 13 | 13 | 未滿 2 年 |
| 17-烏溪流域 | 港尾子溪支流排水系統 | 0.828 | 1.94 | 3.02 | 3.84 | 4.99 | 5.92 | 6.92 | 6.36 | 9.50 | 11.74 | 14.81 | 17.34 | 19.97 | 30 | 32 | 33 | 34 | 34 | 35 | 未滿 2 年 |
| 17-烏溪流域 | 北屯圳排水系統 | 0.884 | 2.07 | 3.00 | 3.66 | 4.54 | 5.24 | 5.96 | 12.74 | 16.70 | 19.70 | 23.65 | 26.70 | 29.80 | 16 | 18 | 19 | 19 | 20 | 20 | 未滿 2 年 |

備註：10 年重現期距之農田排水比流量相當於 N 年重現期距區域排水出口控制點比流量

表 1 南投農田水利會水系治理規劃報告一覽表

| 流域分區 | 區域排水 | 治理規劃報告名稱 | 主辦單位 | 報告年月 |
|---|---|---|---|---|
| 17-烏溪流域 | 乾溪排水系統 | 「易淹水地區水患治理計畫」臺中縣管區域排水乾溪排水系統治理規劃報告 | 經濟部水利署第三河川局 | 民國 98 年 4 月 |
| 17-烏溪流域 | 車籠埔排水 | 台中市管區排車籠埔排水規劃檢討報告 | 經濟部水利署水利規劃試驗所 | 民國 100 年 4 月 |
| 17-烏溪流域 | 樹王埤排水 | 台中縣大里溪下游及草湖溪等河段支流排水規劃 | 經濟部水利署水利規劃試驗所 | 民國 97 年 10 月 |
| 17-烏溪流域 | 埔里盆地排水(枇杷城排水系統) | 「易淹水地區水患治理計畫」南投縣管區域排水埔里盆地排水系統規劃報告 | 經濟部水利署 | 民國 97 年 12 月 |
| 17-烏溪流域 | 蜈蚣崙排水系統 | 「易淹水地區水患治理計畫」南投縣管區域排水蜈蚣崙排水系統規劃報告 | 經濟部水利署第三河川局 | 民國 100 年 8 月 |
| 17-烏溪流域 | 溪州埤排水系統 | 「易淹水地區水患治理計畫」南投縣管區域排水溪州埤排水系統規劃報告 | 經濟部水利署第三河川局 | 民國 99 年 11 月 |
| 20-濁水溪流域 | 頭社武登地區排水系統 | 「易淹水地區水患治理計畫」南投縣管區域排水頭社武登地區排水系統規劃報告 | 經濟部水利署第三河川局 | 民國 99 年 2 月 |

表2 南投農田水利會水系地文因子一覽表

| 流域分區 | 區域排水 | 控制點名稱 | 面積A (km²) | 河長L (km) | 坡度S | 不同重現期區域排水尖峰流量成果（cms） | | | | | |
|---|---|---|---|---|---|---|---|---|---|---|---|
| | | | | | | 2年 | 5年 | 10年 | 25年 | 50年 | 100年 |
| 17-烏溪流域 | 乾溪排水系統 | 出口 | 29.8 | 16.7 | 0.035 | 187 (6.3) | 286 (9.6) | 348 (11.7) | 420 (14.1) | 468 (15.7) | 515 (17.3) |
| 17-烏溪流域 | 車籠埤排水 | 車籠埤排水出口 | 11.9 | 9.80 | 0.016 | 83 (6.98) | 117 (9.84) | 142 (11.94) | 176 (14.8) | 204 (17.15) | 233 (19.59) |
| 17-烏溪流域 | 樹王埤排水 | 樹王埤排水出口 | 2.4 | 5.00 | 0.006 | 17 (7.5) | 24 (10.5) | 29 (12.6) | 37 (15.6) | 42 (17.9) | 48 (20.5) |
| 17-烏溪流域 | 埔里盆地排水(枇杷城排水系統) | 溪北橋(枇杷城排水幹線匯流入南港溪處) | 35.7 | 12.9 | 0.076 | 150 (4.2) | 233 (6.52) | 298 (8.34) | 391 (10.95) | 470 (13.16) | 557 (15.6) |
| 17-烏溪流域 | 蜈蚣崙排水系統 | 排水出口 | 21.0 | 8.2 | 0.027 | 180 (8.56) | 270 (12.85) | 335 (15.94) | 415 (19.75) | 475 (22.6) | 535 (25.46) |
| 17-烏溪流域 | 溪州埤排水系統 | 貓羅溪匯流 | 18.9 | 12.8 | 0.007 | 108 (5.77) | 165 (8.78) | 206 (10.96) | 256 (13.56) | 287 (15.24) | 322 (17.09) |
| 20-濁水溪流域 | 頭社武登地區排水系統 | 水尾溪排水幹線排水口 | 4.5 | 2.8 | 0.069 | 76 (17) | 103 (22.8) | 118 (26.16) | 134 (29.85) | 147 (32.73) | 158 (35.06) |

備註：（括弧）表為比流量成果，單位為 cms/km²

表 3 南投農田水利會水系水文因子一覽表

| 流域分區 | 區域排水 | 測站數 | 資料年限(民國) | 一日暴雨量(mm) | | | | | | 最大 24 小時暴雨量(mm) | | | | | |
|---|---|---|---|---|---|---|---|---|---|---|---|---|---|---|---|
| | | | | 2 年 | 5 年 | 10 年 | 25 年 | 50 年 | 100 年 | 2 年 | 5 年 | 10 年 | 25 年 | 50 年 | 100 年 |
| 17-烏溪流域 | 乾溪排水系統 | 3 | 38-95 | 150 | 220 | 273 | 350 | 415 | 486 | 174 | 255 | 317 | 406 | 481 | 564 |
| 17-烏溪流域 | 車籠埔排水 | 4 | 58-94 | 138 | 211 | 267 | 348 | 416 | 491 | 171 | 262 | 331 | 432 | 516 | 609 |
| 17-烏溪流域 | 樹王埔排水 | 4 | 58-94 | 138 | 211 | 267 | 348 | 416 | 491 | 171 | 262 | 331 | 432 | 516 | 609 |
| 17-烏溪流域 | 埔里盆地排水(枇杷城排水系統) | 2 | 44-94 | 154 | 226 | 281 | 361 | 429 | 503 | 187 | 273 | 340 | 437 | 519 | 609 |
| 17-烏溪流域 | 蜈蚣崙排水系統 | 7 | 58-97 | 175 | 255 | 310 | 380 | 432 | 486 | 199 | 291 | 353 | 433 | 493 | 553 |
| 17-烏溪流域 | 溪州埔排水系統 | 1 | 58-98 | 158 | 231 | 279 | 341 | 386 | 430 | 188 | 274 | 332 | 405 | 459 | 512 |
| 20-濁水溪流域 | 頭社武登地區排水系統 | 4 | 46-95 | 202 | 300 | 358 | 427 | 474 | 519 | 239 | 354 | 423 | 503 | 560 | 613 |

表 4 南投農田水利會水系比流量分析結果表

| 流域分區 | 區域排水 | 逕流係數 | 農田排水比流量 (cms/km²) | | | | | | 區域排水比流量 (cms/km²) | | | | | | 農排/區排之比流量比 (%) | | | | | | N 年 |
|---|---|---|---|---|---|---|---|---|---|---|---|---|---|---|---|---|---|---|---|---|---|
| | | | 2 年 | 5 年 | 10 年 | 25 年 | 50 年 | 100 年 | 2 年 | 5 年 | 10 年 | 25 年 | 50 年 | 100 年 | 2 年 | 5 年 | 10 年 | 25 年 | 50 年 | 100 年 | 重現期距* |
| 17-烏溪流域 | 乾溪排水系統 | 0.843 | 1.70 | 2.49 | 3.09 | 3.97 | 4.70 | 5.50 | 6.30 | 9.60 | 11.70 | 14.10 | 15.70 | 17.30 | 27 | 26 | 26 | 28 | 30 | 32 | 未滿 2 年 |
| 17-烏溪流域 | 車籠埤排水 | 0.777 | 1.54 | 2.35 | 2.98 | 3.88 | 4.64 | 5.48 | 6.98 | 9.84 | 11.94 | 14.80 | 17.16 | 19.60 | 22 | 24 | 25 | 26 | 27 | 28 | 未滿 2 年 |
| 17-烏溪流域 | 樹王埤排水 | 0.839 | 1.66 | 2.54 | 3.21 | 4.19 | 5.01 | 5.91 | 7.50 | 10.50 | 12.60 | 15.60 | 17.90 | 20.50 | 22 | 24 | 26 | 27 | 28 | 29 | 未滿 2 年 |
| 17-烏溪流域 | 埔里盆地排水(枇杷城排水系統) | 0.786 | 1.70 | 2.48 | 3.09 | 3.98 | 4.72 | 5.54 | 4.20 | 6.53 | 8.35 | 10.95 | 13.17 | 15.60 | 40 | 38 | 37 | 36 | 36 | 35 | 未滿 2 年 |
| 17-烏溪流域 | 蜈蚣崙排水系統 | 0.800 | 1.84 | 2.69 | 3.27 | 4.01 | 4.57 | 5.13 | 8.57 | 12.85 | 15.94 | 19.75 | 22.61 | 25.46 | 22 | 21 | 21 | 20 | 20 | 20 | 未滿 2 年 |
| 17-烏溪流域 | 溪州埤排水系統 | 0.796 | 1.74 | 2.53 | 3.06 | 3.74 | 4.23 | 4.72 | 5.77 | 8.78 | 10.96 | 13.56 | 15.24 | 17.09 | 30 | 29 | 28 | 28 | 28 | 28 | 未滿 2 年 |
| 20-濁水溪流域 | 頭社武登地區排水系統 | 0.754 | 2.08 | 3.09 | 3.69 | 4.39 | 4.88 | 5.35 | 17.01 | 22.80 | 26.16 | 29.85 | 32.74 | 35.07 | 12 | 14 | 14 | 15 | 15 | 15 | 未滿 2 年 |

備註：10 年重現期距之農田排水比流量相當於 N 年重現期距區域排水出口控制點比流量

附錄一-37

表 1 彰化農田水利會水系治理規劃報告一覽表

| 流域分區 | 區域排水 | 治理規劃報告名稱 | 主辦單位 | 報告年月 |
|---|---|---|---|---|
| 16-彰化沿海河系 | 洋仔厝溪排水系統 | 彰化北部地區綜合治水檢討規劃（洋子厝溪排水集區）規劃報告 | 經濟部水利署 水利規劃試驗所 | 民國 96 年 9 月 |
| 16-彰化沿海河系 | 魚寮溪排水系統 | 彰化南部地區綜合治水檢討規劃（大城地區魚寮溪等排水系統） | 經濟部水利署 水利規劃試驗所 | 民國 96 年 12 月 |
| 16-彰化沿海河系 | 萬興排水系統 | 「易淹水地區水患治理計畫」彰化縣管區域排水萬興排水系統規劃報告 | 經濟部水利署 水利規劃試驗所 | 民國 98 年 4 月 |
| 16-彰化沿海河系 | 舊濁水溪排水系統 | 「易淹水地區水患治理計畫」彰化縣管區舊濁水溪排水系統規劃報告 | 經濟部水利署 水利規劃試驗所 | 民國 98 年 4 月 |
| 16-彰化沿海河系 | 員林大排排水系統 | 彰化北部地區綜合治水檢討規劃（員林大排等排水系統） | 經濟部水利署 水利規劃試驗所 | 民國 97 年 9 月 |
| 16-彰化沿海河系 | 溪洲大排排水系統 | 「易淹水地區水患治理計畫」實施計畫第三階段「彰化縣管區排溪洲大排排水系統規劃 | 經濟部水利署 第四河川局 | 民國 101 年 10 月 |
| 16-彰化沿海河系 | 二林排水系統 | 「易淹水地區水患治理計畫」彰化縣管區排二林溪排水系統規劃報告 | 經濟部水利署 水利規劃試驗所 | 民國 98 年 4 月 |
| 16-彰化沿海河系 | 舊趙甲排水系統 | 「易淹水地區水患治理計畫」彰化縣管區域排水舊趙甲排水系統規劃報告 | 經濟部水利署 水利規劃試驗所 | 民國 98 年 4 月 |
| 16-彰化沿海河系 | 王功排水系統 | 「易淹水地區水患治理計畫」彰化縣管區域排水舊趙甲排水系統規劃報告 | 經濟部水利署 水利規劃試驗所 | 民國 98 年 4 月 |
| 16-彰化沿海河系 | 下海墘排水系統 | 彰化南部地區綜合治水檢討規劃（大城地區魚寮溪等排水系統） | 經濟部水利署 水利規劃試驗所 | 民國 96 年 12 月 |
| 16-彰化沿海河系 | 番雅溝排水系統 | 「易淹水地區水患治理計畫」彰化縣管區域排水番雅溝排水系統規劃報告 | 經濟部水利署 第四河川局 | 民國 99 年 12 月 |
| 16-彰化沿海河系 | 顏厝排水系統 | 彰化北部地區綜合治水檢討規劃（員林大排等排水系統） | 經濟部水利署 水利規劃試驗所 | 民國 97 年 9 月 |
| 16-彰化沿海河系 | 芳苑二排排水系統 | 彰化南部地區綜合治水檢討規劃（大城地區魚寮溪等排水系統） | 經濟部水利署 水利規劃試驗所 | 民國 96 年 12 月 |
| 16-彰化沿海河系 | 入洲排水系統 | 「易淹水地區水患治理計畫」-彰化縣管區域排水溪寶至萬興排水系統規劃(含入洲、海尾二排、十三戶二排等排水系統)規劃報告 | 經濟部水利署 第四河川局 | 民國 99 年 12 月 |
| 16-彰化沿海河系 | 海尾二排排水系統 | 「易淹水地區水患治理計畫」-彰化縣管區域排水溪寶至萬興排水系統規劃(含入洲、海尾二排、十三戶二排等排水系統)規劃報告 | 經濟部水利署 第四河川局 | 民國 99 年 12 月 |
| 16-彰化沿海河系 | 牛路溝排水系統 | 「易淹水地區水患治理計畫」彰化縣管區排牛路溝及頭崙埔排水系統規劃 | 經濟部水利署 第四河川局 | 民國 99 年 10 月 |
| 16-彰化沿海河系 | 頭崙埔排水系統 | 「易淹水地區水患治理計畫」彰化縣管區排牛路溝及頭崙埔排水系統規劃 | 經濟部水利署 第四河川局 | 民國 99 年 10 月 |
| 16-彰化沿海河系 | 頂西港排水系統 | 彰化南部地區綜合治水檢討規劃（大城地區魚寮溪等排水系統） | 經濟部水利署 水利規劃試驗所 | 民國 96 年 12 月 |

| 流域分區 | 區域排水 | 治理規劃報告名稱 | 主辦單位 | 報告年月 |
|---|---|---|---|---|
| 16-彰化沿海河系 | 二港排水幹線排水系統 | 彰化北部地區綜合治水檢討規劃（員林大排等排水系統） | 經濟部水利署水利規劃試驗所 | 民國 97 年 9 月 |
| 17-烏溪流域 | 坑內坑溪排水系統 | 「易淹水地區水患治理計畫」彰化縣縣管區排彰化山寮排水系統規劃 | 經濟部水利署第四河川局 | 民國 100 年 11 月 |
| 17-烏溪流域 | 彰化山寮排水系統（含大竹坑排水系統） | 「易淹水地區水患治理計畫」彰化縣縣管區排彰化山寮排水系統規劃 | 經濟部水利署第四河川局 | 民國 100 年 11 月 |
| 17-烏溪流域 | 縣庄排水系統 | 「易淹水地區水患治理計畫」彰化縣縣管區域排水縣庄排水系統規劃報告 | 經濟部水利署第四河川局 | 民國 101 年 8 月 |

表 2 彰化農田水利會水系地文因子一覽表

| 流域分區 | 區域排水 | 控制點名稱 | 面積 A (km²) | 河長 L (km) | 坡度 S | 不同重現期區域排水尖峰流量成果（cms） | | | | | |
|---|---|---|---|---|---|---|---|---|---|---|---|
| | | | | | | 2年 | 5年 | 10年 | 25年 | 50年 | 100年 |
| 16-彰化沿海河系 | 洋子厝溪排水系統 | 洋子厝溪排水出口 | 158.0 | 32.0 | 0.008 | 359 (2.27) | 599 (3.79) | 771 (4.88) | 992 (6.28) | 1160 (7.34) | 1330 (8.42) |
| 16-彰化沿海河系 | 魚寮溪排水系統 | 魚寮溪排水幹線出口 | 64.6 | 19.5 | 0.001 | 128 (1.98) | 223 (3.45) | 290 (4.48) | 377 (5.83) | 442 (6.84) | 509 (7.88) |
| 16-彰化沿海河系 | 萬興排水系統 | 萬興排水幹線出口 | 84.1 | 24.0 | 0.001 | 150 (1.78) | 258 (3.06) | 340 (4.04) | 451 (5.36) | 547 (6.5) | 647 (7.69) |
| 16-彰化沿海河系 | 舊濁水溪排水系統 | 舊濁水溪排水出口 | 177.0 | 38.2 | 0.002 | 287 (1.62) | 439 (2.48) | 576 (3.25) | 765 (4.32) | 917 (5.18) | 1077 (6.08) |
| 16-彰化沿海河系 | 員林大排排水系統 | 員林大排水出口 | 162.1 | 38.4 | 0.008 | 347 (2.14) | 584 (3.6) | 754 (4.65) | 974 (6.01) | 1142 (7.04) | 1314 (8.1) |
| 16-彰化沿海河系 | 溪洲大排排水系統 | 溪洲大排出口 | 13.9 | 6.6 | 0.002 | 69 (4.94) | 109 (7.81) | 140 (10.04) | 183 (13.12) | 220 (15.78) | 260 (18.65) |
| 16-彰化沿海河系 | 二林排水系統 | 二林溪排水線出口 | 62.4 | 24.6 | 0.001 | 118 (1.89) | 205 (3.28) | 264 (4.23) | 339 (5.43) | 395 (6.33) | 449 (7.19) |
| 16-彰化沿海河系 | 舊趙甲排水系統 | 舊趙甲排水幹線出口 | 17.9 | 12.3 | 0.001 | 38 (2.12) | 68 (3.79) | 89 (4.96) | 115 (6.42) | 135 (7.53) | 154 (8.59) |
| 16-彰化沿海河系 | 王功排水系統 | 王功排水幹線出口 | 4.2 | 5.5 | 0.001 | 15 (3.54) | 25 (5.91) | 32 (7.56) | 41 (9.69) | 48 (11.34) | 54 (12.76) |
| 16-彰化沿海河系 | 下海墘排水系統 | 下海墘排水幹線出口 | 7.6 | 6.7 | 0.001 | 25 (3.39) | 43 (5.73) | 56 (7.36) | 71 (9.4) | 83 (10.93) | 95 (12.46) |
| 16-彰化沿海河系 | 番雅溝排水系統 | 番雅溝排水出口 | 29.9 | 13.8 | 0.001 | 73 (2.44) | 117 (3.91) | 144 (4.81) | 175 (5.85) | 198 (6.62) | 218 (7.29) |
| 16-彰化沿海河系 | 顏厝排水系統 | 顏厝排水出口 | 9.3 | 6.5 | 0.001 | 27 (2.95) | 44 (4.81) | 56 (6.1) | 72 (7.74) | 83 (8.95) | 94 (10.18) |
| 16-彰化沿海河系 | 芳苑二排排水系統 | 芳苑二排水幹線出口 | 4.8 | 5.4 | 0.001 | 19 (4.02) | 32 (6.66) | 40 (8.47) | 51 (10.75) | 59 (12.43) | 67 (14.1) |
| 16-彰化沿海河系 | 八洲排水系統 | 八洲排水幹線 | 5.5 | 6.6 | 0.080 | 28 (5.17) | 44 (8.13) | 54 (9.92) | 66 (12.05) | 74 (13.54) | 82 (14.96) |
| 16-彰化沿海河系 | 海尾二排排水系統 | 海尾第二排水幹線 | 1.3 | 2.1 | 0.080 | 6 (4.62) | 10 (7.74) | 12 (9.64) | 15 (11.9) | 17 (13.48) | 19 (14.98) |
| 16-彰化沿海河系 | 牛路溝排水系統 | 牛路溝排水出口 | 1.2 | 2.8 | 0.001 | 5 (5.04) | 8 (7.26) | 10 (8.54) | 12 (10.42) | 13 (11.79) | 15 (13.16) |
| 16-彰化沿海河系 | 頭崙埔排水系統 | 頭崙埔排水出口 | 5.6 | 6.8 | 0.001 | 22 (4.04) | 34 (6.18) | 41 (7.51) | 51 (9.33) | 59 (10.62) | 66 (11.9) |
| 16-彰化沿海河系 | 頂西港排水系統 | 頂西港排水線出口 | 1.2 | 2.1 | 0.001 | 6 (5.77) | 10 (9.39) | 13 (11.89) | 17 (14.91) | 19 (17.15) | 22 (19.39) |
| 16-彰化沿海河系 | 二港水幹線排水系統 | 二港排水出口 | 6.6 | 6.5 | 0.001 | 20 (3.06) | 33 (5.01) | 41 (6.35) | 53 (8.05) | 61 (9.31) | 69 (10.57) |
| 17.烏溪流域 | 坑內坑溪排水系統 | 坑內坑溪排水幹線出口 | 67.8 | 13.7 | 0.022 | 592 (8.73) | 717 (10.57) | 804 (11.86) | 901 (13.29) | 975 (14.38) | 1049 (15.47) |
| 17.烏溪流域 | 彰化山寮排水系統（含大竹排水系統） | 彰化山寮排水幹線出口 | 10.7 | 6.1 | 0.025 | 114 (10.65) | 141 (13.17) | 153 (14.29) | 166 (15.51) | 173 (16.16) | 179 (16.72) |
| 17.烏溪流域 | 縣庄排水系統 | 縣庄排水幹線 | 5.0 | 0.3 | 0.008 | 36 (7.29) | 53 (10.76) | 65 (13.01) | 78 (15.76) | 88 (17.74) | 98 (19.67) |

備註：(括弧) 表為比流量成果，單位為 cms/km²

表 3 彰化農田水利會水系水文因子一覽表

| 流域分區 | 區域排水 | 測站數 | 資料年限 (民國) | 一日暴雨量 (mm) | | | | | | 最大 24 小時暴雨量 (mm) | | | | | |
|---|---|---|---|---|---|---|---|---|---|---|---|---|---|---|---|
| | | | | 2 年 | 5 年 | 10 年 | 25 年 | 50 年 | 100 年 | 2 年 | 5 年 | 10 年 | 25 年 | 50 年 | 100 年 |
| 16-彰化沿海河系 | 洋仔厝溪排水系統 | 7 | 48-93 | 138 | 201 | 247 | 310 | 361 | 415 | 159 | 231 | 284 | 357 | 415 | 477 |
| 16-彰化沿海河系 | 魚寮溪排水系統 | 2 | 30-93 | 149 | 220 | 269 | 333 | 382 | 433 | 171 | 253 | 309 | 383 | 439 | 498 |
| 16-彰化沿海河系 | 萬興排水系統 | 4 | 35-95 | 149 | 219 | 268 | 334 | 386 | 440 | 171 | 252 | 308 | 384 | 444 | 506 |
| 16-彰化沿海河系 | 舊濁水溪排水系統 | 8 | 48-95 | 149 | 221 | 268 | 328 | 371 | 414 | 171 | 254 | 308 | 377 | 427 | 476 |
| 16-彰化沿海河系 | 員林大排排水系統 | 6 | 48-95 | 139 | 203 | 250 | 314 | 365 | 418 | 160 | 233 | 288 | 361 | 420 | 481 |
| 16-彰化沿海河系 | 溪洲大排排水系統 | 5 | 47-99 | 149 | 224 | 282 | 364 | 432 | 508 | 170 | 255 | 321 | 415 | 493 | 579 |
| 16-彰化沿海河系 | 二林排水系統 | 4 | 41-95 | 152 | 227 | 276 | 338 | 384 | 429 | 175 | 261 | 317 | 389 | 442 | 493 |
| 16-彰化沿海河系 | 舊趙甲排水系統 | 2 | 41-95 | 139 | 209 | 255 | 314 | 357 | 400 | 160 | 240 | 293 | 361 | 411 | 460 |
| 16-彰化沿海河系 | 王功排水系統 | 2 | 41-95 | 139 | 209 | 255 | 314 | 357 | 400 | 160 | 240 | 293 | 361 | 411 | 460 |
| 16-彰化沿海河系 | 下海墘排水系統 | 2 | 30-93 | 149 | 220 | 269 | 333 | 382 | 433 | 171 | 253 | 309 | 383 | 439 | 498 |
| 16-彰化沿海河系 | 番雅溝排水系統 | 3 | 56-96 | 136 | 194 | 230 | 272 | 301 | 329 | 148 | 211 | 250 | 296 | 328 | 358 |
| 16-彰化沿海河系 | 顏厝排水系統 | 6 | 48-95 | 139 | 203 | 250 | 314 | 365 | 418 | 160 | 233 | 288 | 361 | 420 | 481 |
| 16-彰化沿海河系 | 芳苑二排排水系統 | 2 | 30-93 | 149 | 220 | 269 | 333 | 382 | 433 | 171 | 253 | 309 | 383 | 439 | 498 |
| 16-彰化沿海河系 | 八洲排水系統 | 2 | 61-97 | 148 | 218 | 260 | 310 | 345 | 379 | 169 | 248 | 297 | 354 | 394 | 432 |
| 16-彰化沿海河系 | 海尾二排排水系統 | 2 | 61-97 | 148 | 218 | 260 | 310 | 345 | 379 | 169 | 248 | 297 | 354 | 394 | 432 |
| 16-彰化沿海河系 | 牛路溝排水系統 | 2 | 56-97 | 136 | 200 | 242 | 296 | 335 | 375 | 156 | 230 | 278 | 340 | 386 | 431 |
| 16-彰化沿海河系 | 頭崙埔排水系統 | 1 | 56-97 | 142 | 217 | 267 | 330 | 377 | 423 | 163 | 250 | 307 | 380 | 433 | 487 |
| 16-彰化沿海河系 | 頂西港排水系統 | 2 | 30-93 | 149 | 220 | 269 | 333 | 382 | 433 | 171 | 253 | 309 | 383 | 439 | 498 |
| 16-彰化沿海河系 | 二港排水幹線排水系統 | 6 | 48-95 | 139 | 203 | 250 | 314 | 365 | 418 | 160 | 233 | 288 | 361 | 420 | 481 |
| 17-烏溪流域 | 坑內坑溪排水系統 | 4 | 55-95 | 174 | 235 | 273 | 318 | 350 | 380 | 201 | 272 | 316 | 369 | 405 | 441 |
| 17-烏溪流域 | 彰化山寮排水系統 (含大竹坑排水系統) | 2 | 58-97 | 152 | 208 | 241 | 279 | 305 | 329 | 175 | 239 | 277 | 321 | 350 | 379 |
| 17-烏溪流域 | 縣庄排水系統 | 3 | 58-98 | 166 | 235 | 280 | 334 | 374 | 412 | 191 | 271 | 322 | 384 | 430 | 474 |

表 4 彰化農田水利會水系比流量分析結果表

| 流域分區 | 區域排水 | 逕流係數 | 農田排水比流量(cms/km²) | | | | | | 區域排水比流量(cms/km²) | | | | | | 農排/區排之比流量比(%) | | | | | | N 年重現期距* |
|---|---|---|---|---|---|---|---|---|---|---|---|---|---|---|---|---|---|---|---|---|---|
| | | | 2 年 | 5 年 | 10 年 | 25 年 | 50 年 | 100 年 | 2 年 | 5 年 | 10 年 | 25 年 | 50 年 | 100 年 | 2 年 | 5 年 | 10 年 | 25 年 | 50 年 | 100 年 | |
| 16-彰化沿海河系 | 洋仔厝溪排水系統 | 0.807 | 1.48 | 2.16 | 2.65 | 3.33 | 3.88 | 4.46 | 2.27 | 3.80 | 4.88 | 6.28 | 7.34 | 8.42 | 65 | 57 | 54 | 53 | 53 | 53 | 2-5 年 |
| 16-彰化沿海河系 | 魚寮溪排水系統 | 0.737 | 1.46 | 2.16 | 2.64 | 3.27 | 3.75 | 4.25 | 1.99 | 3.45 | 4.49 | 5.83 | 6.85 | 7.88 | 74 | 63 | 59 | 56 | 55 | 54 | 2-5 年 |
| 16-彰化沿海河系 | 萬興排水系統 | 0.750 | 1.49 | 2.19 | 2.68 | 3.33 | 3.85 | 4.39 | 1.78 | 3.07 | 4.04 | 5.36 | 6.51 | 7.70 | 83 | 71 | 66 | 62 | 59 | 57 | 2-5 年 |
| 16-彰化沿海河系 | 舊濁水溪排水系統 | 0.764 | 1.52 | 2.25 | 2.73 | 3.34 | 3.77 | 4.21 | 1.62 | 2.48 | 3.26 | 4.32 | 5.18 | 6.09 | 93 | 91 | 84 | 77 | 73 | 69 | 5-10 年 |
| 16-彰化沿海河系 | 員林大排排水系統 | 0.782 | 1.45 | 2.11 | 2.60 | 3.27 | 3.80 | 4.35 | 2.14 | 3.60 | 4.65 | 6.01 | 7.05 | 8.11 | 68 | 59 | 56 | 54 | 54 | 54 | 2-5 年 |
| 16-彰化沿海河系 | 溪洲大排排水系統 | 0.751 | 1.48 | 2.22 | 2.79 | 3.61 | 4.29 | 5.03 | 4.95 | 7.82 | 10.04 | 13.13 | 15.78 | 18.65 | 30 | 28 | 28 | 27 | 27 | 27 | 未滿 2 年 |
| 16-彰化沿海河系 | 二林排水系統 | 0.751 | 1.52 | 2.27 | 2.76 | 3.38 | 3.84 | 4.29 | 1.89 | 3.29 | 4.23 | 5.43 | 6.33 | 7.20 | 80 | 69 | 65 | 62 | 61 | 60 | 2-5 年 |
| 16-彰化沿海河系 | 舊趙甲排水系統 | 0.733 | 1.36 | 2.04 | 2.49 | 3.06 | 3.48 | 3.90 | 2.12 | 3.80 | 4.97 | 6.42 | 7.54 | 8.60 | 64 | 54 | 50 | 48 | 46 | 45 | 未滿 2 年 |
| 16-彰化沿海河系 | 王功排水系統 | 0.752 | 1.39 | 2.09 | 2.55 | 3.14 | 3.57 | 4.00 | 3.55 | 5.91 | 7.57 | 9.69 | 11.35 | 12.77 | 39 | 35 | 34 | 32 | 31 | 31 | 未滿 2 年 |
| 16-彰化沿海河系 | 下海墘排水系統 | 0.735 | 1.46 | 2.15 | 2.63 | 3.26 | 3.74 | 4.23 | 3.40 | 5.73 | 7.36 | 9.41 | 10.93 | 12.47 | 43 | 38 | 36 | 35 | 34 | 34 | 未滿 2 年 |
| 16-彰化沿海河系 | 魯雅溝排水系統 | 0.801 | 1.37 | 1.96 | 2.32 | 2.75 | 3.04 | 3.32 | 2.44 | 3.91 | 4.82 | 5.85 | 6.62 | 7.29 | 56 | 50 | 48 | 47 | 46 | 46 | 未滿 2 年 |
| 16-彰化沿海河系 | 顏厝排水系統 | 0.806 | 1.49 | 2.18 | 2.68 | 3.37 | 3.92 | 4.48 | 2.96 | 4.82 | 6.11 | 7.74 | 8.96 | 10.18 | 50 | 45 | 44 | 44 | 44 | 44 | 未滿 2 年 |
| 16-彰化沿海河系 | 芳苑二排排水系統 | 0.755 | 1.50 | 2.21 | 2.70 | 3.35 | 3.84 | 4.35 | 4.02 | 6.67 | 8.48 | 10.75 | 12.44 | 14.10 | 37 | 33 | 32 | 31 | 31 | 31 | 未滿 2 年 |
| 16-彰化沿海河系 | 八洲排水系統 | 0.736 | 1.44 | 2.11 | 2.52 | 3.01 | 3.35 | 3.67 | 5.17 | 8.13 | 9.93 | 12.05 | 13.54 | 14.96 | 28 | 26 | 25 | 25 | 25 | 25 | 未滿 2 年 |
| 16-彰化沿海河系 | 海尾二排排水系統 | 0.761 | 1.49 | 2.19 | 2.61 | 3.11 | 3.47 | 3.80 | 4.63 | 7.75 | 9.65 | 11.90 | 13.48 | 14.98 | 32 | 28 | 27 | 26 | 26 | 25 | 未滿 2 年 |
| 16-彰化沿海河系 | 牛路溝排水系統 | 0.833 | 1.50 | 2.21 | 2.68 | 3.28 | 3.72 | 4.15 | 5.04 | 7.26 | 8.55 | 10.43 | 11.79 | 13.16 | 30 | 30 | 31 | 31 | 32 | 32 | 未滿 2 年 |
| 16-彰化沿海河系 | 頭崙埔排水系統 | 0.778 | 1.47 | 2.25 | 2.76 | 3.42 | 3.90 | 4.38 | 4.05 | 6.19 | 7.52 | 9.33 | 10.63 | 11.91 | 36 | 36 | 37 | 37 | 37 | 37 | 未滿 2 年 |
| 16-彰化沿海河系 | 頂西港排水系統 | 0.784 | 1.56 | 2.30 | 2.81 | 3.48 | 3.99 | 4.52 | 5.78 | 9.40 | 11.90 | 14.91 | 17.16 | 19.40 | 27 | 24 | 24 | 23 | 23 | 23 | 未滿 2 年 |
| 16-彰化沿海河系 | 二港排水幹線排水系統 | 0.763 | 1.41 | 2.06 | 2.54 | 3.19 | 3.71 | 4.24 | 3.07 | 5.02 | 6.35 | 8.05 | 9.32 | 10.58 | 46 | 41 | 40 | 40 | 40 | 40 | 未滿 2 年 |
| 17-烏溪流域 | 坑內坑溪排水系統 | 0.754 | 1.76 | 2.38 | 2.76 | 3.22 | 3.54 | 3.85 | 8.73 | 10.58 | 11.86 | 13.29 | 14.38 | 15.47 | 20 | 22 | 23 | 24 | 25 | 25 | 未滿 2 年 |
| 17-烏溪流域 | 彰化山寮排水系統(含大竹坑排水系統) | 0.790 | 1.60 | 2.19 | 2.53 | 2.93 | 3.20 | 3.46 | 10.65 | 13.18 | 14.30 | 15.51 | 16.17 | 16.73 | 15 | 17 | 18 | 19 | 20 | 21 | 未滿 2 年 |
| 17-烏溪流域 | 縣庄排水系統 | 0.765 | 1.69 | 2.39 | 2.85 | 3.40 | 3.80 | 4.19 | 7.29 | 10.77 | 13.01 | 15.76 | 17.74 | 19.67 | 23 | 22 | 22 | 22 | 21 | 21 | 未滿 2 年 |

備註：10 年重現期距之農田排水比流量相當於 N 年重現期距區域排水出口控制點比流量

表 1 雲林農田水利會水系治理規劃報告一覽表

| 流域分區 | 區域排水 | 治理規劃報告名稱 | 主辦單位 | 報告年月 |
|---|---|---|---|---|
| 18-嵩背沿海河系 | 施厝寮排水系統 | 雲林北部沿海地區綜合治水規劃 | 經濟部水利署水利規劃試驗所 | 民國98年4月 |
| 19-虎尾沿海河系 | 尖山大排排水系統 | 雲林南部沿海地區綜合治水規劃報告 | 經濟部水利署水利規劃試驗所 | 民國97年9月 |
| 19-虎尾沿海河系 | 鳥松大排排水系統 | 雲林南部沿海地區綜合治水規劃報告 | 經濟部水利署水利規劃試驗所 | 民國97年9月 |
| 19-虎尾沿海河系 | 牛桃灣排水系統 | 雲林南部沿海地區綜合治水規劃(牛桃灣溪、羊稠厝大排、林厝寮大排、下崙大排、新港大排) | 經濟部水利署水利規劃試驗所 | 民國97年9月 |
| 19-虎尾沿海河系 | 舊虎尾溪排水系統 | 雲林北部沿海地區綜合治水規劃 | 經濟部水利署水利規劃試驗所 | 民國98年4月 |
| 19-虎尾沿海河系 | 馬公厝排水系統 | 雲林北部沿海地區綜合治水規劃 | 經濟部水利署水利規劃試驗所 | 民國98年4月 |
| 19-虎尾沿海河系 | 有才寮排水系統 | 雲林北部沿海地區綜合治水規劃 | 經濟部水利署水利規劃試驗所 | 民國98年4月 |
| 19-虎尾沿海河系 | 羊稠厝排水系統 | 雲林南部沿海地區綜合治水規劃(牛桃灣溪、羊稠厝大排、林厝寮大排、下崙大排、新港大排) | 經濟部水利署水利規劃試驗所 | 民國97年9月 |
| 19-虎尾沿海河系 | 土間厝排水系統 | 雲林南部沿海地區綜合治水規劃報告 | 經濟部水利署水利規劃試驗所 | 民國97年9月 |
| 19-虎尾沿海河系 | 蚶子寮大排排水系統 | 雲林南部沿海地區綜合治水規劃(牛桃灣溪、羊稠厝大排、林厝寮大排、下崙大排、新港大排) | 經濟部水利署水利規劃試驗所 | 民國97年9月 |
| 19-虎尾沿海河系 | 林厝寮大排排水系統 | 雲林南部沿海地區綜合治水規劃(牛桃灣溪、羊稠厝大排、林厝寮大排、下崙大排、新港大排) | 經濟部水利署水利規劃試驗所 | 民國97年9月 |
| 20-濁水溪流域 | 清水溝排水 | 「易淹水地區水患治理計畫」南投縣管區域排水清水溝排水系統規劃報告 | 經濟部水利署第三河川局 | 民國99年2月 |
| 20-濁水溪流域 | 冷水坑排水 | 「易淹水地區水患治理計畫」南投縣管區域排水中崎排水系統規劃報告 | 經濟部水利署第三河川局 | 民國102年1月 |
| 20-濁水溪流域 | 獅尾堀排水系統 | 「易淹水地區水患治理計畫」南投縣管區域排水獅尾堀排水系統規劃報告 | 經濟部水利署第三河川局 | 民國100年1月 |
| 20-濁水溪流域 | 大義崙排水系統 | 「易淹水地區水患治理計畫」雲林縣管區域排水大義崙排水系統規劃報告 | 經濟部水利署第五河川局 | 民國98年6月 |
| 20-濁水溪流域 | 雷厝排水系統 | 「易淹水地區水患治理計畫」雲林縣管區域排水雷厝排水系統規劃報告 | 經濟部水利署第五河川局 | 民國100年9月 |
| 20-濁水溪流域 | 八角亭排水系統 | 「易淹水地區水患治理計畫」雲林縣管區域排水八角亭大排系統規劃報告 | 經濟部水利署第五河川局 | 民國99年10月 |
| 20-濁水溪流域 | 樹子腳大排排水系 | 「易淹水地區水患治理計畫」雲林縣管區域排水樹子腳排水系統規劃報告 | 經濟部水利署第五河川局 | 民國101年2月 |
| 21-新虎尾溪流域 | 新虎尾溪水系 | 「易淹水地區水患治理計畫」雲林縣管河川新虎尾溪水系治理規劃報告 | 雲林縣政府 | 民國99年7月 |

| 流域分區 | 區域排水 | 治理規劃報告名稱 | 主辦單位 | 報告年月 |
|---|---|---|---|---|
| 21-新虎尾溪流域 | 中央排水系統 | 「易淹水地區水患治理計畫」雲林縣管區域排水中央排水系統規劃報告 | 經濟部水利署第五河川局 | 民國101年2月 |
| 24-北港溪溪流域 | 新街大排排水系統 | 雲林南部沿海地區綜合治水規劃報告 | 經濟部水利規劃試驗所 | 民國97年9月 |
| 24-北港溪溪流域 | 延潭排水系統 | 「易淹水地區水患治理計畫」雲林縣管區域排水延潭大排系統規劃報告 | 經濟部水利署第五河川局 | 民國98年12月 |
| 24-北港溪溪流域 | 紅瓦窯排水 | 「流域綜合治理計畫」雲林縣管區域排水後溝子大排、大本中排、紅瓦窯排水規劃報告 | 經濟部水利署水利規劃試驗所 | 民國106年1月 |
| 24-北港溪溪流域 | 湳子溝排水系統 | 「易淹水地區水患治理計畫」雲林縣管區域排水湳仔溝排水系統規劃報告 | 經濟部水利署第五河川局 | 民國100年8月 |
| 24-北港溪溪流域 | 舊庄大排排水系統 | 「易淹水地區水患治理計畫」雲林縣管區域排水舊庄大排系統規劃報告 | 經濟部水利署第五河川局 | 民國100年3月 |
| 24-北港溪溪流域 | 大崙排水系統 | 「易淹水地區水患治理計畫」雲林縣管區域排水大崙大排系統規劃報告 | 經濟部水利署第五河川局 | 民國99年9月 |
| 24-北港溪溪流域 | 埤麻排水系統 | 「易淹水地區水患治理計畫」雲林縣管區域排水埤麻大排系統規劃報告 | 經濟部水利署第五河川局 | 民國101年3月 |
| 24-北港溪溪流域 | 溪仔圳排水系統 | 「易淹水地區水患治理計畫」雲林縣管區域排水溪仔圳大排系統規劃報告 | 經濟部水利署第五河川局 | 民國100年3月 |
| 24-北港溪溪流域 | 客子厝排水系統 | 「易淹水地區水患治理計畫第2階段實施計畫－雲林縣客子厝大排水系統改善規劃 | 經濟部水利署水利規劃試驗所 | 民國101年9月 |
| 24-北港溪溪流域 | 湖底排水水系 | 「易淹水地區水患治理計畫」雲林縣管區域排水湖底大排水系統規劃報告 | 經濟部水利署第五河川局 | 民國101年8月 |
| 24-北港溪溪流域 | 新興排水水系統 | 「易淹水地區水患治理計畫第二階段實施計畫」雲林縣管區排區新興大排排水系統規劃 | 經濟部水利署水利規劃試驗所 | 民國101年3月 |
| 24-北港溪溪流域 | 十三份排水系統 | 「易淹水地區水患治理計畫第二階段實施計畫」雲林縣管區排十三份排水系統規劃 | 經濟部水利署水利規劃試驗所 | 民國100年7月 |
| 24-北港溪溪流域 | 豬母溝排水系統 | 「易淹水地區水患治理計畫」雲林縣管區域排水豬母溝排水系統規劃報告 | 經濟部水利署第五河川局 | 民國101年7月 |
| 24-北港溪溪流域 | 高林排水系統 | 「易淹水地區水患治理計畫」雲林縣管區域排水高林排水系統規劃 | 經濟部水利署第五河川局 | 民國100年 |
| 24-北港溪溪流域 | 惠來厝排水系統 | 「易淹水地區水患治理計畫第2階段實施計畫」縣管區排惠來厝排水系統規劃 | 經濟部水利署第五河川局 | 民國100年 |
| 24-北港溪溪流域 | 石龜溪支流排水系統 | 「易淹水地區水患治理計畫」嘉義縣管區域排水石龜溪支流排水系統規劃報告 | 經濟部水利署第五河川局 | 民國98年7月 |
| 24-北港溪溪流域 | 三疊溪支流排水系統 | 「易淹水地區水患治理計畫」嘉義縣管區域排水三疊溪支流排水系統規劃報告 | 經濟部水利署第五河川局 | 民國100年8月 |

表 2 雲林農田水利會水系地文因子一覽表

| 流域分區 | 區域排水 | 控制點名稱 | 面積 A (km²) | 河長 L (km) | 坡度 S | 不同重現期區域排水尖峰流量成果（cms） | | | | | |
|---|---|---|---|---|---|---|---|---|---|---|---|
| | | | | | | 2 年 | 5 年 | 10 年 | 25 年 | 50 年 | 100 年 |
| 18-嘉雲沿海河系 | 施厝寮大排排水系統 | 施厝寮大排出口 | 70.8 | 14.2 | 0.001 | 176 (2.49) | 310 (4.38) | 406 (5.74) | 533 (7.53) | 629 (8.89) | 726 (10.25) |
| 19-虎尾沿海河系 | 尖山大排排水系統 | 尖山大排出口 | 21.4 | 13.9 | 0.000 | 44 (2.09) | 69 (3.24) | 86 (4.05) | 110 (5.17) | 128 (6.02) | 147 (6.91) |
| 19-虎尾沿海河系 | 蔦松大排排水系統 | 蔦松大排出口 | 19.8 | 10.1 | 0.000 | 47 (2.38) | 72 (3.65) | 90 (4.55) | 114 (5.79) | 133 (6.73) | 152 (7.72) |
| 19-虎尾沿海河系 | 牛桃灣排水系統 | 牛桃灣溪排水出口 | 162.5 | 20.3 | 0.000 | 240 (1.47) | 358 (2.2) | 437 (2.69) | 536 (3.3) | 611 (3.76) | 680 (4.18) |
| 19-虎尾沿海河系 | 舊虎尾溪排水系統 | 舊虎尾溪出口 | 53.0 | 33.4 | 0.001 | 100 (1.89) | 180 (3.4) | 238 (4.5) | 315 (5.95) | 374 (7.05) | 432 (8.16) |
| 19-虎尾沿海河系 | 馬公厝排水系統 | 馬公厝大排出口 | 57.5 | 17.4 | 0.001 | 186 (3.24) | 319 (5.55) | 415 (7.22) | 541 (9.41) | 637 (11.08) | 733 (12.74) |
| 19-虎尾沿海河系 | 有才寮排水系統 | 有才寮大排出口 | 73.9 | 23.3 | 0.001 | 166 (2.24) | 294 (3.98) | 387 (5.23) | 509 (6.88) | 601 (8.14) | 694 (9.4) |
| 19-虎尾沿海河系 | 羊稠厝排水系統 | 羊稠厝大排出口 | 23.0 | 10.5 | 0.001 | 49 (2.15) | 76 (3.3) | 92 (4.02) | 113 (4.94) | 29 (1.29) | 144 (6.27) |
| 19-虎尾沿海河系 | 土間厝排水系統 | 土間厝大排出口 | 3.8 | 5.4 | 0.000 | 12 (3.28) | 18 (4.89) | 22 (6.05) | 28 (7.61) | 33 (8.83) | 38 (10.1) |
| 19-虎尾沿海河系 | 蔡子寮大排排水系統 | 蔡子寮大排出口 | 2.3 | 1.872 | - | 10 (4.45) | 15 (6.81) | 19 (8.31) | 23 (10.19) | 26 (11.62) | 30 (12.92) |
| 19-虎尾沿海河系 | 林厝寮排水系統 | 林厝寮大排出口 | 7.2 | - | - | 26 (3.62) | 40 (5.55) | 48 (6.77) | 60 (8.3) | 68 (9.47) | 76 (10.53) |
| 20-濁水溪流域 | 清水溝排水系統 | 清水溝出口 | 19.7 | 8.9 | 0.108 | 178 (9.08) | 257 (13.04) | 306 (15.53) | 358 (18.18) | 390 (19.82) | 423 (21.51) |
| 20-濁水溪流域 | 冷水坑排水 | 排水出口 | 1.6 | 4.2 | 0.009 | 8 (5.22) | 13 (8.72) | 18 (11.62) | 25 (16.01) | 31 (19.88) | 38 (24.32) |
| 20-濁水溪流域 | 獅尾堀排水系統 | 獅尾堀排水幹線出口 | 7.9 | 6.1 | 0.025 | 69 (8.85) | 109 (13.89) | 135 (17.2) | 167 (21.27) | 190 (24.17) | 212 (27.02) |
| 20-濁水溪流域 | 大義崙排水系統 | 大義崙大排出口 | 63.6 | 21.0 | 0.002 | 176 (2.76) | 286 (4.49) | 371 (5.83) | 494 (7.77) | 595 (9.35) | 712 (11.2) |
| 20-濁水溪流域 | 雷厝排水系統 | 雷厝排水出口 | 5.6 | 8.2 | 0.001 | 28 (5.1) | 46 (8.17) | 59 (10.62) | 80 (14.23) | 97 (17.32) | 116 (20.79) |
| 20-濁水溪流域 | 八角亭排水系統 | 八角亭大排出口 | 44.3 | 20.4 | 0.001 | 93 (2.09) | 154 (3.49) | 204 (4.62) | 278 (6.28) | 342 (7.71) | 413 (9.32) |
| 20-濁水溪流域 | 樹子腳大排排水系 | 樹子腳大排出口 | 4.1 | 5.6 | 0.002 | 22 (5.42) | 34 (8.51) | 43 (10.8) | 56 (13.97) | 67 (16.55) | 78 (19.28) |
| 21-新虎尾溪流域 | 新虎尾溪水系 | 出海口 | 107.1 | 49.7 | 0.002 | 235 (2.19) | 368 (3.43) | 455 (4.25) | 567 (5.29) | 648 (6.05) | 730 (6.82) |

| 流域分區 | 區域排水 | 控制點名稱 | 面積 A (km²) | 河長 L (km) | 坡度 S | 不同重現期區域排水尖峰流量成果（cms） | | | | | |
|---|---|---|---|---|---|---|---|---|---|---|---|
| | | | | | | 2 年 | 5 年 | 10 年 | 25 年 | 50 年 | 100 年 |
| 21-新虎尾溪流域 | 中央排水系統 | 中央排水出口 | 4.0 | 3.4 | 0.042 | 34 (8.56) | 48 (12.09) | 59 (14.86) | 73 (18.38) | 85 (21.41) | 98 (24.68) |
| 24-北港溪流域 | 新街大排排水系統 | 新街大排出口 | 17.1 | 10.5 | 0.001 | 46 (2.71) | 70 (4.13) | 87 (5.12) | 110 (6.48) | 128 (7.53) | 147 (8.62) |
| 24-北港溪流域 | 延潭排水系統 | 延潭幹線排水出口 | 18.9 | 12.3 | 0.001 | 69 (3.66) | 108 (5.72) | 140 (7.42) | 189 (10.02) | 232 (12.3) | 281 (14.9) |
| 24-北港溪流域 | 紅瓦窯排水 | 紅瓦窯排水出口 | 0.9 | 2.3 | 0.003 | 7 (8.08) | 10 (11.23) | 11 (13.14) | 13 (15.05) | 14 (16.29) | 16 (18.2) |
| 24-北港溪流域 | 滿子溝排水系統 | 滿仔大排(虎尾區)出口 | 11.1 | 10.9 | 0.001 | 37 (3.35) | 59 (5.33) | 74 (6.7) | 93 (8.45) | 108 (9.74) | 122 (11.03) |
| 24-北港溪流域 | 舊庄大排排水系統 | 舊庄大排出口 | 3.4 | 3.5 | 0.002 | 21 (6.3) | 35 (10.52) | 47 (14) | 66 (19.43) | 83 (24.44) | 102 (30.1) |
| 24-北港溪流域 | 大崙排水系統 | 大崙大排出口 | 3.5 | 6.6 | 0.009 | 35 (10.39) | 41 (11.88) | 44 (13.02) | 50 (14.62) | 54 (15.75) | 58 (16.92) |
| 24-北港溪流域 | 埤麻排水系統 | 埤麻大排出口 | 7.5 | 3.2 | 0.005 | 42 (5.7) | 63 (8.41) | 76 (10.17) | 92 (12.34) | 104 (13.9) | 116 (15.43) |
| 24-北港溪流域 | 溪仔圳排水系統 | 溪仔圳大排出口 | 6.4 | 6.5 | 0.022 | 46 (7.3) | 73 (11.5) | 92 (14.4) | 116 (18.1) | 133 (20.9) | 151 (23.6) |
| 24-北港溪流域 | 客子厝排水系統 | 客子厝大排幹線出口 | 23.8 | 13.6 | 0.001 | 61 (2.57) | 106 (4.46) | 136 (5.73) | 175 (7.37) | 206 (8.68) | 236 (9.91) |
| 24-北港溪流域 | 湖底排水系 | 乾溪匯流口 | 7.0 | 7.8 | 0.012 | 54 (7.75) | 76 (10.91) | 89 (12.78) | 106 (15.22) | 116 (16.66) | 128 (18.39) |
| 24-北港溪流域 | 新興排水系統 | 新興大排幹線出口 | 2.8 | 5.0 | 0.004 | 21 (7.39) | 33 (11.61) | 42 (14.78) | 56 (19.71) | 67 (23.59) | 80 (28.16) |
| 24-北港溪流域 | 十三份排水系統 | 十三份排水出口 | 3.3 | 5.9 | 0.003 | 23 (7.1) | 36 (11.3) | 48 (14.76) | 64 (19.69) | 77 (23.69) | 93 (28.61) |
| 24-北港溪流域 | 豬母溝排水系統 | 豬母溝排水出口 | 13.2 | 12.7 | 0.004 | 82 (6.21) | 113 (8.56) | 129 (9.77) | 144 (10.9) | 153 (11.59) | 164 (12.42) |
| 24-北港溪流域 | 高林排水系統 | 高林排水出口 | 1.9 | 6.2 | 0.035 | 21 (11.44) | 28 (14.79) | 31 (16.27) | 33 (17.77) | 35 (18.76) | 37 (19.8) |
| 24-北港溪流域 | 惠來厝排水系統 | 惠來厝大排出口 | 6.6 | 7.9 | 0.002 | 45 (6.78) | 58 (8.74) | 67 (10.1) | 79 (11.91) | 88 (13.27) | 97 (14.63) |
| 24-北港溪流域 | 石龜溪支流排水系統 | 石龜溪支流排水出口 | 14.0 | 3.6 | 0.004 | 97 (6.97) | 134 (9.62) | 156 (11.17) | 181 (12.96) | 198 (14.2) | 215 (15.36) |
| 24-北港溪流域 | 三疊溪支流排水系統 | 大埔美排水出口 | 18.3 | 15.7 | 0.011 | 92 (5.08) | 139 (7.64) | 173 (9.5) | 212 (11.63) | 241 (13.21) | 268 (14.68) |

備註：（括弧）表為比流量成果，單位為 cms/km²

表 3 雲林農田水利會水系水文因子一覽表

| 流域分區 | 區域排水 | 測站數 | 資料年限 (民國) | 一日暴雨量(mm) | | | | | | 最大 24 小時暴雨量(mm) | | | | | |
|---|---|---|---|---|---|---|---|---|---|---|---|---|---|---|---|
| | | | | 2 年 | 5 年 | 10 年 | 25 年 | 50 年 | 100 年 | 2 年 | 5 年 | 10 年 | 25 年 | 50 年 | 100 年 |
| 18-嘉背沿海河系 | 施厝寮排水系統 | 8 | 44-93 | 132 | 207 | 261 | 332 | 386 | 440 | 158 | 248 | 313 | 398 | 463 | 528 |
| 19-虎尾沿海河系 | 尖山大排排水系統 | 5 | 20-93 | 141 | 200 | 240 | 295 | 337 | 382 | 165 | 234 | 281 | 345 | 394 | 447 |
| 19-虎尾沿海河系 | 蔦松大排排水系統 | 5 | 20-93 | 141 | 200 | 240 | 295 | 337 | 382 | 165 | 234 | 281 | 345 | 394 | 447 |
| 19-虎尾沿海河系 | 牛挑灣排水系統 | 5 | 20-93 | 141 | 200 | 240 | 295 | 337 | 382 | 165 | 234 | 281 | 345 | 394 | 447 |
| 19-虎尾沿海河系 | 舊虎尾溪排水系統 | 8 | 44-93 | 132 | 207 | 261 | 332 | 386 | 440 | 158 | 248 | 313 | 398 | 463 | 528 |
| 19-虎尾沿海河系 | 馬公厝排水系統 | 8 | 44-93 | 132 | 207 | 261 | 332 | 386 | 440 | 158 | 248 | 313 | 398 | 463 | 528 |
| 19-虎尾沿海河系 | 有才寮排水系統 | 8 | 44-93 | 132 | 207 | 261 | 332 | 386 | 440 | 158 | 248 | 313 | 398 | 463 | 528 |
| 19-虎尾沿海河系 | 羊稠厝排水系統 | 5 | 20-93 | 141 | 200 | 240 | 295 | 337 | 382 | 165 | 234 | 281 | 345 | 394 | 447 |
| 19-虎尾沿海河系 | 土間厝排水系統 | 5 | 20-93 | 141 | 200 | 240 | 295 | 337 | 382 | 165 | 234 | 281 | 345 | 394 | 447 |
| 19-虎尾沿海河系 | 蚶子寮大排排水系統 | 5 | 20-93 | 141 | 200 | 240 | 295 | 337 | 382 | 165 | 234 | 281 | 345 | 394 | 447 |
| 19-虎尾沿海河系 | 林厝寮排水系統 | 5 | 20-93 | 141 | 200 | 240 | 295 | 337 | 382 | 165 | 234 | 281 | 345 | 394 | 447 |
| 20-濁水溪流域 | 清水溝排水系統 | 2 | 29-95 | 176 | 259 | 324 | 417 | 496 | 583 | 206 | 303 | 379 | 488 | 580 | 682 |
| 20-濁水溪流域 | 冷水坑排水 | 1 | 38-97 | 169 | 264 | 342 | 461 | 565 | 686 | 203 | 316 | 410 | 553 | 678 | 823 |
| 20-濁水溪流域 | 獅尾堀排水系統 | 2 | 40-97 | 181 | 273 | 336 | 414 | 472 | 528 | 206 | 311 | 383 | 472 | 538 | 602 |
| 20-濁水溪流域 | 大義崙排水系統 | 4 | 47-95 | 149 | 220 | 276 | 357 | 425 | 499 | 178 | 264 | 331 | 428 | 509 | 599 |
| 20-濁水溪流域 | 雷厝排水系統 | 4 | 20-98 | 134 | 200 | 253 | 332 | 401 | 478 | 150 | 225 | 285 | 372 | 447 | 531 |
| 20-濁水溪流域 | 八角亭排水系統 | 3 | 35-96 | 134 | 201 | 255 | 335 | 403 | 480 | 161 | 242 | 306 | 402 | 484 | 576 |
| 20-濁水溪流域 | 樹子腳大排排水系 | 6 | 47-96 | 164 | 244 | 304 | 387 | 454 | 526 | 187 | 279 | 347 | 441 | 518 | 600 |
| 21-新虎尾溪流域 | 新虎尾溪流域 | 15 | 50-95 | 130 | 187 | 225 | 273 | 308 | 344 | 161 | 232 | 279 | 338 | 382 | 426 |
| 21-新虎尾溪流域 | 中央排水系統 | 1 | 49-97 | 171 | 237 | 287 | 355 | 412 | 473 | 195 | 271 | 327 | 405 | 469 | 539 |

| 流域分區 | 區域排水 | 測站數 | 資料年限<br>(民國) | 一日暴雨量(mm) | | | | | | 最大 24 小時暴雨量(mm) | | | | | |
|---|---|---|---|---|---|---|---|---|---|---|---|---|---|---|---|
| | | | | 2 年 | 5 年 | 10 年 | 25 年 | 50 年 | 100 年 | 2 年 | 5 年 | 10 年 | 25 年 | 50 年 | 100 年 |
| 24-北港溪流域 | 新街大排排水系統 | 5 | 20-93 | 141 | 200 | 240 | 295 | 337 | 382 | 165 | 234 | 281 | 345 | 394 | 447 |
| 24-北港溪流域 | 延潭排水系統 | 2 | 47-95 | 167 | 250 | 318 | 422 | 514 | 619 | 192 | 287 | 366 | 485 | 591 | 712 |
| 24-北港溪流域 | 紅瓦窯排水 | 2 | 36-102 | 162 | 242 | 306 | 403 | 486 | 581 | 189 | 283 | 358 | 471 | 569 | 680 |
| 24-北港溪流域 | 湳子溝排水系統 | 5 | 36-95 | 152 | 227 | 278 | 344 | 393 | 442 | 184 | 275 | 338 | 418 | 477 | 536 |
| 24-北港溪流域 | 舊庄大排排水系統 | 3 | 36-96 | 158 | 224 | 267 | 322 | 363 | 403 | 182 | 258 | 307 | 370 | 417 | 463 |
| 24-北港溪流域 | 大崙排水系統 | 1 | 57-96 | 186 | 265 | 318 | 385 | 434 | 483 | 221 | 315 | 378 | 458 | 516 | 575 |
| 24-北港溪流域 | 埤麻排水系統 | 2 | 36-97 | 162 | 233 | 278 | 334 | 375 | 415 | 188 | 270 | 323 | 388 | 435 | 481 |
| 24-北港溪流域 | 溪仔圳排水系統 | 2 | 34-97 | 201 | 309 | 384 | 480 | 551 | 622 | 233 | 359 | 446 | 557 | 639 | 721 |
| 24-北港溪流域 | 客子厝排水系統 | 3 | 21-97 | 150 | 217 | 261 | 317 | 358 | 400 | 176 | 254 | 305 | 371 | 419 | 468 |
| 24-北港溪流域 | 湖底排水系 | 3 | 51-96 | 163 | 216 | 250 | 295 | 328 | 361 | 194 | 256 | 297 | 350 | 389 | 429 |
| 24-北港溪流域 | 新興排水系統 | 1 | 31-97 | 155 | 237 | 305 | 410 | 503 | 611 | 186 | 284 | 366 | 492 | 604 | 733 |
| 24-北港溪流域 | 十三份排水系統 | 1 | 43-97 | 170 | 259 | 333 | 447 | 548 | 666 | 204 | 311 | 400 | 536 | 658 | 799 |
| 24-北港溪流域 | 豬母溝排水系統 | 4 | 36-97 | 171 | 251 | 308 | 387 | 449 | 515 | 192 | 281 | 345 | 433 | 503 | 577 |
| 24-北港溪流域 | 高林排水系統 | 2 | 34-97 | 190 | 289 | 363 | 467 | 550 | 639 | 217 | 330 | 414 | 532 | 627 | 729 |
| 24-北港溪流域 | 惠來厝排水系統 | 3 | 47-97 | 165 | 233 | 278 | 338 | 383 | 428 | 191 | 270 | 323 | 392 | 444 | 496 |
| 24-北港溪流域 | 石龜溪支流排水系統 | 2 | 52-95 | 187 | 251 | 289 | 332 | 362 | 391 | 226 | 304 | 349 | 402 | 438 | 473 |
| 24-北港溪流域 | 三疊溪支流排水系統 | 2 | 51-96 | 172 | 246 | 297 | 365 | 416 | 469 | 202 | 290 | 351 | 491 | 554 | 618 |

表 4 雲林農田水利會水系比流量分析結果表

| 流域分區 | 區域排水 | 逕流係數 | 農田排水比流量 (cms/km²) | | | | | | 區域排水比流量 (cms/km²) | | | | | | 農排/區排之比流量比(%) | | | | | | N 年 |
| --- | --- | --- | --- | --- | --- | --- | --- | --- | --- | --- | --- | --- | --- | --- | --- | --- | --- | --- | --- | --- | --- |
| | | | 2 年 | 5 年 | 10 年 | 25 年 | 50 年 | 100 年 | 2 年 | 5 年 | 10 年 | 25 年 | 50 年 | 100 年 | 2 年 | 5 年 | 10 年 | 25 年 | 50 年 | 100 年 | 重現期距* |
| 18-嘉南沿海河系 | 施厝寮排水系統 | 0.752 | 1.38 | 2.16 | 2.73 | 3.47 | 4.03 | 4.60 | 2.50 | 4.38 | 5.74 | 7.53 | 8.89 | 10.26 | 55 | 49 | 47 | 46 | 45 | 45 | 2-5 年 |
| 19-虎尾沿海河系 | 尖山大排排水系統 | 0.751 | 1.43 | 2.03 | 2.44 | 3.00 | 3.43 | 3.88 | 2.09 | 3.24 | 4.05 | 5.17 | 6.02 | 6.92 | 68 | 63 | 60 | 58 | 57 | 56 | 2-5 年 |
| 19-虎尾沿海河系 | 蔦松大排排水系統 | 0.751 | 1.43 | 2.04 | 2.44 | 3.00 | 3.43 | 3.89 | 2.39 | 3.66 | 4.55 | 5.79 | 6.73 | 7.72 | 60 | 56 | 54 | 52 | 51 | 50 | 2-5 年 |
| 19-虎尾沿海河系 | 牛挑灣排水系統 | 0.745 | 1.42 | 2.02 | 2.42 | 2.98 | 3.40 | 3.85 | 1.48 | 2.21 | 2.69 | 3.30 | 3.77 | 4.19 | 82 | 78 | 77 | 77 | 77 | 79 | 5-10 年 |
| 19-虎尾沿海河系 | 舊虎尾溪排水系統 | 0.752 | 1.38 | 2.16 | 2.72 | 3.47 | 4.03 | 4.59 | 1.89 | 3.40 | 4.50 | 5.95 | 7.06 | 8.16 | 73 | 64 | 61 | 58 | 57 | 56 | 2-5 年 |
| 19-虎尾沿海河系 | 馬公厝排水系統 | 0.751 | 1.38 | 2.16 | 2.72 | 3.46 | 4.03 | 4.59 | 3.24 | 5.56 | 7.22 | 9.41 | 11.08 | 12.75 | 42 | 39 | 38 | 37 | 36 | 36 | 未滿 2 年 |
| 19-虎尾沿海河系 | 有才寮排水系統 | 0.735 | 1.35 | 2.11 | 2.66 | 3.39 | 3.94 | 4.49 | 2.25 | 3.98 | 5.24 | 6.89 | 8.14 | 9.40 | 60 | 53 | 51 | 49 | 48 | 48 | 2-5 年 |
| 19-虎尾沿海河系 | 羊稠厝排水系統 | 0.750 | 1.43 | 2.03 | 2.44 | 3.00 | 3.42 | 3.88 | 2.16 | 3.31 | 4.03 | 4.94 | 1.30 | 6.27 | 66 | 61 | 60 | 61 | 264 | 62 | 2-5 年 |
| 19-虎尾沿海河系 | 土間厝排水系統 | 0.739 | 1.41 | 2.00 | 2.40 | 2.95 | 3.37 | 3.82 | 3.28 | 4.89 | 6.06 | 7.62 | 8.84 | 10.11 | 43 | 41 | 40 | 39 | 38 | 38 | 未滿 2 年 |
| 19-虎尾沿海河系 | 蚶子寮大排排水系統 | 0.766 | 1.46 | 2.07 | 2.49 | 3.06 | 3.49 | 3.96 | 4.45 | 6.82 | 8.31 | 10.19 | 11.63 | 12.93 | 33 | 30 | 30 | 30 | 30 | 31 | 未滿 2 年 |
| 19-虎尾沿海河系 | 林厝寮排水系統 | 0.748 | 1.43 | 2.02 | 2.43 | 2.99 | 3.41 | 3.87 | 3.63 | 5.55 | 6.77 | 8.31 | 9.48 | 10.53 | 39 | 36 | 36 | 36 | 36 | 37 | 未滿 2 年 |
| 20-濁水溪流域 | 清水溝排水系統 | 0.755 | 1.80 | 2.65 | 3.31 | 4.26 | 5.07 | 5.96 | 9.08 | 13.04 | 15.53 | 18.18 | 19.82 | 21.51 | 20 | 20 | 21 | 23 | 26 | 28 | 未滿 2 年 |
| 20-濁水溪流域 | 冷水坑排水 | 0.764 | 1.79 | 2.80 | 3.63 | 4.89 | 6.00 | 7.28 | 5.23 | 8.73 | 11.62 | 16.01 | 19.89 | 24.33 | 34 | 32 | 31 | 30 | 30 | 30 | 未滿 2 年 |
| 20-濁水溪流域 | 獅尾堀排水系統 | 0.770 | 1.84 | 2.77 | 3.41 | 4.20 | 4.79 | 5.37 | 8.85 | 13.89 | 17.20 | 21.27 | 24.17 | 27.02 | 21 | 20 | 20 | 20 | 20 | 20 | 未滿 2 年 |
| 20-濁水溪流域 | 大義崙排水系統 | 0.751 | 1.55 | 2.30 | 2.88 | 3.72 | 4.43 | 5.21 | 2.77 | 4.50 | 5.84 | 7.77 | 9.36 | 11.20 | 56 | 51 | 49 | 48 | 47 | 46 | 2-5 年 |
| 20-濁水溪流域 | 雷厝排水系統 | 0.746 | 1.29 | 1.94 | 2.46 | 3.21 | 3.86 | 4.58 | 5.11 | 8.18 | 10.63 | 14.24 | 17.33 | 20.79 | 25 | 24 | 23 | 23 | 22 | 22 | 未滿 2 年 |
| 20-濁水溪流域 | 八角亭排水系統 | 0.744 | 1.39 | 2.08 | 2.64 | 3.46 | 4.17 | 4.96 | 2.10 | 3.50 | 4.62 | 6.29 | 7.72 | 9.33 | 66 | 60 | 57 | 55 | 54 | 53 | 2-5 年 |
| 20-濁水溪流域 | 樹子腳大排排水系 | 0.785 | 1.69 | 2.53 | 3.15 | 4.01 | 4.70 | 5.45 | 5.43 | 8.51 | 10.80 | 13.98 | 16.55 | 19.29 | 31 | 30 | 29 | 29 | 28 | 28 | 未滿 2 年 |
| 21-新虎尾溪流域 | 新虎尾溪水系 | 0.760 | 1.42 | 2.04 | 2.46 | 2.98 | 3.36 | 3.75 | 2.20 | 3.44 | 4.25 | 5.29 | 6.06 | 6.82 | 65 | 59 | 58 | 56 | 56 | 55 | 2-5 年 |
| 21-新虎尾溪流域 | 中央排水系統 | 0.798 | 1.80 | 2.50 | 3.02 | 3.74 | 4.34 | 4.98 | 8.56 | 12.09 | 14.86 | 18.39 | 21.41 | 24.69 | 21 | 21 | 20 | 20 | 20 | 20 | 未滿 2 年 |

| 流域分區 | 區域排水 | 逕流係數 | 農田排水比流量 (cms/km²) | | | | | | 區域排水比流量 (cms/km²) | | | | | | 農排/區排之比流量比 (%) | | | | | | N 年重現期距* |
|---|---|---|---|---|---|---|---|---|---|---|---|---|---|---|---|---|---|---|---|---|---|
| | | | 2 年 | 5 年 | 10 年 | 25 年 | 50 年 | 100 年 | 2 年 | 5 年 | 10 年 | 25 年 | 50 年 | 100 年 | 2 年 | 5 年 | 10 年 | 25 年 | 50 年 | 100 年 | |
| 24-北港溪流域 | 新街大排排水系統 | 0.760 | 1.45 | 2.06 | 2.47 | 3.04 | 3.47 | 3.93 | 2.72 | 4.13 | 5.13 | 6.49 | 7.53 | 8.62 | 53 | 50 | 48 | 47 | 46 | 46 | 未滿 2 年 |
| 24-北港溪流域 | 延潭排水系統 | 0.735 | 1.63 | 2.44 | 3.11 | 4.13 | 5.02 | 6.06 | 3.66 | 5.73 | 7.43 | 10.03 | 12.31 | 14.91 | 45 | 43 | 42 | 41 | 41 | 41 | 未滿 2 年 |
| 24-北港溪流域 | 紅瓦竂排水 | 0.763 | 1.67 | 2.50 | 3.16 | 4.16 | 5.02 | 6.00 | 8.09 | 11.24 | 13.15 | 15.06 | 16.29 | 18.20 | 21 | 22 | 24 | 28 | 31 | 33 | 未滿 2 年 |
| 24-北港溪流域 | 湳子溝排水系統 | 0.809 | 1.73 | 2.58 | 3.16 | 3.91 | 4.47 | 5.02 | 3.36 | 5.34 | 6.71 | 8.45 | 9.75 | 11.04 | 51 | 48 | 47 | 46 | 46 | 46 | 未滿 2 年 |
| 24-北港溪流域 | 舊庄大排排水系統 | 0.741 | 1.56 | 2.21 | 2.63 | 3.18 | 3.58 | 3.97 | 6.30 | 10.52 | 14.01 | 19.43 | 24.45 | 30.10 | 25 | 21 | 19 | 16 | 15 | 13 | 未滿 2 年 |
| 24-北港溪流域 | 大崙排水系統 | 0.755 | 1.93 | 2.76 | 3.31 | 4.01 | 4.51 | 5.02 | 10.39 | 11.89 | 13.02 | 14.63 | 15.76 | 16.93 | 19 | 23 | 25 | 27 | 29 | 30 | 未滿 2 年 |
| 24-北港溪流域 | 埤麻排水系統 | 0.755 | 1.64 | 2.36 | 2.82 | 3.39 | 3.80 | 4.21 | 5.70 | 8.42 | 10.17 | 12.34 | 13.91 | 15.44 | 29 | 28 | 28 | 27 | 27 | 27 | 未滿 2 年 |
| 24-北港溪流域 | 溪仔圳排水系統 | 0.752 | 2.03 | 3.12 | 3.88 | 4.85 | 5.56 | 6.28 | 7.30 | 11.50 | 14.40 | 18.10 | 20.90 | 23.60 | 28 | 27 | 27 | 27 | 27 | 27 | 未滿 2 年 |
| 24-北港溪流域 | 客子厝排水系統 | 0.740 | 1.50 | 2.17 | 2.61 | 3.17 | 3.59 | 4.01 | 2.58 | 4.46 | 5.73 | 7.38 | 8.68 | 9.92 | 58 | 49 | 46 | 43 | 41 | 40 | 2-5 年 |
| 24-北港溪流域 | 湖底排水系 | 0.752 | 1.69 | 2.23 | 2.59 | 3.05 | 3.39 | 3.73 | 7.76 | 10.92 | 12.79 | 15.23 | 16.67 | 18.39 | 22 | 20 | 20 | 20 | 20 | 20 | 未滿 2 年 |
| 24-北港溪流域 | 新興排水系統 | 0.816 | 1.76 | 2.69 | 3.46 | 4.65 | 5.70 | 6.93 | 7.39 | 11.62 | 14.79 | 19.72 | 23.59 | 28.17 | 24 | 23 | 23 | 24 | 24 | 25 | 未滿 2 年 |
| 24-北港溪流域 | 十三份排水系統 | 0.764 | 1.80 | 2.75 | 3.53 | 4.74 | 5.81 | 7.07 | 7.10 | 11.30 | 14.77 | 19.69 | 23.69 | 28.62 | 25 | 24 | 24 | 24 | 25 | 25 | 未滿 2 年 |
| 24-北港溪流域 | 豬母溝排水系統 | 0.762 | 1.69 | 2.48 | 3.04 | 3.82 | 4.44 | 5.09 | 6.21 | 8.56 | 9.77 | 10.91 | 11.59 | 12.42 | 27 | 29 | 31 | 35 | 38 | 41 | 未滿 2 年 |
| 24-北港溪流域 | 高林排水系統 | 0.752 | 1.89 | 2.87 | 3.60 | 4.63 | 5.46 | 6.35 | 11.44 | 14.79 | 16.27 | 17.77 | 18.76 | 19.80 | 17 | 19 | 22 | 26 | 29 | 32 | 未滿 2 年 |
| 24-北港溪流域 | 惠來厝排水系統 | 0.761 | 1.68 | 2.38 | 2.84 | 3.45 | 3.91 | 4.37 | 6.79 | 8.75 | 10.11 | 11.92 | 13.27 | 14.63 | 25 | 27 | 28 | 29 | 29 | 30 | 未滿 2 年 |
| 24-北港溪流域 | 石龜溪支流排水系統 | 0.750 | 1.96 | 2.64 | 3.03 | 3.49 | 3.80 | 4.11 | 6.98 | 9.62 | 11.17 | 12.97 | 14.20 | 15.37 | 28 | 27 | 27 | 27 | 27 | 27 | 未滿 2 年 |
| 24-北港溪流域 | 三疊溪支流排水系統 | 0.760 | 1.78 | 2.55 | 3.09 | 4.32 | 4.87 | 5.44 | 5.08 | 7.64 | 9.50 | 11.63 | 13.21 | 14.68 | 35 | 33 | 33 | 37 | 37 | 37 | 未滿 2 年 |

備註：10 年重現期距之農田排水比流量相當於 N 年重現期距區域排水出口控制點比流量

表 1 嘉南農田水利會水系治理規劃報告一覽表

| 流域分區 | 區域排水 | 治理規劃報告名稱 | 主辦單位 | 報告年月 |
|---|---|---|---|---|
| 22-朴子溪流域 | 荷苞嶼排水系統 | 嘉義縣荷苞嶼排水系統規劃報告 | 經濟部水利署第五河川局 | 民國 98 年 |
| 22-朴子溪流域 | 新埤排水系統 | 「易淹水地區水患治理計畫」嘉義縣管區域排水新埤排水系統規劃報告 | 經濟部水利署第五河川局 | 民國 98 年 6 月 |
| 23-八掌溪流域 | 八掌溪支流排水-南靖排水 | 八掌溪支流排水系統-南靖排水系統規劃報告 | 經濟部水利署第五河川局 | 民國 99 年 |
| 24-北港溪流域 | 埤子頭排水系統 | 「易淹水地區水患治理計畫」嘉義縣管區域排水埤子頭排水系統規劃報告 | 嘉義縣政府 | 民國 98 年 9 月 |
| 25-布袋沿海河系 | 龍宮溪排水系統 | 嘉義沿海地區綜合治水規劃(荷苞嶼排水以南至八掌溪) | 經濟部水利署水利規劃試驗所 | 民國 97 年 9 月 |
| 25-布袋沿海河系 | 考試潭排水系統 | 嘉義沿海地區綜合治水規劃(荷苞嶼排水以南至八掌溪) | 經濟部水利署水利規劃試驗所 | 民國 97 年 9 月 |
| 25-布袋沿海河系 | 栗子崙排水系統 | 嘉義沿海地區綜合治水規劃(荷苞嶼排水以南至八掌溪) | 經濟部水利署水利規劃試驗所 | 民國 97 年 9 月 |
| 25-布袋沿海河系 | 內田排水系統 | 嘉義沿海地區綜合治水規劃(荷苞嶼排水以南至八掌溪) | 經濟部水利署水利規劃試驗所 | 民國 97 年 9 月 |
| 25-布袋沿海河系 | 松子溝排水路系統 | 嘉義沿海地區綜合治水規劃(荷苞嶼排水以南至八掌溪) | 經濟部水利署水利規劃試驗所 | 民國 97 年 9 月 |
| 25-布袋沿海河系 | 鹽館溝排水路系統 | 嘉義沿海地區綜合治水規劃(荷苞嶼排水以南至八掌溪) | 經濟部水利署水利規劃試驗所 | 民國 97 年 9 月 |
| 25-布袋沿海河系 | 贊寮溝排水路系統 | 嘉義沿海地區綜合治水規劃(荷苞嶼排水以南至八掌溪) | 經濟部水利署水利規劃試驗所 | 民國 97 年 9 月 |
| 26-新港沿海河系 | 朴子溪支流排水 | 「易淹水地區水患治理計畫」朴子溪支流排水系統規劃報告 | 經濟部水利署水利規劃試驗所 | 民國 98 年 11 月 |
| 26-新港沿海河系 | 六腳鰲鼓排水系統 | 嘉義沿海地區綜合治水規劃(北港溪以南至朴子溪以北) | 經濟部水利署水利規劃試驗所 | 民國 97 年 12 月 |
| 26-新港沿海河系 | 塭港排水系統 | 嘉義沿海地區綜合治水規劃(北港溪以南至朴子溪以北) | 經濟部水利署水利規劃試驗所 | 民國 97 年 12 月 |
| 26-新港沿海河系 | 中三塊中排三排水系統 | 嘉義沿海地區綜合治水規劃(北港溪以南至朴子溪以北) | 經濟部水利署水利規劃試驗所 | 民國 97 年 12 月 |
| 26-新港沿海河系 | 魚寮中排三排水系統 | 「易淹水地區水患治理計畫」嘉義縣管區域排水魚寮中排三排水路系統規劃報告 | 經濟部水利署水利規劃試驗所 | 民國 102 年 3 月 |
| 27-二仁溪流域 | 港尾溝溪排水系統 | 「易淹水地區水患治理計畫」台南縣管區域排水港尾溝溪排水系統整治及環境營造規劃報告 | 經濟部水利署第六河川局 | 民國 97 年 12 月 |
| 27-二仁溪流域 | 三爺溪排水系統 | 『易淹水地區水患治理計畫』三爺溪排水系統規劃報告 | 經濟部水利署第六河川局 | 民國 97 年 12 月 |
| 28-急水溪流域 | 新田寮排水系統 | 「易淹水地區水患治理計畫」縣(市)管區排新田寮排水系統規劃報告 | 經濟部水利署第六河川局 | 民國 97 年 7 月 |

| 流域分區 | 區域排水 | 治理規劃報告名稱 | 主辦單位 | 報告年月 |
|---|---|---|---|---|
| 28-急水溪流域 | 後鎮菁寮排水系統 | 「易淹水地區水患治理計畫」台南縣管區排後鎮、菁寮排水系統規劃 | 經濟部水利署第六河川局 | 民國98年8月 |
| 28-急水溪流域 | 吉貝耍排水系統 | 「易淹水地區水患治理計畫」臺南市管區排吉貝耍大腳腿排水系統規劃報告 | 經濟部水利署第六河川局 | 民國98年2月 |
| 28-急水溪流域 | 龜子港排水系統 | 「易淹水地區水患治理計畫」台南縣管區域排水龜子港排水系統規劃報告 | 經濟部水利署水利規劃試驗所 | 民國98年4月 |
| 28-急水溪流域 | 大腳腿排水系統 | 「易淹水地區水患治理計畫」臺南市管區排吉貝耍及大腳腿排水系統規劃報告 | 經濟部水利署第六河川局 | 民國98年2月 |
| 29-佳里沿海河系 | 劉厝排水 | 「易淹水地區水患治理計畫」劉厝、六成、七股地區(含大寮排水)及漚汪排水系統規劃報告 | 經濟部水利署第六河川局 | 民國99年5月 |
| 29-佳里沿海河系 | 番子田排水系統 | 「易淹水地區水患治理計畫」縣市管區排番子田排水系統規劃報告 | 經濟部水利署第六河川局 | 民國98年4月 |
| 29-佳里沿海河系 | 將軍溪排水系統 | 「易淹水地區水患治理計畫」台南縣管區域排水將軍溪排水系統規劃報告 | 經濟部水利署水利規劃試驗所 | 民國97年4月 |
| 29-佳里沿海河系 | 頭港排水系統 | 「易淹水地區水患治理計畫」台南縣管區排頭港溪排水系統規劃報告 | 經濟部水利署第六河川局 | 民國98年9月 |
| 29-佳里沿海河系 | 六成排水系統 | 「易淹水地區水患治理計畫」劉厝、六成、七股地區(含大寮排水)及漚汪排水系統規劃報告 | 經濟部水利署第六河川局 | 民國99年5月 |
| 29-佳里沿海河系 | 漚汪排水系統 | 「易淹水地區水患治理計畫」劉厝、六成、七股地區(含大寮排水)及漚汪排水系統規劃報告 | 經濟部水利署第六河川局 | 民國99年5月 |
| 29-佳里沿海河系 | 七股地區排水系統(含大寮排水) | 「易淹水地區水患治理計畫」劉厝、六成、七股地區(含大寮排水)及漚汪排水系統規劃報告 | 經濟部水利署第六河川局 | 民國99年5月 |
| 29-佳里沿海河系 | 北門地區排水系統 | 「易淹水地區水患治理計畫」臺南市管區域排水北門地區排水系統規劃報告 | 經濟部水利署第六河川局 | 民國100年12月 |
| 30-曾文溪流域 | 安定排水 | 「易淹水地區水患治理計畫」安定排水系統整治及環境營造規劃報告 | 經濟部水利署第六河川局 | 民國98年10月 |
| 30-曾文溪流域 | 曾文溪水系支流排水-山上及後營等排水 | 「易淹水地區水患治理計畫」第2階段實施計畫台南縣管區域排水山上排水治理規劃報告 | 經濟部水利署第六河川局 | 民國99年10月 |
| 31-鹽水溪流域 | 凌子頭溪排水系統 | 「易淹水地區水患治理計畫」縣市管區排番子田排水系統及凌子頭溪排水系統規劃報告 | 經濟部水利署第六河川局 | 民國98年4月 |
| 31-鹽水溪流域 | 永康排水系統 | 「易淹水地區水患治理計畫」台南縣管區域排水永康排水系統規劃報告 | 經濟部水利署第六河川局 | 民國99年1月 |
| 31-鹽水溪流域 | 曾文溪水系及支流排水-虎頭溪排水 | 「易淹水地區水患治理計畫」台南縣管區域排水虎頭溪排水(含衛生1號排水)系統規劃報告 | 經濟部水利署第六河川局 | 民國98年6月 |
| 31-鹽水溪流域 | 鹿耳門排水系統 | 「易淹水地區水患治理計畫」臺南市管區域排水鹿耳門排水系統規劃報告 | 經濟部水利署水利規劃試驗所 | 民國99年1月 |
| 31-鹽水溪流域 | 鹽水溪排水及曾文溪排水系統支流 | 台南地區鹽水溪溪排水系統整治及環境營造規劃 | 經濟部水利署第六河川局 | 民國99年8月 |

表 2 嘉南農田水利會水系地文因子一覽表

| 流域分區 | 區域排水 | 控制點名稱 | 面積 A (km²) | 河長 L (km) | 坡度 S | 不同重現期區域排水尖峰流量成果（cms） | | | | | |
|---|---|---|---|---|---|---|---|---|---|---|---|
| | | | | | | 2 年 | 5 年 | 10 年 | 25 年 | 50 年 | 100 年 |
| 22-朴子溪流域 | 荷苞嶼排水系統 | 荷苞嶼幹線出口 | 130.0 | 25.4 | 0.001 | 314 (2.41) | 457 (3.51) | 553 (4.25) | 712 (5.47) | 830 (6.38) | 955 (7.34) |
| 22-朴子溪流域 | 新埤排水系統 | 新埤排水流域 | 38.0 | 10.2 | 0.001 | 117 (3.1) | 186 (4.9) | 240 (6.33) | 318 (8.39) | 385 (10.14) | 458 (12.09) |
| 23-八掌溪流域 | 八掌溪支流排水-南靖排水 | 八掌溪匯流出口 | 19.1 | 14.3 | 0.002 | 72 (3.8) | 104 (5.49) | 137 (7.18) | 191 (10.04) | 245 (12.87) | 327 (17.17) |
| 24-北港溪流域 | 埤子頭排水系統 | 埤子頭排水出口 | 75.3 | 17.6 | 0.002 | 249 (3.31) | 362 (4.81) | 426 (5.67) | 499 (6.63) | 549 (7.29) | 597 (7.93) |
| 25-布袋沿海河系 | 龍宮溪排水系統 | 龍宮溪出海口 | 105.9 | 21.4 | 0.001 | 166 (1.57) | 269 (2.54) | 352 (3.33) | 475 (4.48) | 581 (5.48) | 702 (6.63) |
| 25-布袋沿海河系 | 考試潭排水系統 | 考試潭排水出口 | 15.7 | 6.3 | 0.001 | 55 (3.51) | 82 (5.24) | 106 (6.78) | 144 (9.19) | 179 (11.43) | 221 (14.12) |
| 25-布袋沿海河系 | 栗子崙排水系統 | 栗子崙排水出口 | 9.6 | 6.2 | 0.001 | 38 (3.96) | 56 (5.85) | 72 (7.56) | 98 (10.29) | 123 (12.81) | 151 (15.82) |
| 25-布袋沿海河系 | 內田排水系統 | 內田排水出口 | 4.2 | 3.9 | 0.000 | 17 (4.11) | 25 (6.05) | 33 (7.8) | 44 (10.59) | 55 (13.19) | 68 (16.28) |
| 25-布袋沿海河系 | 松子溝排水系統 | 松子溝排水出口 | 4.3 | 2.5 | 0.000 | 17 (4) | 25 (5.9) | 32 (7.62) | 44 (10.35) | 54 (12.89) | 67 (15.92) |
| 25-布袋沿海河系 | 鹽館溝排水路系統 | 鹽館溝排水出口 | 4.1 | 1.7 | 0.000 | 19 (4.86) | 29 (7.09) | 37 (9.14) | 50 (12.42) | 63 (15.45) | 78 (19.07) |
| 25-布袋沿海河系 | 贊寮溝排水路系統 | 贊寮排水出口 | 6.0 | 4.6 | 0.000 | 20 (3.36) | 30 (5.04) | 39 (6.53) | 53 (8.87) | 66 (11.02) | 82 (13.6) |
| 26-新港沿海河系 | 朴子溪支流排水 | 中洋子排水幹線出口 | 24.2 | 17.4 | 0.007 | 105 (4.34) | 156 (6.48) | 202 (8.36) | 273 (11.29) | 336 (13.9) | 412 (17.03) |
| 26-新港沿海河系 | 六腳鰲鼓排水系統 | 六腳排水出口 | 91.3 | 30.8 | 0.001 | 136 (1.49) | 226 (2.48) | 300 (3.29) | 408 (4.47) | 499 (5.47) | 600 (6.57) |
| 26-新港沿海河系 | 塭港排水系統 | 塭港排水出口 | 6.5 | 6.1 | 0.000 | 18 (2.86) | 29 (4.55) | 38 (5.93) | 52 (8.1) | 65 (10.03) | 79 (12.24) |
| 26-新港沿海河系 | 中三塊厝中排水系統 | 中三塊厝中排水出口 | 3.3 | 3.7 | 0.000 | 14 (4.41) | 22 (6.81) | 29 (8.82) | 40 (12.1) | 50 (15.04) | 61 (18.37) |
| 26-新港沿海河系 | 魚寮中排三排水系統 | 魚寮中排三出口 | 3.3 | 4.1 | 0.001 | 18 (5.45) | 27 (8.18) | 33 (10) | 41 (12.42) | 48 (14.54) | 55 (16.66) |
| 27-二仁溪流域 | 港尾溝溪排水系統 | 二仁溪匯流 | 36.7 | 16.8 | 0.002 | 153 (4.19) | 219 (5.99) | 262 (7.16) | 316 (8.63) | 357 (9.75) | 397 (10.84) |
| 27-二仁溪流域 | 三爺溪排水系統 | 三爺溪排水 0k+000 | 61.5 | 17.6 | 0.001 | 254 (4.12) | 352 (5.72) | 412 (6.69) | 483 (7.85) | 532 (8.64) | 579 (9.41) |
| 28-急水溪流域 | 新田寮排水系統 | 新田寮排水出口 | 76.8 | 20.8 | 0.001 | 137 (1.79) | 228 (2.98) | 288 (3.76) | 356 (4.64) | 403 (5.25) | 447 (5.83) |
| 28-急水溪流域 | 後鎮菁寮排水系統 | 後鎮排水出口 | 26.8 | 20.3 | 0.002 | 57 (2.13) | 111 (4.16) | 144 (5.37) | 177 (6.63) | 201 (7.5) | 221 (8.27) |

| 流域分區 | 區域排水 | 控制點名稱 | 面積 A (km²) | 河長 L (km) | 坡度 S | 不同重現期區域排水尖峰流量成果（cms） | | | | | |
|---|---|---|---|---|---|---|---|---|---|---|---|
| | | | | | | 2 年 | 5 年 | 10 年 | 25 年 | 50 年 | 100 年 |
| 28-急水溪流域 | 吉貝耍排水系統 | 吉貝耍排水出口 | 10.6 | 13.7 | 0.013 | 44 (4.13) | 83 (7.8) | 109 (10.24) | 143 (13.43) | 166 (15.6) | 190 (17.85) |
| 28-急水溪流域 | 龜子港排水系統 | 龜子港排水出口 | 54.5 | 18.9 | 0.006 | 265 (4.86) | 353 (6.49) | 411 (7.55) | 480 (8.81) | 532 (9.76) | 580 (10.65) |
| 28-急水溪流域 | 大腳腿排水系統 | 大腳腿排水出口 | 6.0 | 5.7 | 0.004 | 27 (4.51) | 47 (8.01) | 60 (10.18) | 73 (12.35) | 83 (14.02) | 90 (15.19) |
| 29-佳里沿海河系 | 劉厝排水 | 劉厝排水出口 | 65.4 | 17.2 | 0.001 | 166 (2.54) | 260 (3.98) | 320 (4.9) | 394 (6.03) | 448 (6.86) | 501 (7.67) |
| 29-佳里沿海河系 | 番子田排水系統 | 番子田排水出口 | 19.5 | 12.5 | 0.003 | 84 (4.31) | 119 (6.14) | 139 (7.15) | 160 (8.23) | 176 (9.04) | 190 (9.76) |
| 29-佳里沿海河系 | 將軍溪水系排水系統 | 將軍溪排水出口 | 158.4 | 34.0 | 0.001 | 307 (1.94) | 448 (2.83) | 584 (3.69) | 730 (4.61) | 837 (5.29) | 945 (5.97) |
| 29-佳里沿海河系 | 頭港排水系統 | 頭港排水出口 | 29.8 | 15.6 | 0.000 | 61 (2.08) | 93 (3.15) | 112 (3.79) | 134 (4.53) | 151 (5.07) | 166 (5.6) |
| 29-佳里沿海河系 | 六成排水系統 | 六成排水出口 | 5.2 | 10.4 | 0.000 | 66 (12.59) | 91 (17.36) | 104 (19.84) | 119 (22.7) | 129 (24.61) | 138 (26.33) |
| 29-佳里沿海河系 | 漚汪排水系統 | 漚汪排水出口 | 12.0 | 6.9 | 0.001 | 61 (5.15) | 92 (7.73) | 111 (9.31) | 137 (11.39) | 153 (12.8) | 172 (14.3) |
| 29-佳里沿海河系 | 七股地區排水系統(含大蔡排水) | 大蔡排水出口 | 39.6 | 17.2 | 0.001 | 112 (2.82) | 175 (4.41) | 216 (5.45) | 266 (6.71) | 303 (7.65) | 338 (8.53) |
| 29-佳里沿海河系 | 北門地區排水系統 | 三寮灣堤外線排水出口 | 12.0 | 3.4 | 0.010 | 56 (4.66) | 76 (6.33) | 90 (7.53) | 107 (8.95) | 120 (10.02) | 133 (11.11) |
| 30-曾文溪流域 | 安定排水 | 安定排水出口 | 2.7 | 5.9 | 0.001 | 13 (5.22) | 21 (7.95) | 25 (9.51) | 29 (11.12) | 32 (12.31) | 44 (16.42) |
| 30-曾文溪流域 | 曾文溪水系支流排水-山上及後營等排水 | 山上排水出口 | 13.1 | 8.2 | 0.002 | 62 (4.77) | 96 (7.33) | 113 (8.62) | 131 (10.03) | 140 (10.74) | 150 (11.49) |
| 31-鹽水溪流域 | 渡子頭溪排水系統 | 渡子頭溪排水出口 | 21.0 | 11.4 | 0.007 | 105 (5.02) | 150 (7.16) | 174 (8.31) | 198 (9.43) | 210 (10.02) | 223 (10.64) |
| 31-鹽水溪流域 | 永康大排水系統 | 永康大排水出口 | 19.6 | 9.5 | 0.001 | 78 (4.01) | 124 (6.37) | 160 (8.17) | 209 (10.67) | 248 (12.71) | 292 (14.91) |
| 31-鹽水溪流域 | 曾文溪水系及鹽水溪支流排水-虎頭溪排水 | 虎頭溪排水出口 | 51.6 | 19.1 | 0.009 | 299 (5.81) | 408 (7.92) | 466 (9.05) | 529 (10.27) | 570 (11.06) | 608 (11.8) |
| 31-鹽水溪流域 | 鹿耳門排水系統 | 鹿耳門排水出口 | 42.2 | 13.8 | 0.000 | 161 (3.82) | 235 (5.59) | 286 (6.78) | 348 (8.27) | 395 (9.38) | 443 (10.5) |
| 31-鹽水溪流域 | 鹽水溪排水及曾文溪水系支流 | 鹽水溪排水出口 | 109.5 | 21.3 | 0.012 | 322 (2.94) | 504 (4.6) | 640 (5.84) | 837 (7.64) | 1000 (9.13) | 1182 (10.8) |

備註：(括弧) 表為比流量成果，單位為 cms/km²

表 3 嘉南農田水利會水系水文因子一覽表

| 流域分區 | 區域排水 | 測站數 | 資料年限(民國) | 一日暴雨量(mm) | | | | | | 最大 24 小時暴雨量(mm) | | | | | |
|---|---|---|---|---|---|---|---|---|---|---|---|---|---|---|---|
| | | | | 2 年 | 5 年 | 10 年 | 25 年 | 50 年 | 100 年 | 2 年 | 5 年 | 10 年 | 25 年 | 50 年 | 100 年 |
| 22-朴子溪流域 | 荷苞嶼排水系統 | 8 | 33-95 | 148 | 198 | 236 | 288 | 331 | 376 | 176 | 235 | 280 | 343 | 393 | 447 |
| 22-朴子溪流域 | 新埤排水系統 | 3 | 20-95 | 131 | 199 | 248 | 312 | 361 | 410 | 156 | 236 | 295 | 372 | 430 | 488 |
| 23-八掌溪流域 | 八掌溪支流排水-南靖排水 | 3 | 58-95 | 150 | 211 | 261 | 334 | 398 | 469 | 177 | 249 | 308 | 394 | 470 | 553 |
| 24-北港溪流域 | 埤子頭排水系統 | 3 | 51-96 | 174 | 235 | 270 | 309 | 336 | 362 | 200 | 270 | 311 | 355 | 386 | 416 |
| 25-布袋沿海河系 | 龍宮溪排水系統 | 14 | 20-94 | 144 | 202 | 243 | 297 | 338 | 381 | 170 | 238 | 287 | 350 | 399 | 450 |
| 25-布袋沿海河系 | 考試潭排水系統 | 14 | 20-94 | 144 | 202 | 243 | 297 | 338 | 381 | 170 | 238 | 287 | 350 | 399 | 450 |
| 25-布袋沿海河系 | 栗子崙排水系統 | 14 | 20-94 | 144 | 202 | 243 | 297 | 338 | 381 | 170 | 238 | 287 | 350 | 399 | 450 |
| 25-布袋沿海河系 | 內田排水系統 | 14 | 20-94 | 144 | 202 | 243 | 297 | 338 | 381 | 170 | 238 | 287 | 350 | 399 | 450 |
| 25-布袋沿海河系 | 松子溝排水系統 | 14 | 20-94 | 144 | 202 | 243 | 297 | 338 | 381 | 170 | 238 | 287 | 350 | 399 | 450 |
| 25-布袋沿海河系 | 鹽館溝排水路系統 | 14 | 20-94 | 144 | 202 | 243 | 297 | 338 | 381 | 170 | 238 | 287 | 350 | 399 | 450 |
| 25-布袋沿海河系 | 貴寮溝排水路系統 | 14 | 20-94 | 144 | 202 | 243 | 297 | 338 | 381 | 170 | 238 | 287 | 350 | 399 | 450 |
| 26-新港沿海河系 | 朴子溪支流排水 | 10 | 20-95 | 158 | 224 | 269 | 326 | 369 | 413 | 185 | 262 | 315 | 381 | 432 | 483 |
| 26-新港沿海河系 | 六腳鰲鼓排水系統 | 7 | 20-94 | 144 | 203 | 245 | 302 | 346 | 392 | 168 | 238 | 287 | 353 | 405 | 459 |
| 26-新港沿海河系 | 塭港排水系統 | 7 | 20-94 | 144 | 203 | 245 | 302 | 346 | 392 | 167 | 235 | 284 | 350 | 401 | 455 |
| 26-新港沿海河系 | 中三塊中排水系統 | 7 | 20-94 | 144 | 203 | 245 | 302 | 346 | 392 | 167 | 235 | 284 | 350 | 401 | 455 |
| 26-新港沿海河系 | 魚寮中排三排水系統 | 2 | 20-97 | 151 | 212 | 256 | 314 | 359 | 405 | 177 | 248 | 300 | 367 | 420 | 474 |
| 27-二仁溪流域 | 港尾溝溪排水系統 | 5 | 42-94 | 177 | 251 | 299 | 358 | 400 | 442 | 195 | 276 | 329 | 393 | 440 | 486 |
| 27-二仁溪流域 | 三爺溪排水系統 | 9 | 35-94 | 190 | 255 | 295 | 343 | 376 | 408 | 219 | 293 | 339 | 394 | 432 | 469 |
| 28-急水溪流域 | 新田寮排水系統 | 3 | 20-95 | 160 | 224 | 267 | 322 | 364 | 407 | 169 | 239 | 284 | 338 | 379 | 420 |
| 28-急水溪流域 | 後鎮菁寮排水系統 | 4 | 35-95 | 167 | 232 | 276 | 330 | 371 | 412 | 176 | 247 | 293 | 347 | 387 | 425 |
| 28-急水溪流域 | 吉貝耍排水系統 | 3 | 53-95 | 170 | 252 | 317 | 413 | 495 | 587 | 180 | 268 | 337 | 434 | 516 | 605 |
| 28-急水溪流域 | 龜子港排水系統 | 3 | 20-95 | 172 | 236 | 277 | 326 | 362 | 396 | 200 | 274 | 321 | 378 | 420 | 459 |
| 28-急水溪流域 | 大腳腿排水系統 | 3 | 50-95 | 171 | 245 | 299 | 372 | 430 | 492 | 181 | 261 | 318 | 391 | 448 | 507 |
| 29-佳里沿海河系 | 劉厝排水 | 10 | 20-95 | 142 | 203 | 246 | 304 | 349 | 396 | 161 | 231 | 280 | 346 | 398 | 452 |

| 流域分區 | 區域排水 | 測站數 | 資料年限(民國) | 一日暴雨量(mm) | | | | | | 最大24小時暴雨量(mm) | | | | | |
|---|---|---|---|---|---|---|---|---|---|---|---|---|---|---|---|
| | | | | 2年 | 5年 | 10年 | 25年 | 50年 | 100年 | 2年 | 5年 | 10年 | 25年 | 50年 | 100年 |
| 29-佳里沿海河系 | 蕃子田排水系統 | 2 | 20-95 | 186 | 257 | 306 | 371 | 422 | 475 | 205 | 283 | 337 | 408 | 464 | 523 |
| 29-佳里沿海河系 | 將軍溪水系排水系統 | 7 | 28-94 | 159 | 225 | 272 | 336 | 386 | 438 | 189 | 268 | 324 | 400 | 459 | 521 |
| 29-佳里沿海河系 | 頭港排水系統 | 4 | 53-95 | 148 | 205 | 245 | 299 | 342 | 386 | 180 | 246 | 284 | 329 | 362 | 394 |
| 29-佳里沿海河系 | 六成排水系統 | 7 | 20-95 | 161 | 224 | 262 | 308 | 340 | 371 | 184 | 255 | 299 | 351 | 388 | 423 |
| 29-佳里沿海河系 | 漚汪排水系統 | 7 | 20-95 | 149 | 217 | 268 | 340 | 399 | 462 | 170 | 247 | 305 | 387 | 454 | 527 |
| 29-佳里沿海河系 | 七股地區排水系統(含大寮排水) | 11 | 20-95 | 153 | 225 | 275 | 339 | 387 | 434 | 174 | 257 | 314 | 387 | 441 | 495 |
| 29-佳里沿海河系 | 北門地區排水系統 | 2 | 71-96 | 157 | 211 | 247 | 292 | 325 | 359 | 185 | 248 | 290 | 343 | 383 | 422 |
| 30-曾文溪流域 | 安定排水 | 3 | 20-95 | 167 | 238 | 291 | 363 | 421 | 483 | 177 | 252 | 308 | 385 | 446 | 512 |
| 30-曾文溪流域 | 曾文溪水系支流排水-山上及後營等排水 | 3 | 57-97 | 181 | 260 | 318 | 397 | 460 | 527 | 191 | 275 | 337 | 420 | 460 | 527 |
| 31-鹽水溪流域 | 渡子頭溪排水系統 | 5 | 25-95 | 176 | 237 | 278 | 329 | 368 | 406 | 194 | 261 | 306 | 362 | 405 | 447 |
| 31-鹽水溪流域 | 永康排水系統 | 3 | 26-95 | 142 | 212 | 266 | 341 | 402 | 469 | 165 | 246 | 309 | 396 | 466 | 544 |
| 31-鹽水溪流域 | 曾文溪水系及鹽水溪支流排水-虎頭溪排水 | 4 | 69-95 | 191 | 252 | 284 | 319 | 342 | 363 | 218 | 287 | 324 | 364 | 390 | 414 |
| 31-鹽水溪流域 | 鹿耳門排水系統 | 5 | 35-95 | 175 | 236 | 277 | 328 | 366 | 404 | 220 | 296 | 348 | 412 | 460 | 508 |
| 31-鹽水溪流域 | 鹽水溪排水及曾文溪水系統支流 | 4 | 20-95 | 170 | 238 | 283 | 340 | 382 | 424 | 196 | 274 | 325 | 391 | 439 | 488 |

表 4 嘉南農田水利會水系比流量分析結果表

| 流域分區 | 區域排水 | 逕流係數 | 農田排水比流量 (cms/km²) | | | | | | 區域排水比流量 (cms/km²) | | | | | | 農排/區排之比流量比(%) | | | | | | N 年重現期距* |
|---|---|---|---|---|---|---|---|---|---|---|---|---|---|---|---|---|---|---|---|---|---|
| | | | 2 年 | 5 年 | 10 年 | 25 年 | 50 年 | 100 年 | 2 年 | 5 年 | 10 年 | 25 年 | 50 年 | 100 年 | 2 年 | 5 年 | 10 年 | 25 年 | 50 年 | 100 年 | |
| 22-朴子溪流域 | 荷苞嶼排水系統 | 0.750 | 1.53 | 2.04 | 2.43 | 2.98 | 3.41 | 3.88 | 2.42 | 3.52 | 4.25 | 5.48 | 6.38 | 7.35 | 63 | 58 | 57 | 54 | 53 | 53 | 2-5 年 |
| 22-朴子溪流域 | 新埤排水系統 | 0.742 | 1.34 | 2.03 | 2.53 | 3.19 | 3.69 | 4.19 | 3.10 | 4.91 | 6.33 | 8.40 | 10.15 | 12.09 | 43 | 41 | 40 | 38 | 36 | 35 | 未滿 2 年 |
| 23-八掌溪流域 | 八掌溪支流排水-南靖排水 | 0.773 | 1.58 | 2.23 | 2.76 | 3.53 | 4.21 | 4.95 | 3.80 | 5.49 | 7.19 | 10.05 | 12.87 | 17.17 | 42 | 41 | 38 | 35 | 33 | 29 | 未滿 2 年 |
| 24-北港溪流域 | 埤子頭排水系統 | 0.747 | 1.73 | 2.33 | 2.69 | 3.07 | 3.34 | 3.60 | 3.31 | 4.81 | 5.67 | 6.63 | 7.30 | 7.94 | 52 | 49 | 47 | 46 | 46 | 45 | 未滿 2 年 |
| 25-布袋沿海河系 | 龍宮溪排水系統 | 0.756 | 1.49 | 2.08 | 2.51 | 3.06 | 3.49 | 3.94 | 1.57 | 2.54 | 3.33 | 4.49 | 5.49 | 6.64 | 95 | 82 | 75 | 68 | 64 | 59 | 2-5 年 |
| 25-布袋沿海河系 | 考試潭排水系統 | 0.783 | 1.54 | 2.16 | 2.60 | 3.17 | 3.62 | 4.08 | 3.52 | 5.25 | 6.78 | 9.19 | 11.43 | 14.12 | 44 | 41 | 38 | 35 | 32 | 29 | 未滿 2 年 |
| 25-布袋沿海河系 | 栗子崙排水系統 | 0.749 | 1.47 | 2.06 | 2.49 | 3.03 | 3.46 | 3.90 | 3.97 | 5.85 | 7.56 | 10.29 | 12.81 | 15.82 | 37 | 35 | 33 | 29 | 27 | 25 | 未滿 2 年 |
| 25-布袋沿海河系 | 內田排水系統 | 0.743 | 1.46 | 2.05 | 2.47 | 3.01 | 3.43 | 3.87 | 4.11 | 6.05 | 7.80 | 10.59 | 13.19 | 16.29 | 36 | 34 | 32 | 28 | 26 | 24 | 未滿 2 年 |
| 25-布袋沿海河系 | 松子溝排水系統 | 0.860 | 1.69 | 2.37 | 2.86 | 3.48 | 3.97 | 4.48 | 4.00 | 5.91 | 7.62 | 10.35 | 12.89 | 15.93 | 42 | 40 | 37 | 34 | 31 | 28 | 未滿 2 年 |
| 25-布袋沿海河系 | 鹽館溝排水路系統 | 0.851 | 1.67 | 2.34 | 2.83 | 3.45 | 3.93 | 4.43 | 4.87 | 7.09 | 9.14 | 12.42 | 15.45 | 19.07 | 34 | 33 | 31 | 28 | 25 | 23 | 未滿 2 年 |
| 25-布袋沿海河系 | 贊寮溝排水路系統 | 0.838 | 1.65 | 2.31 | 2.79 | 3.40 | 3.87 | 4.37 | 3.36 | 5.05 | 6.54 | 8.87 | 11.03 | 13.61 | 49 | 46 | 43 | 38 | 35 | 32 | 未滿 2 年 |
| 26-新港沿海河系 | 朴子溪支流排水 | 0.786 | 1.68 | 2.38 | 2.87 | 3.47 | 3.93 | 4.40 | 4.34 | 6.48 | 8.36 | 11.29 | 13.90 | 17.03 | 39 | 37 | 34 | 31 | 28 | 26 | 未滿 2 年 |
| 26-新港沿海河系 | 六腳整鼓排水系統 | 0.748 | 1.45 | 2.06 | 2.48 | 3.06 | 3.51 | 3.97 | 1.49 | 2.48 | 3.29 | 4.48 | 5.47 | 6.58 | 83 | 70 | 64 | 58 | 54 | 51 | 5-10 年 |
| 26-新港沿海河系 | 塭港排水系統 | 0.768 | 1.48 | 2.09 | 2.52 | 3.11 | 3.57 | 4.05 | 2.86 | 4.55 | 5.94 | 8.11 | 10.03 | 12.25 | 52 | 46 | 43 | 38 | 36 | 33 | 未滿 2 年 |
| 26-新港沿海河系 | 中三塊中排水系統 | 0.767 | 1.48 | 2.09 | 2.52 | 3.11 | 3.56 | 4.04 | 4.41 | 6.82 | 8.83 | 12.10 | 15.05 | 18.38 | 34 | 31 | 29 | 26 | 24 | 22 | 未滿 2 年 |
| 26-新港沿海河系 | 魚寮中排三排水系統 | 0.737 | 1.51 | 2.11 | 2.56 | 3.13 | 3.58 | 4.04 | 5.45 | 8.18 | 10.00 | 12.42 | 14.55 | 16.67 | 28 | 26 | 26 | 25 | 25 | 24 | 未滿 2 年 |
| 27-二仁溪流域 | 港尾溝溪排水系統 | 0.778 | 1.75 | 2.49 | 2.96 | 3.54 | 3.96 | 4.37 | 4.19 | 5.99 | 7.16 | 8.63 | 9.75 | 10.84 | 42 | 42 | 41 | 41 | 41 | 40 | 未滿 2 年 |
| 27-二仁溪流域 | 三爺溪排水系統 | 0.825 | 2.09 | 2.80 | 3.24 | 3.76 | 4.13 | 4.48 | 4.13 | 5.72 | 6.70 | 7.85 | 8.65 | 9.41 | 51 | 49 | 48 | 48 | 48 | 48 | 未滿 2 年 |
| 28-急水溪流域 | 新田寮排水系統 | 0.771 | 1.51 | 2.13 | 2.53 | 3.02 | 3.38 | 3.75 | 1.79 | 2.98 | 3.76 | 4.64 | 5.25 | 5.83 | 84 | 71 | 67 | 65 | 64 | 64 | 2-5 年 |
| 28-急水溪流域 | 後鎮菁寮排水系統 | 0.744 | 1.52 | 2.13 | 2.52 | 2.99 | 3.33 | 3.66 | 2.14 | 4.17 | 5.37 | 6.64 | 7.50 | 8.28 | 71 | 51 | 47 | 45 | 44 | 44 | 2-5 年 |
| 28-急水溪流域 | 吉貝耍排水系統 | 0.751 | 1.56 | 2.33 | 2.93 | 3.77 | 4.48 | 5.26 | 4.14 | 7.80 | 10.24 | 13.44 | 15.60 | 17.86 | 38 | 30 | 29 | 28 | 29 | 29 | 未滿 2 年 |
| 28-急水溪流域 | 龜子港排水系統 | 0.761 | 1.76 | 2.41 | 2.83 | 3.33 | 3.70 | 4.04 | 4.87 | 6.49 | 7.56 | 8.82 | 9.77 | 10.66 | 36 | 37 | 37 | 38 | 38 | 38 | 未滿 2 年 |
| 28-急水溪流域 | 大腳腿排水系統 | 0.765 | 1.60 | 2.31 | 2.81 | 3.46 | 3.97 | 4.49 | 4.51 | 8.01 | 10.18 | 12.35 | 14.02 | 15.19 | 36 | 29 | 28 | 28 | 28 | 30 | 未滿 2 年 |
| 29-佳里沿海河系 | 劉厝排水 | 0.753 | 1.41 | 2.01 | 2.44 | 3.02 | 3.47 | 3.94 | 2.54 | 3.98 | 4.90 | 6.03 | 6.86 | 7.67 | 55 | 51 | 50 | 50 | 51 | 51 | 未滿 2 年 |

| 流域分區 | 區域排水 | 逕流係數 | 農田排水比流量 (cms/km²) | | | | | | 區域排水比流量 (cms/km²) | | | | | | 農排/區排之比流量比(%) | | | | | | N 年 重現期距* |
|---|---|---|---|---|---|---|---|---|---|---|---|---|---|---|---|---|---|---|---|---|---|
| | | | 2 年 | 5 年 | 10 年 | 25 年 | 50 年 | 100 年 | 2 年 | 5 年 | 10 年 | 25 年 | 50 年 | 100 年 | 2 年 | 5 年 | 10 年 | 25 年 | 50 年 | 100 年 | |
| 29-佳里沿海河系 | 番子田排水系統 | 0.769 | 1.82 | 2.52 | 3.00 | 3.63 | 4.13 | 4.65 | 4.32 | 6.14 | 7.15 | 8.24 | 9.04 | 9.77 | 42 | 41 | 42 | 44 | 46 | 48 | 未滿 2 年 |
| 29-佳里沿海河系 | 將軍溪水系排水系統 | 0.761 | 1.67 | 2.36 | 2.85 | 3.52 | 4.04 | 4.59 | 1.94 | 2.83 | 3.69 | 4.61 | 5.29 | 5.97 | 86 | 83 | 77 | 76 | 76 | 77 | 5-10 年 |
| 29-佳里沿海河系 | 頭港排水系統 | 0.777 | 1.62 | 2.21 | 2.56 | 2.96 | 3.26 | 3.54 | 2.08 | 3.15 | 3.79 | 4.53 | 5.07 | 5.60 | 78 | 70 | 67 | 65 | 64 | 63 | 2-5 年 |
| 29-佳里沿海河系 | 六成排水系統 | 0.754 | 1.60 | 2.23 | 2.61 | 3.06 | 3.38 | 3.69 | 12.60 | 17.37 | 19.85 | 22.71 | 24.62 | 26.34 | 13 | 13 | 13 | 13 | 14 | 14 | 未滿 2 年 |
| 29-佳里沿海河系 | 漚汪排水系統 | 0.818 | 1.61 | 2.34 | 2.89 | 3.67 | 4.30 | 4.99 | 5.15 | 7.73 | 9.31 | 11.39 | 12.80 | 14.30 | 31 | 30 | 31 | 32 | 34 | 35 | 未滿 2 年 |
| 29-佳里沿海河系 | 七股地區排水系統(含大寮排水) | 0.791 | 1.59 | 2.35 | 2.87 | 3.54 | 4.04 | 4.53 | 2.83 | 4.42 | 5.45 | 6.72 | 7.65 | 8.54 | 56 | 53 | 53 | 53 | 53 | 53 | 2-5 年 |
| 29-佳里沿海河系 | 北門地區排水系統 | 0.776 | 1.66 | 2.23 | 2.60 | 3.08 | 3.44 | 3.79 | 4.66 | 6.34 | 7.54 | 8.95 | 10.03 | 11.12 | 36 | 35 | 35 | 34 | 34 | 34 | 未滿 2 年 |
| 30-曾文溪流域 | 安定排水 | 0.794 | 1.63 | 2.32 | 2.84 | 3.54 | 4.10 | 4.71 | 5.22 | 7.95 | 9.51 | 11.12 | 12.31 | 16.42 | 31 | 29 | 30 | 32 | 33 | 29 | 未滿 2 年 |
| 30-曾文溪流域 | 曾文溪水系支流排水-山上及後營等排水 | 0.764 | 1.69 | 2.43 | 2.98 | 3.72 | 4.07 | 4.66 | 4.77 | 7.34 | 8.63 | 10.04 | 10.74 | 11.50 | 35 | 33 | 35 | 37 | 38 | 41 | 未滿 2 年 |
| 31-鹽水溪流域 | 渡子頭溪水系排水系統 | 0.757 | 1.70 | 2.28 | 2.68 | 3.17 | 3.55 | 3.91 | 5.03 | 7.16 | 8.31 | 9.44 | 10.03 | 10.65 | 34 | 32 | 32 | 34 | 35 | 37 | 未滿 2 年 |
| 31-鹽水溪流域 | 永康排水系統 | 0.859 | 1.64 | 2.44 | 3.07 | 3.93 | 4.63 | 5.41 | 4.02 | 6.37 | 8.18 | 10.67 | 12.71 | 14.92 | 41 | 38 | 37 | 37 | 37 | 36 | 未滿 2 年 |
| 31-鹽水溪流域 | 曾文溪水系及鹽水溪排水-虎頭溪排水 | 0.769 | 1.94 | 2.55 | 2.88 | 3.24 | 3.47 | 3.69 | 5.81 | 7.92 | 9.05 | 10.27 | 11.06 | 11.80 | 33 | 32 | 32 | 32 | 31 | 31 | 未滿 2 年 |
| 31-鹽水溪流域 | 鹿耳門排水系統 | 0.762 | 1.94 | 2.61 | 3.07 | 3.63 | 4.06 | 4.48 | 3.82 | 5.59 | 6.78 | 8.27 | 9.38 | 10.50 | 51 | 47 | 45 | 44 | 43 | 43 | 未滿 2 年 |
| 31-鹽水溪流域 | 鹽水溪排水及曾文溪排水系統支流 | 0.796 | 1.81 | 2.52 | 2.99 | 3.60 | 4.04 | 4.50 | 2.94 | 4.60 | 5.85 | 7.65 | 9.14 | 10.80 | 61 | 55 | 51 | 47 | 44 | 42 | 2-5 年 |

備註：10 年重現期距之農田排水比流量相當於 N 年重現期距區域排水出口控制點比流量

表 1 高雄農田水利會水系治理規劃報告一覽表

| 流域分區 | 區域排水 | 治理規劃報告名稱 | 主辦單位 | 報告年月 |
|---|---|---|---|---|
| 32-高雄沿海河系二 | 典寶溪排水系統 | 高雄地區典寶溪排水系統整治及環境營造規劃報告 | 經濟部水利署水利規劃試驗所 | 民國 97 年 4 月 |
| 32-高雄沿海河系二 | 後勁溪排水系統 | 高雄地區後勁溪排水系統整治及環境營造規劃報告 | 經濟部水利署水利規劃試驗所 | 民國 98 年 7 月 |
| 32-高雄沿海河系二 | 鳳山溪排水系統 | 『易淹水地區排水』高雄縣管區域排水鳳山溪排水系統治理規劃報告 | 經濟部水利署第六河川局 | 民國 98 年 12 月 |
| 36-高屏溪流域 | 林園排水系統 | 「易淹水地區水患治理計畫」高雄縣管區域排水林園排水系統規劃報告 | 經濟部水利署第六河川局 | 民國 97 年 12 月 |
| 36-高屏溪流域 | 美濃地區排水系統 | 「易淹水地區水患治理計畫」高雄縣管區域排水美濃地區排水系統規劃報告 | 經濟部水利署第七河川局 | 民國 98 年 12 月 |
| 36-高屏溪流域 | 大樹地區排水系統 | 易淹水地區排水大樹地區排水系統規劃第1階段實施計畫縣管區域排水大樹地區排水系統規劃 | 經濟部水利署第七河川局 | 民國 99 年 5 月 |
| 36-高屏溪流域 | 旗山地區排水系統-溪洲排水 | 「易淹水地區水患治理計畫」高雄市管區域排水旗山地區排水系統(鹿洲排水、溪洲排水)規劃報告 | 經濟部水利署第六河川局 | 民國 102 年 10 月 |

表 2 高雄農田水利會水系地文因子一覽表

| 流域分區 | 區域排水 | 控制點名稱 | 面積 A (km²) | 河長 L (km) | 坡度 S | 不同重現期區域排水尖峰流量成果（cms） | | | | | |
|---|---|---|---|---|---|---|---|---|---|---|---|
| | | | | | | 2 年 | 5 年 | 10 年 | 25 年 | 50 年 | 100 年 |
| 32-高雄沿海河系二 | 典寶溪排水系統 | 典寶溪排水出口 | 106.0 | 34.7 | 0.007 | 330 (3.11) | 489 (4.61) | 602 (5.68) | 720 (6.79) | 888 (8.38) | 1025 (9.66) |
| 32-高雄沿海河系二 | 後勁溪排水系統 | 後勁溪排水出口 | 73.5 | 25.1 | 0.006 | 282 (3.84) | 409 (5.58) | 500 (6.81) | 616 (8.4) | 708 (9.64) | 802 (10.92) |
| 32-高雄沿海河系二 | 鳳山溪排水系統 | 前鎮河出口 | 53.0 | 16.8 | 0.001 | 126 (2.38) | 237 (4.48) | 311 (5.87) | 405 (7.65) | 475 (8.98) | 550 (10.38) |
| 36-高屏溪流域 | 林園排水系統 | 林園 1 | 56.4 | 17.9 | 0.001 | 173 (3.07) | 298 (5.28) | 387 (6.86) | 490 (8.7) | 581 (10.31) | 658 (11.68) |
| 36-高屏溪流域 | 美濃地區排水系統 | 美濃溪 | 113.8 | 31.1 | 0.003 | 682 (6) | 873 (7.68) | 990 (8.7) | 1132 (9.95) | 1230 (10.81) | 1326 (11.66) |
| 36-高屏溪流域 | 大樹地區排水系統 | DS1 大樹排水出口 | 9.6 | 6.1 | 0.018 | 77 (8.05) | 142 (14.83) | 180 (18.79) | 228 (23.81) | 260 (27.15) | 297 (31.01) |
| 36-高屏溪流域 | 旗山地區排水系統-溪洲排水 | 溪洲排水出口 | 4.9 | 4.2 | 0.015 | 45 (9.27) | 65 (13.4) | 78 (16.08) | 94 (19.38) | 106 (21.85) | 117 (24.12) |

備註：(括弧) 表為比流量成果，單位為 cms/km²

表 3 高雄農田水利會水系水文因子一覽表

| 流域分區 | 區域排水 | 測站數 | 資料年限(民國) | 一日暴雨量(mm) | | | | | | 最大 24 小時暴雨量(mm) | | | | | |
|---|---|---|---|---|---|---|---|---|---|---|---|---|---|---|---|
| | | | | 2 年 | 5 年 | 10 年 | 25 年 | 50 年 | 100 年 | 2 年 | 5 年 | 10 年 | 25 年 | 50 年 | 100 年 |
| 32-高雄沿海河系二 | 典寶溪排水系統 | 9 | 34-95 | 191 | 274 | 328 | 397 | 449 | 499 | 220 | 315 | 377 | 457 | 516 | 574 |
| 32-高雄沿海河系二 | 後勁溪排水系統 | 6 | 34-95 | 195 | 282 | 340 | 412 | 466 | 520 | 224 | 324 | 391 | 474 | 536 | 598 |
| 32-高雄沿海河系二 | 鳳山溪排水系統 | 4 | 38-95 | 182 | 277 | 340 | 419 | 478 | 537 | 209 | 319 | 391 | 482 | 550 | 618 |
| 36-高屏溪流域 | 林園排水系統 | 6 | 65-95 | 196 | 291 | 345 | 401 | 437 | 467 | 225 | 334 | 396 | 461 | 502 | 537 |
| 36-高屏溪流域 | 美濃地區排水系統 | 5 | 47-95 | 234 | 305 | 349 | 399 | 434 | 468 | 274 | 357 | 408 | 467 | 508 | 548 |
| 36-高屏溪流域 | 大樹地區排水系統 | 2 | 65-96 | 200 | 320 | 399 | 499 | 574 | 648 | 232 | 371 | 463 | 579 | 666 | 752 |
| 36-高屏溪流域-溪洲排水 | 旗山地區排水系統-溪洲排水 | 1 | 50-99 | 219 | 317 | 383 | 466 | 527 | 588 | 252 | 365 | 441 | 536 | 606 | 676 |

表 4 高雄農田水利會水系比流量分析結果表

| 流域分區 | 區域排水 | 逕流係數 | 農田排水比流量(cms/km²) | | | | | | 區域排水比流量(cms/km²) | | | | | | 農排/區排之比流量比(%) | | | | | | N 年重現期距* |
|---|---|---|---|---|---|---|---|---|---|---|---|---|---|---|---|---|---|---|---|---|---|
| | | | 2 年 | 5 年 | 10 年 | 25 年 | 50 年 | 100 年 | 2 年 | 5 年 | 10 年 | 25 年 | 50 年 | 100 年 | 2 年 | 5 年 | 10 年 | 25 年 | 50 年 | 100 年 | |
| 32-高雄沿海河系二 | 典寶溪排水系統 | 0.793 | 2.02 | 2.89 | 3.46 | 4.19 | 4.74 | 5.27 | 3.12 | 4.62 | 5.68 | 6.79 | 8.38 | 9.67 | 65 | 63 | 61 | 62 | 57 | 54 | 2-5 年 |
| 32-高雄沿海河系二 | 後勁溪排水系統 | 0.849 | 2.20 | 3.19 | 3.84 | 4.66 | 5.27 | 5.88 | 3.84 | 5.58 | 6.81 | 8.40 | 9.64 | 10.92 | 57 | 57 | 56 | 55 | 55 | 54 | 2-5 年 |
| 32-高雄沿海河系二 | 鳳山溪排水系統 | 0.843 | 2.04 | 3.11 | 3.82 | 4.70 | 5.36 | 6.03 | 2.38 | 4.48 | 5.88 | 7.65 | 8.98 | 10.38 | 86 | 69 | 65 | 61 | 60 | 58 | 2-5 年 |
| 36-高屏溪流域 | 林園排水系統 | 0.830 | 2.16 | 3.21 | 3.80 | 4.43 | 4.82 | 5.16 | 3.07 | 5.29 | 6.87 | 8.70 | 10.31 | 11.68 | 70 | 61 | 55 | 51 | 47 | 44 | 2-5 年 |
| 36-高屏溪流域 | 美濃地區排水系統 | 0.775 | 2.46 | 3.20 | 3.66 | 4.19 | 4.55 | 4.91 | 6.00 | 7.68 | 8.70 | 9.95 | 10.81 | 11.66 | 41 | 42 | 42 | 42 | 42 | 42 | 未満 2 年 |
| 36-高屏溪流域 | 大樹地區排水系統 | 0.776 | 2.08 | 3.33 | 4.16 | 5.20 | 5.98 | 6.75 | 8.05 | 14.83 | 18.80 | 23.81 | 27.15 | 31.02 | 26 | 22 | 22 | 22 | 22 | 22 | 未満 2 年 |
| 36-高屏溪流域-溪洲排水 | 旗山地區排水系統-溪洲排水 | 0.773 | 2.25 | 3.26 | 3.94 | 4.79 | 5.42 | 6.05 | 9.28 | 13.40 | 16.08 | 19.38 | 21.86 | 24.12 | 24 | 24 | 25 | 25 | 25 | 25 | 未満 2 年 |

備註：10 年重現期距之農田排水比流量相當於 N 年重現期距區域排水出口控制點比流量

表 1 屏東農田水利會水系治理規劃報告一覽表

| 流域分區 | 區域排水 | 治理規劃報告名稱 | 主辦單位 | 報告年月 |
|---|---|---|---|---|
| 33-林邊溪流域 | 林邊溪水系 | 「易淹水地區水患治理計畫」屏東縣管河川林邊溪水系治理規劃總報告 | 經濟部水利署水利規劃試驗所 | 民國 98 年 8 月 |
| 33-林邊溪流域 | 林邊排水系統 | 「易淹水地區水患治理計畫」屏東縣管河川林邊溪水系-支流排水(崁頂、新埤、武丁、大武丁、羌園、塭仔一號、塭仔二號)規劃 | 經濟部水利署水利規劃試驗所 | 民國 98 年 8 月 |
| 34-東港溪流域 | 東港溪支流排水系統 | 「易淹水地區水患治理計畫」第一階段實施計畫屏東縣管區域排水東港溪水系-左岸溪州溪排水等十二條排水系統規劃 | 經濟部水利署第七河川局 | 民國 100 年 10 月 |
| 34-東港溪流域 | 牛埔排水系統 | 「易淹水地區水患治理計畫」屏東縣管區域排水牛埔排水系統規劃修正成果報告書 | 經濟部水利署第七河川局 | 民國 97 年 10 月 |
| 35-南屏東沿海河系 | 保力溪水系 | 「易淹水地區水患治理計畫」屏東縣管河川保力溪水系規劃(保力溪主流) | 經濟部水利署第七河川局 | 民國 98 年 3 月 |
| 35-南屏東沿海河系 | 楓港溪河系 | 「易淹水地區水患治理計畫」屏東縣管河川楓港溪下游段規劃檢討 | 經濟部水利署第七河川局 | 民國 102 年 10 月 |
| 35-南屏東沿海河系 | 枋寮排水系統 | 「易淹水地區水患治理計畫」屏東縣管區域排水枋寮地區排水系統規劃報告 | 經濟部水利署第七河川局 | 民國 98 年 7 月 |
| 36-高屏溪流域 | 土庫排水系統 | 「易淹水地區水患治理計畫」屏東縣管區域排水土庫地區排水系統規劃報告 | 經濟部水利署第七河川局 | 民國 98 年 5 月 |
| 36-高屏溪流域 | 武洛溪排水系統 | 「易淹水地區水患治理計畫」第一階段實施計畫屏東縣管區排武洛溪水系統規劃 | 經濟部水利署第七河川局 | 民國 98 年 |
| 36-高屏溪流域 | 牛稠溪排水 | 易淹水地區水患治理計畫」屏東縣管區域排水牛稠溪水系統規劃 | 經濟部水利署第七河川局 | 民國 99 年 1 月 |
| 36-高屏溪流域 | 埔羌溪排水 | 「易淹水地區水患治理計畫」屏東縣管區域排水高樹地區排水系統(埔羌崙、後壁溪及埔羌溪排水)規劃報告 | 經濟部水利署第七河川局 | 民國 102 年 3 月 |
| 36-高屏溪流域 | 萬丹排水系統 | 易淹水地區水患治理計畫第二階段實施計畫屏東縣管區域排水萬丹地區排水系統規劃 | 經濟部水利署第七河川局 | 民國 102 年 3 月 |

表 2 屏東農田水利會水系地文因子一覽表

| 流域分區 | 區域排水 | 控制點名稱 | 面積 A (km²) | 河長 L (km) | 坡度 S | 不同重現期區域排水尖峰流量成果（cms） | | | | | |
|---|---|---|---|---|---|---|---|---|---|---|---|
| | | | | | | 2 年 | 5 年 | 10 年 | 25 年 | 50 年 | 100 年 |
| 33-林邊溪流域 | 林邊溪水系 | 河口 | 345.2 | 33.2 | 0.067 | 1950 (5.65) | 2799 (8.11) | 3269 (9.47) | 3759 (10.89) | 4059 (11.76) | 4328 (12.54) |
| 33-林邊溪流域 | 林邊排水系統 | 糞湖排水幹線 | 26.1 | 9.8 | 0.090 | 181 (6.95) | 270 (10.39) | 327 (12.56) | 393 (15.1) | 439 (16.88) | 483 (18.57) |
| 34-東港溪流域 | 東港溪支流排水系統 | 溪州溪排水出口 | 46.3 | 17.6 | 0.002 | 178 (3.85) | 282 (6.09) | 362 (7.82) | 481 (10.39) | 582 (12.58) | 693 (14.98) |
| 34-東港溪流域 | 牛埔排水系統 | 排水出口 | 37.2 | 23.7 | 0.002 | 165 (4.45) | 220 (5.94) | 257 (6.94) | 305 (8.21) | 341 (9.19) | 377 (10.15) |
| 35-南屏東沿海河系 | 保力溪水系 | 保力溪出口 | 103.5 | 20.9 | 0.013 | 528 (5.11) | 784 (7.58) | 960 (9.28) | 1182 (11.43) | 1346 (13.01) | 1509 (14.59) |
| 35-南屏東沿海河系 | 楓港溪水系 | 河口 | 102.5 | 20.3 | 0.024 | 661 (6.45) | 972 (9.49) | 1221 (11.91) | 1561 (15.23) | 1829 (17.85) | 2101 (20.5) |
| 35-南屏東沿海河系 | 枋寮排水系統 | 枋寮排水幹線(北勢溪)出海口 | 30.8 | 13.7 | 0.043 | 197 (6.4) | 277 (9) | 329 (10.7) | 369 (12) | 381 (12.4) | 397 (12.9) |
| 36-高屏溪流域 | 土庫排水系統 | 土庫排水出口(出口) | 5.5 | 5.3 | 0.002 | 41 (7.56) | 53 (9.6) | 59 (10.69) | 66 (11.95) | 70 (12.78) | 74 (13.54) |
| 36-高屏溪流域 | 武洛溪排水系統 | 武洛溪幹線出口 | 110.9 | 24.7 | 0.002 | 475 (4.29) | 687 (6.2) | 812 (7.33) | 957 (8.63) | 1056 (9.53) | 1151 (10.38) |
| 36-高屏溪流域 | 牛稠溪排水系統 | A1 | 36.0 | 15.7 | - | 129 (3.6) | 223 (6.2) | 277 (7.7) | 342 (9.5) | 381 (10.6) | 421 (11.7) |
| 36-高屏溪流域 | 埔羌溪排水 | C1 | 46.8 | 15.7 | 0.087 | 302 (6.47) | 506 (10.83) | 659 (14.08) | 865 (18.48) | 1027 (21.94) | 1208 (25.81) |
| 36-高屏溪流域 | 萬丹排水系統 | 與高屏溪匯流處 | 34.4 | 14.1 | 0.001 | 119 (3.49) | 195 (5.7) | 253 (7.36) | 331 (9.63) | 388 (11.31) | 450 (13.09) |

備註：（括弧）表為比流量成果，單位為 cms/km²

表 3 屏東農田水利會水系水文因子一覽表

| 流域分區 | 區域排水 | 測站數 | 資料年限(民國) | 一日暴雨量(mm) | | | | | | 最大 24 小時暴雨量(mm) | | | | | |
|---|---|---|---|---|---|---|---|---|---|---|---|---|---|---|---|
| | | | | 2 年 | 5 年 | 10 年 | 25 年 | 50 年 | 100 年 | 2 年 | 5 年 | 10 年 | 25 年 | 50 年 | 100 年 |
| 33-林邊溪流域 | 林邊溪水系 | 12 | 61-94 | 305 | 432 | 508 | 596 | 657 | 712 | 351 | 497 | 584 | 685 | 756 | 819 |
| 33-林邊溪流域 | 林邊溪排水系統 | 12 | 61-94 | 276 | 398 | 475 | 565 | 628 | 688 | 312 | 450 | 537 | 638 | 710 | 777 |
| 34-東港溪流域 | 東港溪支流排水系統 | 4 | 49-95 | 204 | 304 | 374 | 465 | 535 | 607 | 231 | 344 | 423 | 525 | 605 | 686 |
| 34-東港溪流域 | 牛埔排水系統 | 5 | 54-94 | 264 | 351 | 410 | 485 | 542 | 599 | 298 | 397 | 463 | 548 | 612 | 677 |
| 35-南屏東沿海河系 | 保力溪水系 | 3 | 47-94 | 196 | 280 | 335 | 405 | 456 | 805 | 227 | 325 | 389 | 470 | 529 | 934 |
| 35-南屏東沿海河系 | 楓港溪水系 | 4 | 49-100 | 249 | 350 | 431 | 543 | 630 | 719 | 286 | 403 | 496 | 624 | 725 | 827 |
| 35-南屏東沿海河系 | 枋寮排水系統 | 6 | 71-95 | 220 | 306 | 362 | 431 | 481 | 531 | 253 | 352 | 416 | 496 | 553 | 611 |
| 36-高屏溪流域 | 土庫排水系統 | 3.0 | 15-95 | 214 | 286 | 328 | 375 | 407 | 437 | 257 | 343 | 394 | 450 | 488 | 524 |
| 36-高屏溪流域 | 武洛溪排水系統 | 6 | 61-95 | 218 | 298 | 346 | 401 | 439 | 475 | 250 | 343 | 398 | 461 | 505 | 547 |
| 36-高屏溪流域 | 牛稠溪排水系統 | 4 | 40-96 | 223 | 325 | 386 | 456 | 503 | 546 | 256 | 374 | 444 | 524 | 578 | 628 |
| 36-高屏溪流域 | 埔羌溪排水 | 10 | 69-99 | 290 | 446 | 564 | 730 | 866 | 1013 | 290 | 446 | 564 | 730 | 866 | 1013 |
| 36-高屏溪流域 | 萬丹排水系統 | 4 | 40-99 | 226 | 339 | 420 | 530 | 616 | 706 | 226 | 339 | 420 | 530 | 616 | 706 |

表 4 屏東農田水利會水系比流量分析結果表

| 流域分區 | 區域排水 | 逕流係數 | 農田排水比流量 (cms/km²) | | | | | | 區域排水比流量 (cms/km²) | | | | | | 農排/區排之比流量比(%) | | | | | | N 年 重現期距 |
|---|---|---|---|---|---|---|---|---|---|---|---|---|---|---|---|---|---|---|---|---|---|
| | | | 2 年 | 5 年 | 10 年 | 25 年 | 50 年 | 100 年 | 2 年 | 5 年 | 10 年 | 25 年 | 50 年 | 100 年 | 2 年 | 5 年 | 10 年 | 25 年 | 50 年 | 100 年 | |
| 33-林邊溪流域 | 林邊溪水系 | 0.797 | 3.24 | 4.58 | 5.39 | 6.32 | 6.97 | 7.56 | 5.65 | 8.11 | 9.47 | 10.89 | 11.76 | 12.54 | 57 | 57 | 57 | 58 | 59 | 60 | 未滿 2 年 |
| 33-林邊溪流域 | 林邊排水系統 | 0.764 | 2.76 | 3.98 | 4.75 | 5.65 | 6.28 | 6.88 | 6.95 | 10.39 | 12.56 | 15.10 | 16.88 | 18.57 | 40 | 38 | 38 | 37 | 37 | 37 | 未滿 2 年 |
| 34-東港溪流域 | 東港溪支流排水系統 | 0.759 | 2.03 | 3.02 | 3.71 | 4.62 | 5.31 | 6.03 | 3.85 | 6.09 | 7.82 | 10.39 | 12.58 | 14.98 | 53 | 50 | 48 | 44 | 42 | 40 | 未滿 2 年 |
| 34-東港溪流域 | 牛埔排水系統 | 0.754 | 2.60 | 3.46 | 4.04 | 4.78 | 5.35 | 5.91 | 4.45 | 5.94 | 6.94 | 8.21 | 9.19 | 10.15 | 59 | 58 | 58 | 58 | 58 | 58 | 未滿 2 年 |
| 35-南屏東沿海河系 | 保力溪水系 | 0.794 | 2.09 | 2.99 | 3.57 | 4.32 | 4.86 | 8.59 | 5.11 | 7.58 | 9.28 | 11.43 | 13.01 | 14.59 | 41 | 39 | 39 | 38 | 37 | 59 | 未滿 2 年 |
| 35-南屏東沿海河系 | 楓港溪水系 | 0.799 | 2.65 | 3.73 | 4.59 | 5.77 | 6.71 | 7.65 | 6.45 | 9.49 | 11.91 | 15.23 | 17.85 | 20.50 | 41 | 39 | 39 | 38 | 38 | 37 | 未滿 2 年 |
| 35-南屏東沿海河系 | 枋寮排水系統 | 0.764 | 2.24 | 3.11 | 3.68 | 4.38 | 4.89 | 5.40 | 6.40 | 9.00 | 10.70 | 12.00 | 12.40 | 12.90 | 35 | 35 | 34 | 37 | 39 | 42 | 未滿 2 年 |
| 36-高屏溪流域 | 土庫排水系統 | 0.784 | 2.33 | 3.12 | 3.57 | 4.09 | 4.43 | 4.76 | 7.56 | 9.60 | 10.69 | 11.95 | 12.78 | 13.54 | 31 | 32 | 33 | 34 | 35 | 35 | 未滿 2 年 |
| 36-高屏溪流域 | 武洛溪排水系統 | 0.756 | 2.19 | 3.00 | 3.48 | 4.04 | 4.42 | 4.78 | 4.29 | 6.20 | 7.33 | 8.63 | 9.53 | 10.38 | 51 | 48 | 48 | 47 | 46 | 46 | 未滿 2 年 |
| 36-高屏溪流域 | 牛稠溪排水系統 | 0.811 | 2.41 | 3.51 | 4.16 | 4.92 | 5.43 | 5.89 | 3.60 | 6.20 | 7.70 | 9.50 | 10.60 | 11.70 | 67 | 57 | 54 | 52 | 51 | 50 | 2-5 年 |
| 36-高屏溪流域 | 埔羌溪排水 | 0.759 | 2.55 | 3.92 | 4.96 | 6.41 | 7.61 | 8.90 | 6.47 | 10.83 | 14.08 | 18.48 | 21.94 | 25.81 | 39 | 36 | 35 | 35 | 35 | 34 | 未滿 2 年 |
| 36-高屏溪流域 | 萬丹排水系統 | 0.769 | 2.01 | 3.02 | 3.74 | 4.72 | 5.48 | 6.28 | 3.49 | 5.70 | 7.36 | 9.63 | 11.31 | 13.09 | 58 | 53 | 51 | 49 | 48 | 48 | 2-5 年 |

備註：10 年重現期距之農田排水比流量相當於 N 年重現期距區域排水出口控制點比流量

表 1 台東農田水利會水系治理規劃報告一覽表

| 流域分區 | 區域排水 | 治理規劃報告名稱 | 主辦單位 | 報告年月 |
|---|---|---|---|---|
| 37-海岸山脈東側河系 | 富家溪水系 | 「易淹水地區水患治理計畫」臺東縣管河川富家溪水系規劃報告 | 經濟部水利署第八河川局 | 民國98年8月 |
| 37-海岸山脈東側河系 | 馬武溪水系 | 「易淹水地區水患治理計畫」臺東縣管河川馬武溪水系第2階段實施計畫規劃報告 | 經濟部水利署第八河川局 | 民國100年12月 |
| 38-台東沿海河系 | 太平溪水系 | 「易淹水地區水患治理計畫」臺東縣管河川太平溪水系規劃報告 | 經濟部水利署第八河川局 | 民國98年4月 |
| 38-台東沿海河系 | 知本溪水系 | 「易淹水地區水患治理計畫」臺東縣管河川知本溪水系規劃(莫拉克颱風後治理計畫檢討報告) | 經濟部水利署水利規劃試驗所 | 民國99年5月 |
| 38-台東沿海河系 | 利嘉溪水系 | 「易淹水地區水患治理計畫」臺東縣管河川利嘉溪水系治理規劃第一階段實質施計畫 | 經濟部水利署水利規劃試驗所 | 民國98年4月 |
| 38-台東沿海河系 | 太麻里溪水系 | 「易淹水地區水患治理計畫」臺東縣管河川太麻里溪水系規劃(太麻里溪第一階段實質施計畫) | 經濟部水利署水利規劃試驗所 | 民國98年 |
| 38-台東沿海河系 | 台東市地區排水系統(下康樂、豐田、永樂、豐里、豐源) | 「易淹水地區水患治理計畫」臺東縣管區域排水臺東市地區排水系統(十股、豐田、下康樂、康樂等排水)規劃報告 | 經濟部水利署第八河川局 | 民國101年1月 |

表 2 台東農田水利會水系地文因子一覽表

| 流域分區 | 區域排水 | 控制點名稱 | 面積A (km²) | 河長L (km) | 坡度S | 不同重現期區域排水尖峰流量成果（cms） | | | | | |
|---|---|---|---|---|---|---|---|---|---|---|---|
| | | | | | | 2 年 | 5 年 | 10 年 | 25 年 | 50 年 | 100 年 |
| 37-海岸山脈東側河系 | 富家溪水系 | 富家溪出海口 | 27.0 | 10.5 | 0.122 | 398 (14.75) | 571 (21.19) | 700 (25.97) | 862 (31.97) | 988 (36.64) | 1133 (41.98) |
| 37-海岸山脈東側河系 | 馬武溪水系 | 出海口 | 149.4 | 36.0 | 0.042 | 1054 (7.05) | 1463 (9.79) | 1739 (11.64) | 2097 (14.04) | 2358 (15.79) | 2593 (17.35) |
| 38-台東沿海河系 | 太平溪水系 | 太平溪出口 | 88.0 | 20.5 | 0.062 | 862 (9.8) | 1090 (12.39) | 1230 (13.98) | 1349 (15.34) | 1450 (16.48) | 1540 (17.5) |
| 38-台東沿海河系 | 知本溪水系 | 河口點 | 173.8 | 40.8 | 0.013 | 1539 (8.86) | 2099 (12.08) | 2419 (13.92) | 2770 (15.94) | 2999 (17.26) | 3199 (18.41) |
| 38-台東沿海河系 | 利嘉溪水系 | 利嘉溪出海口 | 178.5 | 37.5 | 0.039 | 1162 (6.5) | 1686 (9.44) | 2028 (11.35) | 2452 (13.73) | 2763 (15.47) | 3070 (17.19) |
| 38-台東沿海河系 | 太麻里溪水系 | 出海口 | 216.5 | 36.9 | 0.041 | 1270 (5.87) | 1980 (9.15) | 2489 (11.5) | 3179 (14.69) | 3710 (17.14) | 4270 (19.73) |
| 38-台東沿海河系 | 台東市地區排水系統(下康樂、永樂、豐田、豐里、豐源) | 豐田排水 A1 | 12.2 | 12.9 | 0.002 | 64 (5.25) | 102 (8.37) | 125 (10.28) | 157 (12.93) | 181 (14.85) | 203 (16.7) |

備註：(括弧) 表為比流量成果，單位為 cms/km²

表 3 台東農田水利會水系水文因子一覽表

| 流域分區 | 區域排水 | 測站數 | 資料年限(民國) | 一日暴雨量(mm) | | | | | | 最大24小時暴雨量(mm) | | | | | |
|---|---|---|---|---|---|---|---|---|---|---|---|---|---|---|---|
| | | | | 2年 | 5年 | 10年 | 25年 | 50年 | 100年 | 2年 | 5年 | 10年 | 25年 | 50年 | 100年 |
| 37-海岸山脈東側河系 | 富家溪水系 | 1 | 29-96 | 264 | 355 | 422 | 514 | 587 | 666 | 309 | 415 | 494 | 601 | 687 | 779 |
| 37-海岸山脈東側河系 | 馬武溪水系 | 2 | 62-97 | 197 | 282 | 338 | 409 | 459 | 509 | 230 | 330 | 396 | 478 | 537 | 596 |
| 38-台東沿海河系 | 大平溪海河系 | 3 | 26-94 | 211 | 300 | 358 | 430 | 482 | 534 | 234 | 333 | 397 | 477 | 535 | 593 |
| 38-台東沿海河系 | 知本溪海河系 | 5 | 51-98 | 266 | 391 | 473 | 574 | 648 | 720 | 295 | 434 | 525 | 637 | 719 | 799 |
| 38-台東沿海河系 | 利嘉溪水系 | 2 | 40-95 | 249 | 343 | 398 | 460 | 502 | 541 | 276 | 380 | 442 | 511 | 557 | 600 |
| 38-台東沿海河系 | 太麻里溪水系 | 6 | 44-94 | 263 | 382 | 469 | 588 | 684 | 786 | 292 | 424 | 521 | 653 | 759 | 872 |
| 38-台東沿海河系 | 台東市地區排水系統(下康樂、豐田、永樂、豐源) | 3 | 71-97 | 276 | 407 | 493 | 603 | 684 | 764 | 276 | 407 | 493 | 603 | 684 | 764 |

表 4 台東農田水利會水系比流量分析結果表

| 流域分區 | 區域排水 | 逕流係數 | 農田排水比流量(cms/km²) | | | | | | 區域排水比流量(cms/km²) | | | | | | 農排/區排之比流量比(%) | | | | | | N年重現期距* |
|---|---|---|---|---|---|---|---|---|---|---|---|---|---|---|---|---|---|---|---|---|---|
| | | | 2年 | 5年 | 10年 | 25年 | 50年 | 100年 | 2年 | 5年 | 10年 | 25年 | 50年 | 100年 | 2年 | 5年 | 10年 | 25年 | 50年 | 100年 | 重現期距 |
| 37-海岸山脈東側河系 | 富家溪水系 | 0.800 | 2.86 | 3.85 | 4.57 | 5.57 | 6.36 | 7.22 | 14.75 | 21.19 | 25.97 | 31.97 | 36.64 | 41.98 | 19 | 18 | 18 | 17 | 17 | 17 | 未満2年 |
| 37-海岸山脈東側河系 | 馬武溪水系 | 0.795 | 2.12 | 3.04 | 3.64 | 4.40 | 4.94 | 5.48 | 7.06 | 9.80 | 11.65 | 14.04 | 15.79 | 17.36 | 30 | 31 | 31 | 31 | 31 | 32 | 未満2年 |
| 38-台東沿海河系 | 大平溪海河系 | 0.785 | 2.13 | 3.03 | 3.61 | 4.34 | 4.86 | 5.38 | 9.80 | 12.39 | 13.98 | 15.34 | 16.48 | 17.50 | 22 | 24 | 26 | 28 | 29 | 31 | 未満2年 |
| 38-台東沿海河系 | 知本溪海河系 | 0.802 | 2.74 | 4.03 | 4.87 | 5.91 | 6.67 | 7.41 | 8.86 | 12.08 | 13.92 | 15.94 | 17.26 | 18.41 | 31 | 33 | 35 | 37 | 39 | 40 | 未満2年 |
| 38-台東沿海河系 | 利嘉溪水系 | 0.798 | 2.55 | 3.51 | 4.08 | 4.72 | 5.15 | 5.54 | 6.51 | 9.44 | 11.36 | 13.73 | 15.48 | 17.20 | 39 | 37 | 36 | 34 | 33 | 32 | 未満2年 |
| 38-台東沿海河系 | 太麻里溪水系 | 0.803 | 2.71 | 3.94 | 4.84 | 6.07 | 7.06 | 8.11 | 5.87 | 9.15 | 11.50 | 14.69 | 17.14 | 19.73 | 46 | 43 | 42 | 41 | 41 | 41 | 未満2年 |
| 38-台東沿海河系 | 台東市地區排水系統(下康樂、豐田、永樂、豐源) | 0.781 | 2.50 | 3.68 | 4.46 | 5.45 | 6.19 | 6.91 | 5.25 | 8.37 | 10.28 | 12.93 | 14.85 | 16.70 | 48 | 44 | 43 | 42 | 42 | 41 | 未満2年 |

備註：10年重現期距之農田排水比流量相當於N年重現期距區域排水出口控制點比流量

表 1 花蓮農田水利會水系治理規劃報告一覽表

| 流域分區 | 區域排水 | 治理規劃報告名稱 | 主辦單位 | 報告年月 |
|---|---|---|---|---|
| 39-太魯閣沿海河系 | 立霧溪水系 | 「易淹水地區水患治理計畫」花蓮縣縣管河川立霧溪水系規劃報告 | 經濟部水利署第九河川局 | 民國 98 年 5 月 |
| 39-太魯閣沿海河系 | 三棧溪水系 | 「易淹水地區水患治理計畫」花蓮縣縣管河川三棧溪水系規劃報告 | 經濟部水利署第九河川局 | 民國 97 年 10 月 |
| 40-秀姑巒溪流域 | 無尾溪排水系統 | 「易淹水地區水患治理計畫」花蓮縣縣管區域排水無尾溪排水系統規劃報告 | 經濟部水利署第九河川局 | 民國 98 年 4 月 |
| 40-秀姑巒溪流域 | 中興排水系統 | 「易淹水地區水患治理計畫」花蓮縣縣管區域排水明里、萬寧及中興排水系統合併規劃 | 經濟部水利署第九河川局 | 民國 101 年 9 月 |
| 40-秀姑巒溪流域 | 明里排水系統 | 「易淹水地區水患治理計畫」花蓮縣縣管區域排水明里、萬寧及中興排水系統合併規劃 | 經濟部水利署第九河川局 | 民國 101 年 9 月 |
| 40-秀姑巒溪流域 | 萬寧排水系統 | 「易淹水地區水患治理計畫」花蓮縣縣管區域排水明里、萬寧及中興排水系統合併規劃 | 經濟部水利署第九河川局 | 民國 101 年 9 月 |
| 40-秀姑巒溪流域 | 春日排水系統 | 易淹水地區水患治理計畫「花蓮縣管區域排水春日排水系統規劃報告 | 經濟部水利署第九河川局 | 民國 100 年 10 月 |
| 41-花蓮溪流域 | 樹湖溪排水系統 | 「易淹水地區水患治理計畫」花蓮縣縣管區域排水樹湖溪排水系統規劃報告 | 經濟部水利署第九河川局 | 民國 97 年 12 月 |
| 41-花蓮溪流域 | 國強排水系統 | 「易淹水地區水患治理計畫」第一階段實施計畫縣管河川美崙溪水系規劃 | 經濟部水利署水利規劃試驗所 | 民國 97 年 12 月 |
| 41-花蓮溪流域 | 須美基溪排水系統 | 「易淹水地區水患治理計畫」第一階段實施計畫縣管河川美崙溪水系規劃 | 經濟部水利署水利規劃試驗所 | 民國 97 年 12 月 |
| 41-花蓮溪流域 | 聯合排水系統 | 「易淹水地區水患治理計畫」花蓮縣縣管區域排水聯合排水系統規劃報告 | 經濟部水利署第九河川局 | 民國 97 年 10 月 |
| 41-花蓮溪流域 | 南平排水系統 | 「易淹水地區水患治理計畫」花蓮縣縣管區域排水南平、長橋及萬榮排水系統合併規劃 | 經濟部水利署第九河川局 | 民國 98 年 9 月 |

表 2 花蓮農田水利會水系地文因子一覽表

| 流域分區 | 區域排水 | 控制點名稱 | 面積 A (km²) | 河長 L (km) | 坡度 S | 不同重現期區域排水尖峰流量成果（cms） | | | | | |
|---|---|---|---|---|---|---|---|---|---|---|---|
| | | | | | | 2 年 | 5 年 | 10 年 | 25 年 | 50 年 | 100 年 |
| 39-太魯閣沿海河系 | 立霧溪水系 | 河口站 | 616.3 | 55.0 | 0.066 | 3266 (5.3) | 4683 (7.6) | 5546 (9) | 8973 (14.56) | 10403 (16.88) | 11802 (19.15) |
| 39-太魯閣沿海河系 | 三棧溪水系 | 河口 | 120.9 | 28.768 | 0.076 | 847 (7) | 1218 (10.07) | 1419 (11.73) | 1640 (13.56) | 1787 (14.78) | 1921 (15.89) |
| 40-秀姑巒溪流域 | 無尾溪排水系統 | 河口 | 10.7 | 5.02 | 0.045 | 134 (12.53) | 202 (18.89) | 244 (22.82) | 288 (26.94) | 313 (29.27) | 332 (31.05) |
| 40-秀姑巒溪流域 | 中興排水系統 | 排水出口 | 2.6 | 2.747 | 0.006 | 17 (6.78) | 33 (13.25) | 43 (17.06) | 54 (21.37) | 62 (24.25) | 68 (26.83) |
| 40-秀姑巒溪流域 | 明里排水系統 | 排水出口 | 3.2 | 2.437 | 0.009 | 18 (5.89) | 37 (11.84) | 48 (15.39) | 61 (19.41) | 69 (22.09) | 77 (24.5) |
| 40-秀姑巒溪流域 | 萬寧排水系統 | 排水出口 | 4.7 | 2.543 | 0.013 | 37 (7.97) | 70 (14.85) | 89 (18.89) | 110 (23.41) | 124 (26.4) | 137 (29.16) |
| 40-秀姑巒溪流域 | 春日排水系統 | 排水路出口 | 6.2 | 3.88753 | 0.007 | 58 (9.42) | 82 (13.22) | 97 (15.64) | 116 (18.67) | 131 (21.01) | 143 (23.04) |
| 41-花蓮溪流域 | 樹湖溪排水系統 | 樹湖溪主流排水出口 | 38.4 | 11.80 | 0.079 | 227 (5.9) | 324 (8.43) | 380 (9.89) | 446 (11.61) | 488 (12.7) | 530 (13.79) |
| 41-花蓮溪流域 | 國強排水系統 | 國強排水出口(No.1含截流量) | 3.6 | 32.3 | 0.000 | 34 (9.66) | 49 (13.73) | 58 (16.2) | 68 (19.05) | 76 (21.05) | 83 (23.01) |
| 41-花蓮溪流域 | 須美基溪排水系統 | 須美基溪出口 | 16.0 | 7.93 | 0.182 | 194 (12.09) | 253 (15.77) | 297 (18.51) | 348 (21.69) | 386 (24.06) | 429 (26.74) |
| 41-花蓮溪流域 | 聯合排水系統 | 聯合排水出口 | 10.9 | 6.66 | 0.011 | 56 (5.12) | 98 (8.97) | 127 (11.63) | 162 (14.83) | 190 (17.39) | 220 (20.14) |
| 41-花蓮溪流域 | 南平排水系統 | 排水出口 | 6.0 | 4.418 | 0.017 | 79 (13.29) | 113 (18.9) | 136 (22.75) | 166 (27.86) | 186 (31.2) | 208 (34.86) |

備註：（括弧）表為比流量成果，單位為 cms/km²

表 3 花蓮農田水利會水系水文因子一覽表

| 流域分區 | 區域排水 | 測站數 | 資料年限(民國) | 一日暴雨量(mm) | | | | | | 最大 24 小時暴雨量(mm) | | | | | |
|---|---|---|---|---|---|---|---|---|---|---|---|---|---|---|---|
| | | | | 2 年 | 5 年 | 10 年 | 25 年 | 50 年 | 100 年 | 2 年 | 5 年 | 10 年 | 25 年 | 50 年 | 100 年 |
| 39-太魯閣沿海河系 | 立霧溪水系 | 4 | 50-94 | 280 | 453 | 568 | 713 | 820 | 927 | 322 | 521 | 653 | 819 | 943 | 1066 |
| 39-太魯閣沿海河系 | 三棧溪水系 | 4 | 47-94 | 282 | 390 | 448 | 512 | 533 | 591 | 335 | 464 | 533 | 609 | 635 | 703 |
| 40-秀姑巒溪流域 | 無尾溪排水系統 | 1 | 61-95 | 262 | 405 | 499 | 618 | 707 | 794 | 307 | 474 | 584 | 723 | 827 | 929 |
| 40-秀姑巒溪流域 | 中興排水系統 | 1 | 70-96 | 221 | 303 | 349 | 398 | 429 | 457 | 335 | 489 | 579 | 681 | 749 | 810 |
| 40-秀姑巒溪流域 | 明里排水系統 | 1 | 70-96 | 221 | 303 | 349 | 398 | 429 | 457 | 335 | 489 | 579 | 681 | 749 | 810 |
| 40-秀姑巒溪流域 | 萬寧排水系統 | 2 | 70-96 | 221 | 303 | 349 | 398 | 429 | 457 | 325 | 470 | 555 | 650 | 713 | 771 |
| 40-秀姑巒溪流域 | 春日排水系統 | 1 | 48-96 | 221 | 303 | 349 | 398 | 429 | 457 | 316 | 429 | 492 | 563 | 611 | 655 |
| 41-花蓮溪流域 | 樹湖溪排水系統 | 2 | 69-94 | 263 | 356 | 406 | 461 | 496 | 529 | 310 | 420 | 479 | 544 | 585 | 624 |
| 41-花蓮溪流域 | 國強排水系統 | 10 | 40-94 | 228 | 323 | 375 | 429 | 462 | 490 | 267 | 378 | 439 | 502 | 541 | 573 |
| 41-花蓮溪流域 | 須美基溪排水系統 | 10 | 40-94 | 228 | 323 | 375 | 429 | 462 | 490 | 272 | 386 | 448 | 513 | 552 | 586 |
| 41-花蓮溪流域 | 聯合排水系統 | 2 | 41-95 | 221 | 303 | 349 | 398 | 429 | 457 | 265 | 364 | 419 | 478 | 515 | 548 |
| 41-花蓮溪流域 | 南平排水系統 | 3 | 72-97 | 231 | 332 | 399 | 484 | 547 | 609 | 270 | 388 | 467 | 566 | 640 | 713 |

## 表 4 花蓮農田水利會水系比流量分析結果表

| 流域分區 | 區域排水 | 逕流係數 | 農田排水比流量 (cms/km²) | | | | | | 區域排水比流量 (cms/km²) | | | | | | 農排/區排之比流量比(%) | | | | | | N 年 |
|---|---|---|---|---|---|---|---|---|---|---|---|---|---|---|---|---|---|---|---|---|---|
| | | | 2 年 | 5 年 | 10 年 | 25 年 | 50 年 | 100 年 | 2 年 | 5 年 | 10 年 | 25 年 | 50 年 | 100 年 | 2 年 | 5 年 | 10 年 | 25 年 | 50 年 | 100 年 | 重現期距* |
| 39-太魯閣沿海河系 | 立霧溪水系 | 0.809 | 3.02 | 4.88 | 6.11 | 7.67 | 8.83 | 9.97 | 5.30 | 7.60 | 9.00 | 14.56 | 16.88 | 19.15 | 57 | 64 | 68 | 53 | 52 | 52 | 2-5 年 |
| 39-太魯閣沿海河系 | 三棧溪水系 | 0.807 | 3.13 | 4.34 | 4.98 | 5.69 | 5.93 | 6.57 | 7.01 | 10.08 | 11.74 | 13.57 | 14.78 | 15.89 | 45 | 43 | 42 | 42 | 40 | 41 | 未滿 2 年 |
| 40-秀姑巒溪流域 | 無尾溪排水系統 | 0.773 | 2.74 | 4.24 | 5.22 | 6.47 | 7.40 | 8.31 | 12.54 | 18.90 | 22.83 | 26.94 | 29.28 | 31.06 | 22 | 22 | 23 | 24 | 25 | 27 | 未滿 2 年 |
| 40-秀姑巒溪流域 | 中興排水系統 | 0.762 | 2.96 | 4.32 | 5.11 | 6.01 | 6.61 | 7.15 | 6.79 | 13.25 | 17.06 | 21.38 | 24.26 | 26.84 | 44 | 33 | 30 | 28 | 27 | 27 | 未滿 2 年 |
| 40-秀姑巒溪流域 | 明里排水系統 | 0.763 | 2.96 | 4.32 | 5.11 | 6.01 | 6.61 | 7.15 | 5.90 | 11.85 | 15.40 | 19.42 | 22.10 | 24.50 | 50 | 36 | 33 | 31 | 30 | 29 | 未滿 2 年 |
| 40-秀姑巒溪流域 | 萬寧排水系統 | 0.743 | 2.79 | 4.04 | 4.77 | 5.59 | 6.13 | 6.63 | 7.97 | 14.85 | 18.90 | 23.41 | 26.41 | 29.17 | 35 | 27 | 25 | 24 | 23 | 23 | 未滿 2 年 |
| 40-秀姑巒溪流域 | 春日排水系統 | 0.746 | 2.73 | 3.70 | 4.25 | 4.86 | 5.27 | 5.66 | 9.42 | 13.23 | 15.65 | 18.68 | 21.01 | 23.05 | 29 | 28 | 27 | 26 | 25 | 25 | 未滿 2 年 |
| 41-花蓮溪流域 | 樹湖溪排水系統 | 0.758 | 2.72 | 3.69 | 4.20 | 4.77 | 5.13 | 5.48 | 5.91 | 8.44 | 9.89 | 11.61 | 12.71 | 13.80 | 46 | 44 | 42 | 41 | 40 | 40 | 未滿 2 年 |
| 41-花蓮溪流域 | 國強排水系統 | 0.784 | 2.42 | 3.43 | 3.98 | 4.55 | 4.90 | 5.20 | 9.67 | 13.74 | 16.20 | 19.06 | 21.05 | 23.02 | 25 | 25 | 25 | 24 | 23 | 23 | 未滿 2 年 |
| 41-花蓮溪流域 | 須美基溪排水系統 | 0.797 | 2.51 | 3.56 | 4.13 | 4.73 | 5.09 | 5.40 | 12.09 | 15.77 | 18.52 | 21.70 | 24.06 | 26.75 | 21 | 23 | 22 | 22 | 21 | 20 | 未滿 2 年 |
| 41-花蓮溪流域 | 聯合排水系統 | 0.787 | 2.42 | 3.31 | 3.82 | 4.35 | 4.69 | 5.00 | 5.13 | 8.97 | 11.63 | 14.84 | 17.40 | 20.15 | 47 | 37 | 33 | 29 | 27 | 25 | 未滿 2 年 |
| 41-花蓮溪流域 | 南平排水系統 | 0.762 | 2.38 | 3.42 | 4.12 | 4.99 | 5.65 | 6.29 | 13.29 | 18.90 | 22.75 | 27.86 | 31.20 | 34.86 | 18 | 18 | 18 | 18 | 18 | 18 | 未滿 2 年 |

備註：10 年重現期距之農田排水比流量相當於 N 年重現期距區域排水出口控制點比流量

# 附錄二

農田水利建設應用生態工法規劃設計
與監督管理作業要點

# 農田水利建設應用生態工法規劃設計與監督管理作業要點

中華民國 93 年 06 月 30 日農業委員會
農水字第 04930030405 號令訂定發布
全文 14 點，並自即日生效

一、行政院農業委員會(以下簡稱本會)為貫徹生產、生活、生態三生農業政策，推動農田水利建設時兼顧提升農業生產、保育生態環境、維護生物多樣性及營造農村景觀，採取以生態為基礎、安全為導向之工程方法，減少對自然環境造成傷害，以達永續發展之目標，特訂定本要點。

二、本會補助辦理之農田水利設施更新改善、農地重劃及早期農地重劃區農水路更新改善等農田水利建設，其規劃、設計、施工及維護管理，應積極考量生態工法原則，兼顧生態環境維護。

三、農田水利建設規劃，應將下列生態課題納入考量：

(一)當地特定生物之確認及其保育方案或措施。

(二)生態工法設計之選用(包括工料來源之探討)。

(三)生態監測及設施之後續維護。

(四)景觀及原生植物植栽。。

四、應用生態工法規劃，應先做相關之背景環境、材料及生態調查，其調查方法得用文獻調查及現場調查等方式。生態調查經費，得納入工程建設預算。

五、農田水利建設應用生態工法規劃時之考慮事項：

(一)水路：包括灌排水路

1、排水路儘可能順應地形保持蜿蜒，或利用不同之工法使其形成多樣性流況。湧泉地區之水路不予封底，以保護生物棲地環境。

2、在用地許可之情形下，渠面應儘量採緩坡設計，在不影響水路流況

及阻礙巡防道路情況下，最高設計水位超高部分或渠頂宜適 量覆土，俾提供植物生長，以利景觀、生態功能。

3、水路設置得以容納小生物避難或隱藏之多孔隙空間。

4、灌排分離之水路，由於配合灌溉管理，可能於一段期間內斷水，故需視實際狀況，規劃非灌溉期間容留水中生物避難的地方。

5、水路周邊得設置綠地、河畔林或灌木欉，以提供水路多樣性生態環境。

6、跌水工、陡槽或攔河堰如對水中魚類有移動障礙，為使不影響其繁衍，可考慮採用多階段小落差之連續水工型態或設置魚道。

7、排水渠道因有被洪水沖毀之可能，應考量安全與生態兼具之工法，渠底應採透水性之材料，以涵養補注地下水。

8、為維護良好灌溉水質，應考量預防未經許可之搭排及受污染之地面逕流流入灌溉渠道。

9、灌溉、排水渠道採生態工法設計，如週遭環境及維護管理等條件 合適，得考量規劃具親水功能、景觀及植栽等設施，俾增加居民休憩及生態教育之功能。

10、灌溉、排水渠道如流經湧泉地區，可考量加大圳路寬度、挖深使成水塘，在灌溉停水或渠道維修期間，成為水生動物之避難所，或在豐水期間成為水生物之棲息地。

(二)農路：

1、農路應儘可能沿著地形坡度整建，避免大量挖填土方，並檢討最小寬度，加強排水設施功能，以減輕對生態環境之影響。

2、預定設置農路之路線需調查是否有珍貴稀有或特有之植物或動物棲息地。若經查明係屬上述地點，應考量變更農路路線或提出減輕影

響之替代方案。農路預定路線如經調查有保育類野生動物，宜規劃適當之野生動物遷移廊道。

3、農路路面以碎石級配等透水性材料鋪設為原則。

4、如空間許可，主要幹道農路兩側應植栽行道樹，樹種的選擇以原生種為原則，並納入景觀規劃。

(三)貯水池(或調整池)：貯水池水域及其周邊為魚類、其他水生生物及鳥類之棲息空間，其周邊灌木欉或林帶亦為昆蟲、鳥類及小動物之棲息空間，宜規劃使其水域及陸地之地形及植生保持連續不中斷，並配合規劃生態觀察便道及自然生物保護區域，以防止人為活動之干擾。

六、採行生態工法，以因地制宜、就地取材為原則，需視建設目標及當地物化特性及人文背景資料，充分分析後而選定之。

七、農田水利建設應用生態工法之規劃、設計，為求完整周延，各主辦單位得邀請生態工法專家學者或設專案諮詢小組協助審查。所需經費，得納入工程建設預算。

八、調查測量等外業工作，應儘可能避免影響生態環境、破壞珍貴稀有之生物棲息場所。在預算容許範圍內，儘可能編列施工前生物調查經費。

九、應用生態工法設計時應考慮下列事項：

(一)符合個案之特性：

1、依個案人文、地理、生態等特質及規劃目標進行設計。

2、選擇適當之生態工法。

3、視實地情形預測施工階段可能發生之狀況，並考量因而可能增加經費之處理方式。

(二)配合地區特性並儘量利用當地天然材料，植栽以原生種為原則。

(三)營造多樣化生態環境。

(四)降低施工期間對生物干擾或保留生物棲息場所之措施。

十、生態工法應尊重當地特性，其建設將成為地方之文化資產，與當地居民之生活息息相關。主辦單位在規劃初期應積極邀請地方人士參與，推動地方民眾認養維護。

十一、生態工法施工時應注意期程安排、施工路線、棲地保護等措施，以減低施工對生態環境之影響，並需有保護保育類動植物、湧泉之應變措施。施工完成後應評估生態工法之實施成效。

十二、生態工法完工後，管理單位應編列適當維護預算，做為損壞補修、植生補植或改修之費用。

十三、各主辦單位應於每年年度終了，將該年度推動生態工法之成效彙報本會。報告內容包括：案名、經費、設置地點、設計理念、採用工法、預期達成功效、成果、維護費用、檢討及建議。

十四、本作業要點未規定者參照一般工程之設計原則及規範辦理，主辦單位並得採行較本要點更有利於生態環境之做法。

# 附錄三

生態檢核相關表單
(環境敏感區及非環境敏感區)

# 縣市管河川及區域排水整體改善
# 計畫-農田排水、埤塘、圳路改善生態檢核自評表

## (規劃、設計階段) - 環境敏感區

| 計畫及<br>工程名稱 | ○○幹線改善工程 | | 設計單位 | ○○農田水利會 |
|---|---|---|---|---|
| 工程期程 | 107.03.01~107.12.31 | | 監造廠商 | ○○農田水利會 |
| 主辦機關 | ○○農田水利會 | | | |
| 基地位置 | 地點：○○縣○○鄉<br>TWD97 座標 X：○○○　Y：○○○○ | | 工程預算/<br>經費(千元) | ○○○○千元 |
| 工程目的 | 依據○○年「○○規劃報告」建議，改善○○幹線，設計斷面將以流量○○cms<br>考量。 | | | |
| 工程類型 | □農田排水、■圳路、■水利設施、□其他 | | | |
| 工程概要 | 1.矩型渠道○○公尺<br>2.人行橋○座<br>3.流入工○處<br>4.跌水工○處 | | | |
| 預期效益 | 保護面積○○公頃，保護人口○○人 | | | |

| 項目 | 評估內容 | 檢核事項 | 附表 |
|---|---|---|---|
| **生態規劃**<br>(規劃階段) | 環境敏感區 | 1. 工址或鄰近地區是否有法定自然保護區？<br>■是　　□否 ＿＿＿＿＿＿＿<br><br>(法定自然保護區包含自然保留區、野生動物保護區、野生動物重要棲息環境、國家公園、國家自然公園、國有林自然保護區、國家重要濕地、海岸保護區…等。) | 表1 |
| **專業參與**<br>(設計階段) | 生態團隊參與 | 1. 是否有生態背景人員參與，協助蒐集調查生態資料、評估生態衝擊、擬定生態保育原則?<br>■是　　　□否 ＿＿＿＿＿＿＿ | 表2 |
| | 現場生態勘查 | 1. 是否邀生態背景人員至現場，以瞭解計畫範圍內生態關注區域及生態保育對象?<br>■是　　　□否 ＿＿＿＿＿＿＿ | 表3 |

| 項目 | 評估內容 | 檢核事項 | 附表 |
|---|---|---|---|
| **生態資料蒐集調查**<br>(設計階段) | 關注物種 | 1. 是否瞭解當地生物資源並掌握關注物種，如保育類動物、特稀有植物、老樹或民俗動植物等？<br>■是　　□否＿＿＿＿＿＿＿ | 表4 |
| | 生態關注區域 | 1. 計畫範圍及鄰近區域是否有森林、水系、埤塘、濕地及關注物種之棲地分佈與依賴之生態系統？<br>■是　　□否＿＿＿＿＿＿＿<br>2. 是否有繪製生態關注區域圖？<br>■是　　□否＿＿＿＿＿＿＿ | 表5 |
| **生態保育規劃構想**<br>(設計階段) | 生態友善措施 | 1. 針對重要生物棲地，是否採取迴避、縮小、減輕或補償策略，減少開發影響範圍？<br>■是　　□否＿＿＿＿＿＿＿<br>2. 是否擬定生態保育措施內容及方法？<br>■是　　□否＿＿＿＿＿＿＿ | 表6 |
| | 措施研擬 | 1. 是否將生態保育對策納入設計圖說？<br>■是　　□否＿＿＿＿＿＿＿ | 表7 |
| **民眾參與**<br>(設計階段) | 說明會 | 1. 是否召開地區說明會，邀請當地居民或保育團體參加，說明開發方案、生態影響、因應對策，並蒐集回應相關意見？<br>■是　　□否＿＿＿＿＿＿＿ | 需提供相關會議記錄 |

註：本自評表各檢核事項僅勾選是否，補充內容請依填寫說明編寫，若自評表之評估項目勾選為否，應敘明合理原因。

填表人：○○○　　　　　　　　單位主管：○○○

## 附表 1 環境敏感區套疊繪製

| 填表/繪圖人員<br>(單位/職稱) | 施○○<br>(○○水利會/○○○) | 填表日期 | 民國 106 年 11 月 ○○ 日 |
|---|---|---|---|

**環境敏感區圖層套疊**

(法定自然保護區包含自然保留區、野生動物保護區、野生動物重要棲息環境、國家公園、國家自然公園、國有林自然保護區、國家重要濕地、海岸保護區)

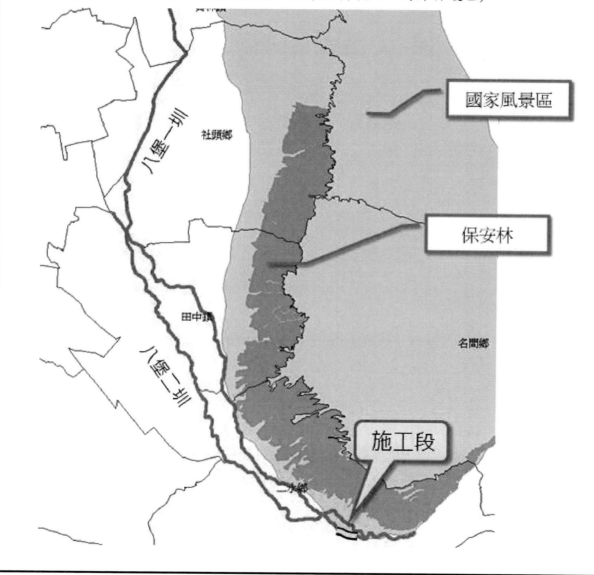

## 附表 2　團隊名單

| 填表人員<br>(單位/職稱) | 施○○<br>(○○水利會/○○○) | | 填表日期 | 民國 106 年 12 月○○日 | |
|---|---|---|---|---|---|
| 職稱 | 姓名 | 學歷 | 專業資歷 | 負責工作 | 專長 |
| ○○農田水利會/<br>助工師 | 王○○ | 學士 | 12 年 | 工程承辦 | 水利工程 |
| ○○工程顧問有<br>限公司/負責人 | 沈○○ | 碩士 | 20 年 | 設計、監造 | 土木、水利工程 |
| ○○工程顧問有<br>限公司/工程師 | 白○○ | 碩士 | 3 年 | 設計、繪圖 | 土木工程 |
| ○○營造有限公<br>司/負責人 | 陳○○ | 學士 | 10 年 | 施工廠商 | 土木工程 |
| ○○有限公司/技<br>術專員 | 甘○○ | 學士 | 6 年 | 水域生態調<br>查、分析 | 植物調查、棲地評估、<br>繪製生態敏感區 |
| ○○有限公司/技<br>術專員 | 黃○○ | 碩士 | 8 年 | 陸域生態調<br>查、分析 | 陸域調查、資料蒐集、<br>數據分析 |

## 附表 3　生態環境勘查紀錄表

| 勘查日期 | 民國 106 年 12 月○○日 | 填表日期 | 民國107 年 1 月○○日 |
|---|---|---|---|
| 紀錄人員 | 甘○○、黃○○ | 勘查地點 | ○○幹線 |

**參與人員：**

甘○○、黃○○

| 現勘意見： | 處理情形回覆： |
|---|---|
| 生態環境記錄：<br><br>1.　本案位於○○鄉○○圳，鄰近○○火車站，工程針對排水、圳路進行改善計畫，計畫段總長約○○公尺。<br><br>2.　渠道堤岸以水泥護岸、土堤及砌石護岸組成，堤岸內近岸處雜草叢生，堤岸外以農田、草生地及雜木林為主，植被覆蓋度高，並有生長良好之稜果榕等植生及破布子大樹。周圍環境雖屬人為干擾大、自然度低之環境，但渠道旁連續性之雜木林為野生動物適合的棲息、躲藏環境。<br><br>保育措施建議：<br><br>1.　工程將導致植生覆蓋度降低，並減少野生動物之棲息環境，建議將渠道旁之雜木林以及破布子、稜果榕等植被予以保留，減少對自然棲地之衝擊破壞。<br><br>2.　建議護岸工程以加強既有之砌石護岸為導向，取代三面光之工法，營造生態友善之環境。 | ○○水利會回覆：<br><br>1.　採用建議，擬將渠道旁之雜木林以及破布子、稜果榕等植被予以保留（移植或迴避），減少對自然棲地之衝擊破壞。<br><br>2.　既有砌石護岸因已老舊破損嚴重，本區段右側部分緊鄰民宅，且渠底坡度陡降、流速快、沖刷能力強，水量為間歇性，非經常流水渠道，魚類不容易於本區段停留生存，爰因地制宜考量下，仍規劃以剛性渠道為設計，以避免周遭人民財產安全受到威脅。<br><br>3.　底床質方面，因本區段位處幹線上游，渠底隨時間自然演變下，容易有從上游沖下來之卵礫石沉積於跌水工區域或渠底，枯水期間可提供小型水棲動物或昆蟲棲息。 |

| | |
|---|---|
| 3. 跌水工高低落差過大，將造成水生生物棲地縱向切割，建議以天然石塊建構出階梯狀之跌水工，每階以不超過 50 公分為基準，或以河床拋石的方式取代混凝土工法，既可達到減緩流速之功能，亦營造有利生物利用之棲地。 | |

說明：

1. 勘查摘要應與生態環境課題有關，如生態敏感區、重要地景、珍稀老樹、保育類動物及特稀有植物、生態影響等。

2. 多次勘查應依次填寫勘查記錄表。

## 附表4 生態調查表

| 填表人員<br>（單位/職稱） | 甘○○、黃○○<br>(○○有限公司/技術專員) | 填表日期 | 民國 106 年 12 月○○日 |
|---|---|---|---|

| 資料<br>類別 | 資料項目 | 計畫範圍內容概要說明 | |
|---|---|---|---|
| 自然<br>環境 | 地形、地質 | 屬○○沖積扇地區地層，地質均屬現代沖積層，為未固結之砂礫石與黏土組成。 | |
| | 氣象及水文 | 年平均雨量約 1,207 毫米，豐枯水期降雨量約為三比一，年均溫度介於 15-28℃。 | |
| | 河川水系 | 屬○○水系之○○系統 | |
| | 土地利用現況 | 農業區及村落 | |
| | 過去相關治理措施 | ○○幹線於 105 年進行第一期更新改善，整體未改善長度佔約全線九成。 | |

| | 關注區域 | 內容 | 照片 |
|---|---|---|---|
| 棲地<br>生態 | 陸域生態調查 | 工區緊鄰農田、住宅、草生地及雜木林，渠道兩側植生覆蓋度高，有連續之雜木林環境，可提供野生動物適合的棲息、躲藏環境，並有生長良好之稜果榕等植生及破布子大樹。物種以低海拔常見物種為主，例如：東亞家蝠、麻雀、八哥科、鳩鴿科、燕科、綠繡眼、蝎虎科、黑眶蟾蜍及白粉蝶等。<br><br>依據○○○○等文獻資料，於○○測站紀錄有哺乳類 3 種，分別為東亞家蝠、臭鼩及田鼷鼠；鳥類紀錄有 21 種，以小雨燕為優勢種；爬蟲類紀錄有 3 種，分別為斯文豪氏攀蜥、臭青公及麗紋石龍子；兩棲類紀錄有 2 種，分別為黑眶蟾蜍及澤蛙。蝶類紀錄有 4 種，分別為臺灣單弄蝶、樺斑蝶、黑緣黃蝶及臺灣黃蝶；蜻蛉類記錄有 6 種，分別為青紋細蟌、白粉細蟌、橙尾細蟌、侏儒蜻蜓、鼎脈蜻蜓及薄翅蜻蜓。 | |

| | | | |
|---|---|---|---|
| | 水域生態調查 | 工區既有護岸以水泥堤岸、土堤及砌石護岸組成,水道兩側旁雜草叢生,可供水中生物良好躲藏環境,水道內水流速快,泥沙含量大,未觀察到魚類物種,底棲生物則以福壽螺等一般常見物種為主。<br><br>依據○○○○等文獻資料,於○○測站紀錄有魚類 2 種,分別為吳郭魚及明潭吻蝦虎,蝦蟹螺貝類有 5 種,分別為福壽螺、石田螺、大和沼蝦、臺灣沼蝦及粗糙沼蝦等。 |  |

說明:調查結果應與生態環境課題有關,如生態敏感區、重要地景、珍稀老樹、保育類動物及特稀有植物、生態影響等。

## 附表 5 生態關注區域繪製

| 填表/繪圖人員<br>(單位/職稱) | 甘○○、黃○○<br>(○○有限公司/技術專員) | 填表日期 | 民國 107 年 1 月 ○○日 |
|---|---|---|---|

生態關注區域圖：

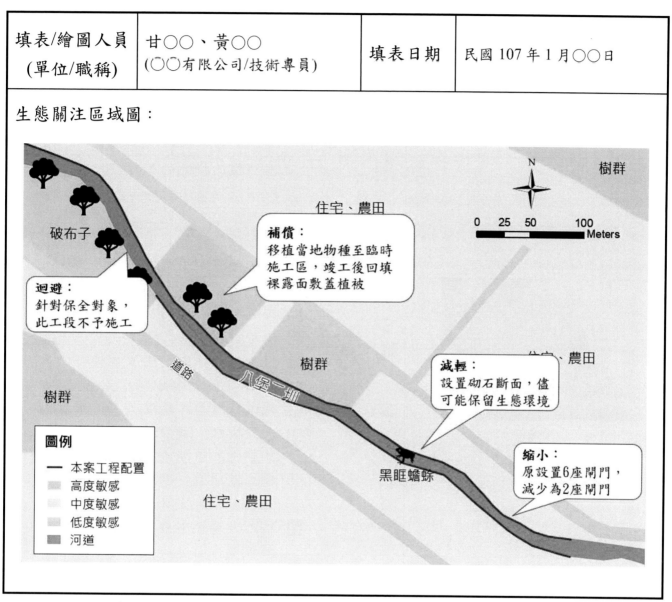

說明：計畫範圍內及鄰近區域森林、水系、埤塘、濕地及關注物種之棲地分佈

## 附表 6 生態保育對策

| 填表人員<br>(單位/職稱) | 施○○<br>(○○農田水利會/○○) | 填表日期 | 民國107年1月○○日 |
|---|---|---|---|

| 生態保育對象 | 生態保育策略 | 保育對策 |
|---|---|---|
| <br>破布子<br>（樁號 5K+111）<br>(106/09/○○) | ■ 迴避<br>□ 縮小<br>□ 減輕<br>□ 補償 | □ 取消位於棲地的工程<br>□ 取消治理需求低的工程<br>■ 工程限縮施作範圍，減少干擾<br>□ 工程限縮施作範圍，保留大樹或大石<br>□ 施工便道利用既有道路或河床，減少開挖範圍<br>□ 工程考量設置動物逃生通道<br>■ 工程採用友善工法<br>■ 植生工程採用適生原生種<br>□ 大樹移植、保護<br>□ 施工設置導、繞流，維持水質<br>□ 加強排水，減少逕流及沖刷<br>□ 調整施工時間或範圍以減輕工程影響<br>□ 施工期間進行環境監測計畫<br>□ 工程完工後恢復原地形地貌<br>■ 施工人員實施教育訓練<br>□ 工程裸露面進行植被復原<br>□ 工程完工後營造生物棲地<br>□ 其它 _____ |
| <br>稜果榕<br>（樁號 4K+333）<br>(106/09/○○) | □ 迴避<br>■ 縮小<br>□ 減輕<br>□ 補償 | □ 取消位於棲地的工程<br>□ 取消治理需求低的工程<br>□ 工程限縮施作範圍，減少干擾<br>■ 工程限縮施作範圍，保留大樹或大石<br>□ 施工便道利用既有道路或河床，減少開挖範圍<br>□ 工程考量設置動物逃生通道<br>■ 工程採用友善工法<br>■ 植生工程採用適生原生種<br>■ 大樹移植、保護<br>□ 施工設置導、繞流，維持水質<br>□ 加強排水，減少逕流及沖刷 |

| | | ☐ 調整施工時間或範圍以減輕工程影響 |
| --- | --- | --- |
| | | ☐ 施工期間進行環境監測計畫 |
| | | ■ 工程完工後恢復原地形地貌 |
| | | ■ 施工人員實施教育訓練 |
| | | ☐ 工程裸露面進行植被復原 |
| | | ☐ 工程完工後營造生物棲地 |
| | | ☐ 其它 _____ |
| <br><br>黑眶蟾蜍<br>（樁號 2K+222）<br>(106/09/○○) | ☐ 迴避<br>☐ 縮小<br>■ 減輕<br>☐ 補償 | ☐ 取消位於棲地的工程<br>☐ 取消治理需求低的工程<br>☐ 工程限縮施作範圍，減少干擾<br>☐ 工程限縮施作範圍，保留大樹或大石<br>☐ 施工便道利用既有道路或河床，減少開挖範圍<br>■ 工程考量設置動物逃生通道<br>■ 工程採用友善工法<br>☐ 植生工程採用適生原生種<br>☐ 大樹移植、保護<br>☐ 施工設置導、繞流，維持水質<br>☐ 加強排水，減少逕流及沖刷<br>■ 調整施工時間或範圍以減輕工程影響<br>☐ 施工期間進行環境監測計畫<br>☐ 工程完工後恢復原地形地貌<br>■ 施工人員實施教育訓練<br>☐ 工程裸露面進行植被復原<br>☐ 工程完工後營造生物棲地<br>☐ 其它 _____ |

說明：生態關注區域之保護對策可配合迴避策略、影響較小之工法或棲地代償之機制來實施。

## 附表 7 生態保育對策

| 填表人員<br>(單位/職稱) | 施○○<br>(○○農田水利會/○○) | 填表日期 | 民國 107 年 1 月○○日 |
|---|---|---|---|

基本設計內容說明：

1. 5K+111 處保留右側濱溪植被帶原生植物，不予施工。
2. 4K+333 處之原生植物於施工時期進行移植保護，於完工後再移植回原地。
3. 2K+22 處設置渠道內側設計外掛一下降之緩坡階梯，以利生物利用。

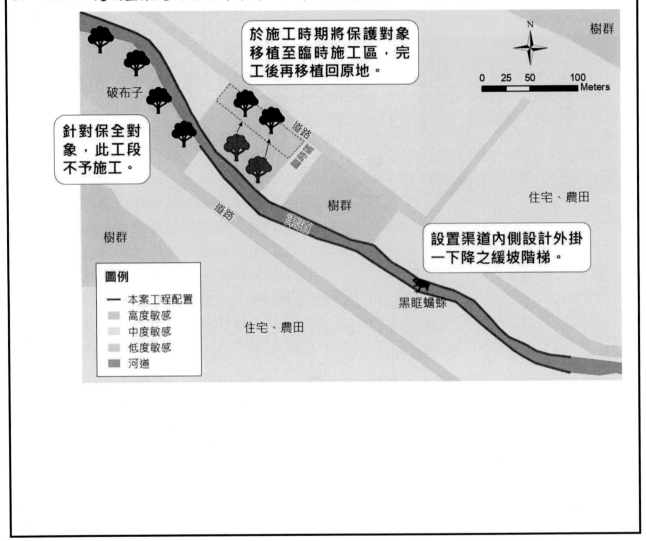

說明：1. 應配合工程設計圖的範圍及比例尺進行繪製，比例尺約 1/1000。

2. 繪製範圍除了工程本體所在的地點，亦要將工程可能影響到的地方納入考量，如濱溪植被緩衝區、施工便道的範圍。

3. 應標示包含施工時的臨時性工程預定位置，例如施工便道、堆置區等。

# 縣市管河川及區域排水整體改善
# 計畫-農田排水、埤塘、圳路改善生態檢核自評表

## (施工階段) – 環境敏感區

| 計畫及<br>工程名稱 | ○○幹線改善工程 | 設計單位 | ○○農田水利會 |
|---|---|---|---|
| 工程期程 | 107.03.01~107.12.31 | 監造廠商 | ○○農田水利會 |
| 主辦機關 | ○○農田水利會 | 營造廠商 | ○○營造股份有限公司 |
| 基地位置 | 地點：○○縣○○鄉<br>TWD97座標 X：○○○　Y：○○○○ | 工程預算/<br>經費(千元) | ○○○○千元 |
| 工程目的 | 依據○○年「○○規劃報告」建議，改善○○幹線，設計斷面將以流量○○cms<br>考量。 | | |
| 工程類型 | □農田排水、■圳路、■水利設施、□其他 | | |
| 工程概要 | 1.矩型渠道○○公尺<br>2.人行橋○座<br>3.流入工○處<br>4.跌水工○處 | | |
| 預期效益 | 保護面積○○公頃，保護人口○○人 | | |

| 項目 | 評估內容 | 檢核事項 | 附表 |
|---|---|---|---|
| **生態保育措施執行**<br>(施工階段) | 異常處理 | 1. 是否擬定環境生態自主檢查及異常狀況處理？<br>■是　　□否 ＿＿＿＿＿ | 表1 |
| | 執行情形 | 1. 針對生態保育對策，是否落實並執行相關生態保育措施？<br>■是　　□否 ＿＿＿＿＿ | 表2 |
| **資訊公開**<br>(施工階段) | 資訊公開平台 | 1. 是否主動將資訊公開於生態措施告示牌、環境復育告示牌？<br>■是　　□否 ＿＿＿＿＿ | 表3 |

## 附表 1 生態異常狀況處理

| | | | |
|---|---|---|---|
| 填表人員<br>(單位/職稱) | 施○○<br>(○○農田水利會/○○) | 填表日期 | 民國 107 年 11 月○○日 |
| 狀況提報人<br>(單位/職稱) | 施○○<br>(○○農田水利會/○○) | 異常狀況<br>發現日期 | 民國 107 年 11 月○○日 |
| 異常狀況說明 | 4K+333 處稜果榕因河川右岸腹地不足，需開挖邊坡以便施工 | 解決對策 | 已通報、同時回填與支撐加固。 |
| 複查者<br>(單位/職稱) | 吳○○<br>(○○農田水利會/○○) | 複查日期 | 民國 107 年 11 月○○日 |
| 複查結果及<br>應採行動 | 稜果榕已確實移植至臨時施工區，並於以包覆與支撐。待竣工後再移植回原處。 | | |

說明：

1.環境生態異常狀況處理需依次填寫。

2.複查行動可自行增加欄列已達複查完成。

3.生態異常情形如應保護之植被遭移除、魚群暴斃、施工便道闢設過大、水質渾濁、
　生態人員、環保團體或在地居民陳情等事件。

## 附表 2 生態保育執行狀況

| 填表人員<br>(單位/職稱) | 王○○<br>(○○營造股份有限公司) | 填表日期 | 民國 107 年 11 月○○日 |
|---|---|---|---|

| | 生態保育對象 | 稜果榕 |
|---|---|---|
| 生態保育執行狀況 | 生態保育對策 | ☐ 取消位於棲地的工程<br>☐ 取消治理需求低的工程<br>☐ 工程限縮施作範圍，減少干擾<br>■ 工程限縮施作範圍，保留大樹或大石<br>☐ 施工便道利用既有道路或河床，減少　開挖範圍<br>☐ 工程考量設置動物逃生通道<br>■ 工程採用友善工法<br>■ 植生工程採用適生原生種<br>■ 大樹移植、保護<br>☐ 施工設置導、繞流，維持水質<br>☐ 加強排水，減少逕流及沖刷<br>☐ 調整施工時間或範圍以減輕工程影響<br>☐ 施工期間進行環境監測計畫<br>■ 工程完工後恢復原地形地貌<br>■ 施工人員實施教育訓練<br>☐ 工程裸露面進行植被復原<br>☐ 工程完工後營造生物棲地<br>☐ 其它 ＿＿＿＿＿＿＿＿＿＿＿＿ |
| | 執行狀況 | 進行稜果榕斷根保護並進行移植，於附近適合處栽植 |

| 時期 | 說明 | 照片 |
|------|------|------|
| 施工前 | 河川右岸腹地不足，需開挖邊坡以便施工，工程擾動區（4K+333處）需移植。 | <br>107/08/○○ |
| 施工中 | 將保護對象實施草席包覆，並暫時移至臨時施工區進行保護。 | <br>107/10/○○ |

註：不同生態保育對象需依次填寫

## 附表 3 資訊公開紀錄表

| 填表人員<br><br>(單位/職稱) | 施○○<br>(○○農田水利會/○○) | 填表日期 | 民國 107 年 10 月○○日 |
|---|---|---|---|

資訊公開處理方式：(生態措施告示牌、環境復育告示牌)

移植樹木識別牌

| 工程名稱 | ○○幹線改善工程 |
|---|---|
| 樹種 | 稜果榕 |
| 規格 | 胸徑:1公尺；高度:4公尺 |
| 遷移單位 | ○○農田水利會 |
| 移植原因 | 因河川右岸腹地不足，需開挖邊坡以便施工。 |
| 移植時間 | 107年10月○○日 |

# 縣市管河川及區域排水整體改善
## 計畫-農田排水、埤塘、圳路改善生態檢核自評表

### (完工階段) - 環境敏感區

| 計畫及工程名稱 | ○○幹線改善工程 | | 設計單位 | ○○農田水利會 |
|---|---|---|---|---|
| 工程期程 | 107.03.01~107.12.31 | | 監造廠商 | ○○農田水利會 |
| 主辦機關 | ○○農田水利會 | | 營造廠商 | ○○營造股份有限公司 |
| 基地位置 | 地點：○○縣○○鄉<br>TWD97座標 X：○○○　Y：○○○○ | | 工程預算/經費(千元) | ○○○○千元 |
| 工程目的 | 依據○○年「○○規劃報告」建議，改善○○幹線，設計斷面將以流量○○cms考量。 | | | |
| 工程類型 | □農田排水、■圳路、■水利設施、□其他 | | | |
| 工程概要 | 1.矩型渠道○○公尺<br>2.人行橋○座<br>3.流入工○處<br>4.跌水工○處 | | | |
| 預期效益 | 保護面積○○公頃，保護人口○○人 | | | |

| 項目 | 評估內容 | 檢核事項 | 附表 |
|---|---|---|---|
| 生態保育措施執行<br>(完工階段) | 執行情形 | 1. 針對生態保育對策，是否落實並執行相關生態保育措施？<br>■是　　□否 _____ | 表1 |

### 附表 1 生態保育執行狀況

| 填表人員<br>(單位/職稱) | 施○○<br>(○○農田水利會/○○) | 填表日期 | 民國 107 年 12 月○○日 | |
|---|---|---|---|---|
| 生態保育<br>執行狀況 | 生態保<br>育對象 | 稜果榕 | | |
| | 生態保<br>育對策 | ☐ 取消位於棲地的工程<br>☐ 取消治理需求低的工程<br>☐ 工程限縮施作範圍，減少干擾<br>■ 工程限縮施作範圍，保留大樹或大石<br>☐ 施工便道利用既有道路或河床，減少　開挖範圍<br>☐ 工程考量設置動物逃生通道<br>■ 工程採用友善工法<br>■ 植生工程採用適生原生種<br>■ 大樹移植、保護<br>☐ 施工設置導、繞流，維持水質<br>☐ 加強排水，減少逕流及沖刷<br>☐ 調整施工時間或範圍以減輕工程影響<br>☐ 施工期間進行環境監測計畫<br>■ 工程完工後恢復原地形地貌<br>■ 施工人員實施教育訓練<br>☐ 工程裸露面進行植被復原<br>☐ 工程完工後營造生物棲地<br>☐ 其它 _____ | | |
| | 執行<br>狀況 | 竣工後將保護對象移植回原地。 | | |

| 時期 | 說明 | 照片 |
|------|------|------|
| 完工後 | 竣工後將保護對象移植回原地。 | 107/12/○○ |

註：不同生態保育對象需依次填寫

# 縣市管河川及區域排水整體改善
# 計畫-農田排水、埤塘、圳路改善生態檢核自評表

## (維管階段) - 環境敏感區

| 計畫及<br>工程名稱 | ○○幹線改善工程 | 設計單位 | ○○農田水利會 |
|---|---|---|---|
| 工程期程 | 107.03.01~107.12.31 | 監造廠商 | ○○農田水利會 |
| 主辦機關 | ○○農田水利會 | 營造廠商 | ○○營造股份有限公司 |
| 基地位置 | 地點：○○縣○○鄉<br>TWD97座標X：○○○　Y：○○○○ | 工程預算/<br>經費(千<br>元) | ○○○○千元 |
| 工程目的 | 依據○○年「○○規劃報告」建議，改善○○幹線，設計斷面將以流量○○<br>cms考量。 | | |
| 工程類型 | □農田排水、■圳路、■水利設施、□其他 | | |
| 工程概要 | 1.矩型渠道○○公尺<br>2.人行橋○座<br>3.流入工○處<br>4.跌水工○處 | | |
| 預期效益 | 保護面積○○公頃，保護人口○○人 | | |

| 項目 | 評估內容 | 檢核事項 | 附表 |
|---|---|---|---|
| 生態追蹤<br>(維管階段) | 執行情形 | 1. 針對生態保育對策，是否對於生態有效益？<br>　■是　　□否 ＿＿＿＿＿＿＿＿ | 表1 |

## 附表1 生態追蹤調查

| 記錄人員 | ○○○ | 調查日期 | ○○○/○○/○○ |
|---|---|---|---|
| 天候狀況 | ○ | GPS 坐標 | ○○○○○○, ○○○○○○○ |

| 棲地現勘紀錄 | | 評分 |
|---|---|---|
| 水域型態<br>多樣性 | □淺流 □淺瀨 □深流 □深潭 □岸邊緩流<br>■無 | ○ |
| 水域廊道<br>連續性 | □維持自然狀態<br>■受工程影響廊道連續性，渠道型態明顯呈穩<br>　定狀態<br>□受工程影響廊道連續性，渠道型態未達穩定<br>　狀態<br>□受工程影響廊道連續性遭阻斷，上下游遷徙<br>　困難 | ○ |
| 水質 | 水質異常：<br>□水色 □濁度 □味道 □水溫 □優養化<br>具曝氣作用之跌水？<br>□是　■否 | ○ |
| 底質多樣性 | 目標渠底被細沉積砂土覆蓋之面積比率<br>□小於 25%<br>□介於 25%~50%<br>□介於 50%~75%<br>■大於 75% | ○ |
| 渠岸穩定度 | □高度穩定(自然岩壁石塊)<br>■中度穩定(礫石或人為構造物)<br>□中度不穩定(土坡)<br>□極不穩定(碎石鬆軟土質) | ○ |
| 水濱廊道<br>連續性 | □維持自然狀態<br>□具人工構造物，低於 30%受阻斷<br>□具人工構造物，30%~60%受阻斷<br>■大於 60%受人工構造物阻斷 | ○ |
| 生物豐多度 | 螺貝類：＿＿＿原生種＿＿＿外來種<br>蝦蟹類：＿＿＿原生種 ＿＿＿外來種<br>昆蟲類：＿＿＿原生種 ＿＿＿外來種<br>魚類：　＿○＿原生種＿＿○＿外來種 | ○ |

| | | |
|---|---|---|
| | 兩棲類：＿＿＿原生種 ＿＿＿外來種<br>爬蟲類：＿＿＿原生種 ＿＿＿外來種<br>鳥類 ：_○_原生種 ＿＿＿外來種 | |
| 人為影響<br>程度 | 工程對環境生態潛在影響之人為干擾因素，是<br>否有納入工程考量<br>■已納入考量，上游無潛在危險因子<br>□已納入考量，上游有潛在危險因子<br>□未納入考量，可能影響生態<br>□未納入考量，會直接影響生態 | 10 |
| 現地狀況照<br>片 | <br>水色無異常，能見度高，水流緩慢且水量少。 | |

# 縣市管河川及區域排水整體改善計畫-
# 農田排水、埤塘、圳路改善生態檢核自評表

## (規劃、設計階段) – 非環境敏感區

| 計畫及工程名稱 | ○○幹線改善工程 | 設計單位 | ○○農田水利會 |
|---|---|---|---|
| 工程期程 | 107.03.01~107.12.31 | 監造廠商 | ○○農田水利會 |
| 主辦機關 | ○○農田水利會 | 營造廠商 | 工程尚未發包 |
| 基地位置 | 地點：○○縣○○鄉<br>TWD97座標X：○○○　Y：○○○○ | 工程預算/經費(千元) | ○○○○千元 |
| 工程目的 | 依據○○年「○○規劃報告」建議，改善○○幹線，設計斷面將以流量○○cms考量。 | | |
| 工程類型 | □農田排水、■圳路、■水利設施、□其他 | | |
| 工程概要 | 1.矩型渠道○○公尺<br>2.車道橋○座<br>3.跌水工○處 | | |
| 預期效益 | 保護面積○○公頃，保護人口○○人 | | |

| 項目 | 評估內容 | 檢核事項 | 附表 |
|---|---|---|---|
| 生態保育規劃構想<br>(規劃、設計階段) | 環境敏感區 | 1. 工址或鄰近地區是否有法定自然保護區？<br>□是　■否 ＿＿＿＿＿＿<br>(法定自然保護區包含自然保留區、野生動物保護區、野生動物重要棲息環境、國家公園、國家自然公園、國有林自然保護區、國家重要濕地、海岸保護區…等。) | 表1 |
| | 友善環境對策研擬 | 1. 是否擬定友善環境對策措施內容及方法？<br>■是　　□否 ＿＿＿＿＿＿ | 表2 |
| | | 2. 是否將友善環境對策納入設計圖說？<br>■是　　□否 ＿＿＿＿＿＿ | 表3 |

| 民眾參與<br>(設計階段) | 說明會 | 1. 是否召開地區說明會，邀請當地居民參加，說明開發方案、環境影響、並蒐集回應相關意見？<br><br>■是　　□否 ＿＿＿＿＿＿＿＿ | 需提供相關會議記錄 |
| --- | --- | --- | --- |

　　填表人：○○○　　　　　　　單位主管：○○○

## 附表 1 環境敏感區套疊繪製

| 填表/繪圖人員<br>(單位/職稱) | 施○○<br>(○○水利會/○○○) | 填表日期 | 民國 106 年 11 月○○日 |
|---|---|---|---|

**環境敏感區圖層套疊**

(法定自然保護區包含自然保留區、野生動物保護區、野生動物重要棲息環境、國家公園、國家自然公園、國有林自然保護區、國家重要濕地、海岸保護區)

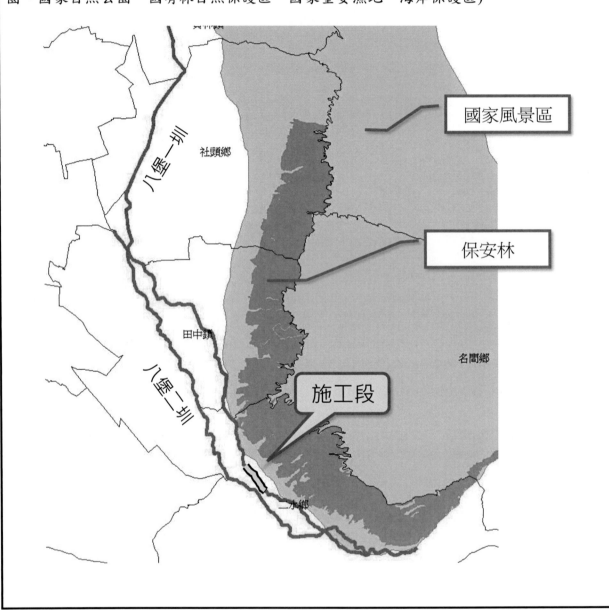

## 附表 2 友善環境對策

| 填表人員<br>(單位/職稱) | 施○○<br>(○○水利會/○○○) | 填表日期 | 民國 106 年 11 月○○日 |
|---|---|---|---|

| 友善環境對象 | 友善環境對策 |
|---|---|
| <br>破布子<br>（椿號 3K+263）<br>(106/09/29) | ■ 工程限縮施作範圍，減少干擾<br>□ 工程限縮施作範圍，保留大樹或大石<br>■ 施工便道利用既有道路或河床，減少開挖範圍<br>□ 工程考量設置動物逃生通道<br>■ 工程採用友善工法<br>□ 植生工程採用適生原生種<br>■ 大樹移植、保護<br>□ 施工設置導、繞流，維持水質<br>□ 加強排水，減少逕流及沖刷<br>■ 調整施工時間或範圍以減輕工程影響<br>□ 施工期間進行環境監測計畫<br>■ 工程完工後恢復原地形地貌<br>■ 施工人員實施教育訓練<br>□ 工程裸露面進行植被復原<br>□ 工程完工後營造生物棲地<br>□ 其它＿＿＿＿＿＿＿＿＿ |

## 附表 3 友善措施研擬

| 填表人員<br>(單位/職稱) | 施○○<br>(○○水利會/○○○) | 填表日期 | 民國 106 年 11 月○○日 |
|---|---|---|---|

基本設計內容說明：

1. 3K+263 處之原生植物於施工時期進行移植保護，於完工後再移植回原地。

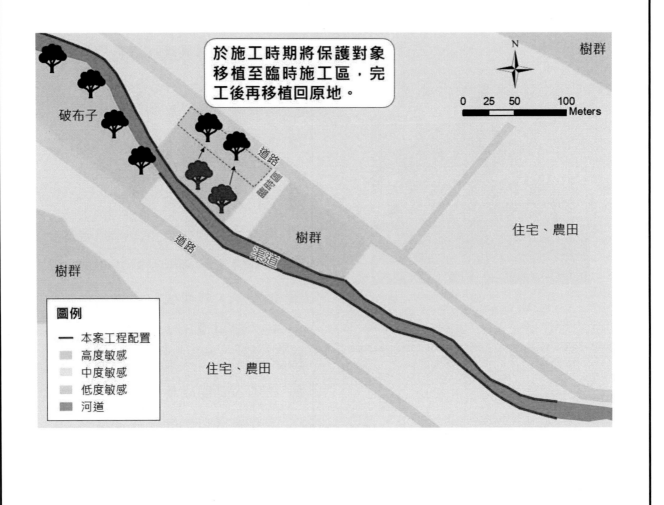

說明： 1. 應配合工程設計圖的範圍及比例尺進行繪製，比例尺約 1/1000。

2. 繪製範圍除了工程本體所在的地點，亦要將工程可能影響到的地方納入考量，如施工便道的範圍。

3. 應標示包含施工時的臨時性工程預定位置，例如施工便道、堆置區等。

# 縣市管河川及區域排水整體改善計畫-
# 農田排水、埤塘、圳路改善生態檢核自評表

## (施工階段) – 非環境敏感區

| 計畫及<br>工程名稱 | ○○幹線改善工程 | | 設計單位 | ○○農田水利會 |
|---|---|---|---|---|
| 工程期程 | 107.03.01~107.12.31 | | 監造廠商 | ○○農田水利會 |
| 主辦機關 | ○○農田水利會 | | 營造廠商 | ○○營造股份有限公司 |
| 基地位置 | 地點：○○縣○○鄉<br>TWD97座標X：○○○　Y：○○○○ | | 工程預算/<br>經費(千元) | ○○○○千元 |
| 工程目的 | 依據○○年「○○規劃報告」建議，改善○○幹線，設計斷面將以流量○○cms考量。 | | | |
| 工程類型 | □農田排水、■圳路、■水利設施、□其他 | | | |
| 工程概要 | 1.矩型渠道○○公尺<br>2.車道橋○座<br>3.跌水工○處 | | | |
| 預期效益 | 保護面積○○公頃，保護人口○○人 | | | |

| 項目 | 評估內容 | 檢核事項 | 附表 |
|---|---|---|---|
| 友善環境<br>對策執行<br>(施工階段) | 執行情形 | 1. 針對友善環境，是否落實並執行？<br>■是　　□否 ＿＿＿＿＿＿ | 表1 |

## 附表 1 友善環境執行狀況

| 填表人員<br>(單位/職稱) | 王○○<br>(○○營造股份有限公司) | 填表日期 | 民國 107 年 11 月○○日 |
|---|---|---|---|

<table>
<tr>
<td rowspan="2">友善環境執行</td>
<td>對策</td>
<td>

■ 工程限縮施作範圍，減少干擾

□ 工程限縮施作範圍，保留大樹或大石

■ 施工便道利用既有道路或河床，減少開挖範圍

□ 工程考量設置動物逃生通道

■ 工程採用友善工法

□ 植生工程採用適生原生種

■ 大樹移植、保護

□ 施工設置導、繞流，維持水質

□ 加強排水，減少逕流及沖刷

■ 調整施工時間或範圍以減輕工程影響

□ 施工期間進行環境監測計畫

■ 工程完工後恢復原地形地貌

■ 施工人員實施教育訓練

□ 工程裸露面進行植被復原

□ 工程完工後營造生物棲地

□ 其它 _____

</td>
</tr>
<tr>
<td>執行說明</td>
<td>因施工腹地不足需開挖邊坡，原於 3K+263 處之破布子於施工中需移植，故於施工階段中將該處原生種樹木移植至臨時施工區。</td>
</tr>
</table>

| 時期 | 說明 | 照片 |
|---|---|---|
| 施工前 | 河川右岸腹地不足，需開挖邊坡以便施工，工程擾動區破布子（3K+263處）需移植。 | <br>107/08/○○ |
| 施工中 | 將保護對象實施草席包覆，並暫時移至臨時施工區進行保護。 | <br>107/10/○○ |

# 縣市管河川及區域排水整體改善計畫-
# 農田排水、埤塘、圳路改善生態檢核自評表

## (完工階段) – 非環境敏感區

| 計畫及<br>工程名稱 | ○○幹線改善工程 | 設計單位 | ○○農田水利會 |
|---|---|---|---|
| 工程期程 | 107.03.01~107.12.31 | 監造廠商 | ○○農田水利會 |
| 主辦機關 | ○○農田水利會 | 營造廠商 | ○○營造股份有限公司 |
| 基地位置 | 地點：○○縣○○鄉<br>TWD97座標X：○○○　Y：○○○○ | 工程預算/<br>經費(千元) | ○○○○千元 |
| 工程目的 | 依據○○年「○○規劃報告」建議，改善○○幹線，設計斷面將以流量○○cms考量。 | | |
| 工程類型 | □農田排水、■圳路、■水利設施、□其他 | | |
| 工程概要 | 1.矩型渠道○○公尺<br>2.車道橋○座<br>3.跌水工○處 | | |
| 預期效益 | 保護面積○○公頃，保護人口○○人 | | |

| 項目 | 評估內容 | 檢核事項 | 附表 |
|---|---|---|---|
| 友善環境<br>對策執行<br>(完工階段) | 執行情形 | 1. 針對友善環境，是否落實並執行？<br>■是　　□否 _____ | 表1 |

## 附表 1 友善環境執行狀況

| 填表人員<br>(單位/職稱) | 施○○<br>(○○水利會/○○○) | 填表日期 | 民國 107 年 12 月○○日 |
|---|---|---|---|

<table>
<tr>
<td rowspan="4">友善環境執行</td>
<td>對策</td>
<td colspan="2">
■ 工程限縮施作範圍，減少干擾<br>
□ 工程限縮施作範圍，保留大樹或大石<br>
■ 施工便道利用既有道路或河床，減少開挖範圍<br>
□ 工程考量設置動物逃生通道<br>
■ 工程採用友善工法<br>
□ 植生工程採用適生原生種<br>
■ 大樹移植、保護<br>
□ 施工設置導、繞流，維持水質<br>
□ 加強排水，減少逕流及沖刷<br>
■ 調整施工時間或範圍以減輕工程影響<br>
□ 施工期間進行環境監測計畫<br>
■ 工程完工後恢復原地形地貌<br>
■ 施工人員實施教育訓練<br>
□ 工程裸露面進行植被復原<br>
□ 工程完工後營造生物棲地<br>
□ 其它 _____
</td>
</tr>
<tr>
<td>執行說明</td>
<td colspan="2">因施工腹地不足需開挖邊坡，原於水域地區之部分植被於施工中挖除，故於施工階段中種植原生種樹木，並以樹木根系抓地力增強邊坡穩定。</td>
</tr>
<tr>
<td>時期</td>
<td>說明</td>
<td>照片</td>
</tr>
<tr>
<td>完工後</td>
<td>竣工後將保護對象移植回原地。</td>
<td>
<br>
107/12/○○
</td>
</tr>
</table>

# 縣市管河川及區域排水整體改善

## 計畫-農田排水、埤塘、圳路改善生態檢核自評表

### (維管階段) － 非環境敏感區

| 計畫及<br>工程名稱 | ○○幹線改善工程 | 設計單位 | ○○農田水利會 |
|---|---|---|---|
| 工程期程 | 107.03.01~107.12.31 | 監造廠商 | ○○農田水利會 |
| 主辦機關 | ○○農田水利會 | 營造廠商 | ○○營造股份有限公司 |
| 基地位置 | 地點：○○縣○○鄉<br>TWD97座標X：○○○　Y：○○○○ | 工程預算/<br>經費(千元) | ○○○○千元 |
| 工程目的 | 依據○○年「○○規劃報告」建議，改善○○幹線，設計斷面將以流量○○cms考量。 | | |
| 工程類型 | □農田排水、■圳路、■水利設施、□其他 | | |
| 工程概要 | 1.矩型渠道○○公尺<br>2.人行橋○座<br>3.流入工○處<br>4.跌水工○處 | | |
| 預期效益 | 保護面積○○公頃，保護人口○○人 | | |

| 項目 | 評估內容 | 檢核事項 | 附表 |
|---|---|---|---|
| 生態追蹤<br>(維管階段) | 執行情形 | 1. 針對生態保育對策，是否對於生態有效益？<br>■是　　□否 ＿＿＿＿＿＿ | 表1 |

## 附表 1 生態追蹤調查

| 記錄人員 | ○○○ | 調查日期 | ○○○/○○/○○ |
|---|---|---|---|
| 天候狀況 | ○ | GPS 坐標 | ○○○○○○, ○○○○○○○ |

| 棲地現勘紀錄 | | 評分 |
|---|---|---|
| 水域型態<br>多樣性 | □淺流 □淺瀨 □深流 □深潭 □岸邊緩流<br>■無 | ○ |
| 水域廊道<br>連續性 | □維持自然狀態<br>■受工程影響廊道連續性，渠道型態明顯呈穩<br>　定狀態<br>□受工程影響廊道連續性，渠道型態未達穩定<br>　狀態<br>□受工程影響廊道連續性遭阻斷，上下游遷徙<br>　困難 | ○ |
| 水質 | 水質異常：<br>□水色 □濁度 □味道 □水溫 □優養化<br>具曝氣作用之跌水？<br>□是　■否 | ○ |
| 底質多樣性 | 目標渠底被細沉積砂土覆蓋之面積比率<br>□小於 25%<br>□介於 25%~50%<br>□介於 50%~75%<br>■大於 75% | ○ |
| 渠岸穩定度 | □高度穩定(自然岩壁石塊)<br>■中度穩定(礫石或人為構造物)<br>□中度不穩定(土坡)<br>□極不穩定(碎石鬆軟土質) | ○ |
| 水濱廊道<br>連續性 | □維持自然狀態<br>□具人工構造物，低於 30%受阻斷<br>□具人工構造物，30%~60%受阻斷<br>■大於 60%受人工構造物阻斷 | ○ |
| 生物豐多度 | 螺貝類：＿＿＿原生種＿＿＿外來種<br>蝦蟹類：＿＿＿原生種 ＿＿＿外來種<br>昆蟲類：＿＿＿原生種 ＿＿＿外來種<br>魚類： ＿○＿原生種＿＿○ 外來種 | ○ |

| | 兩棲類：_____原生種 _____外來種 | |
| :---: | :--- | :---: |
| | 爬蟲類：_____原生種 _____外來種 | |
| | 鳥類 ：_○_原生種 _____外來種 | |
| 人為影響<br>程度 | 工程對環境生態潛在影響之人為干擾因素，是<br>否有納入工程考量<br>■已納入考量，上游無潛在危險因子<br>□已納入考量，上游有潛在危險因子<br>□未納入考量，可能影響生態<br>□未納入考量，會直接影響生態 | 10 |
| 現地狀況照<br>片 | <br>水色無異常，能見度高，水流緩慢且水量少。 | |

# 附錄四

## 工程參考圖

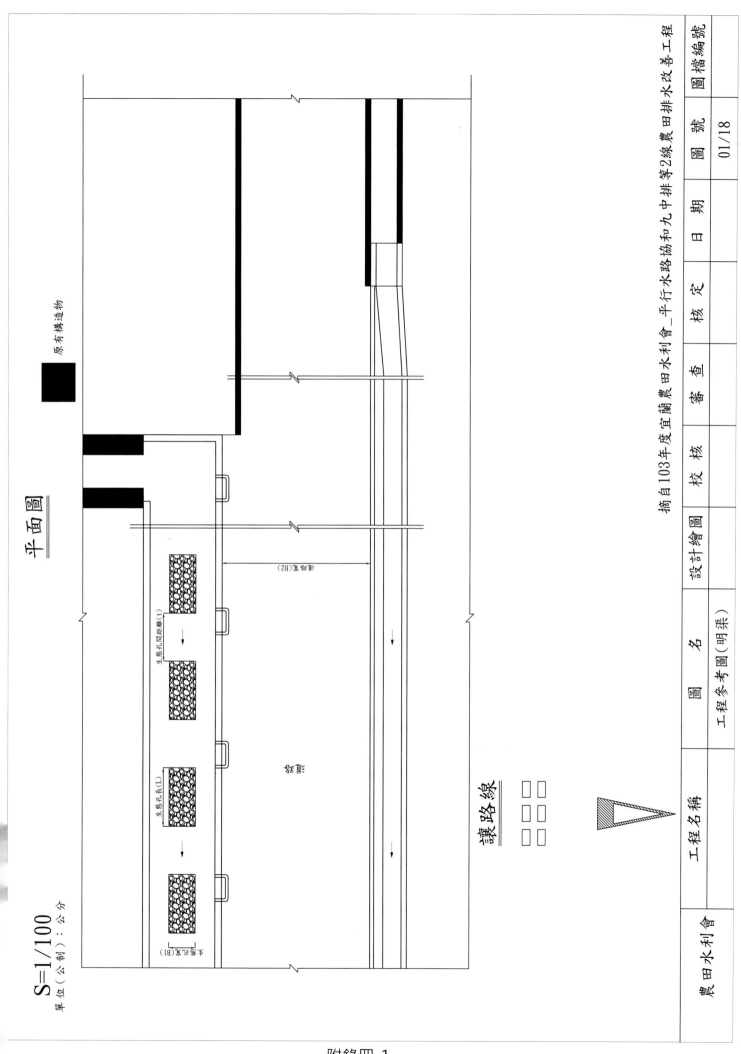

平面圖

S=1/100
單位（公制）：公分

原有構造物

讓路線

工程名稱　摘自103年度宜蘭農田水利會_平行水路協和九排等2線農田排水改善工程

| 圖　名 | 工程參考圖（明渠） |
| --- | --- |

| 設計繪圖 | 校核 | 審查 | 核定 | 日期 | 圖號 | 圖檔編號 |
| --- | --- | --- | --- | --- | --- | --- |
| | | | | | 01/18 | |

農田水利會

附錄四-1

A–A' 斷面圖

B–B' 斷面圖

S=1/50
單位（公制）：公分

牆寬(t4)　溝深(t5)　保護混凝土(fc')
渠寬(B)
牆寬(t4)
溝深(h2)
道路寬度
道路修復
原有混凝土塊石
護欄
牆寬(t1)
鋼筋號數@間距，支數
預拌混凝土(fc')
渠寬(B)
牆寬(t1)
溝深(t2)
底寬(t1)
底寬(t3)

牆寬(t4)　溝深(t5)(t7)　保護混凝土(fc')
渠寬(B)
牆寬(t4)
溝深(h2)
道路寬度
道路修復
原有混凝土塊石
生態孔
牆寬(t1)
鋼筋號數@間距
預拌混凝土(fc')
渠寬(B)
牆寬(t1)
溝深(t2)
底寬(t1)
底寬(t3)

摘自103年度宜蘭農田水利會_平行水路協和九中排等2線農田排水改善工程

| 圖檔編號 | 圖號 | 日期 | 核定 | 審查 | 校核 | 設計繪圖 | 圖名 | 工程名稱 |
|---|---|---|---|---|---|---|---|---|

S=如圖所示
單位（公制）：公尺

# 平面圖 S=1/100

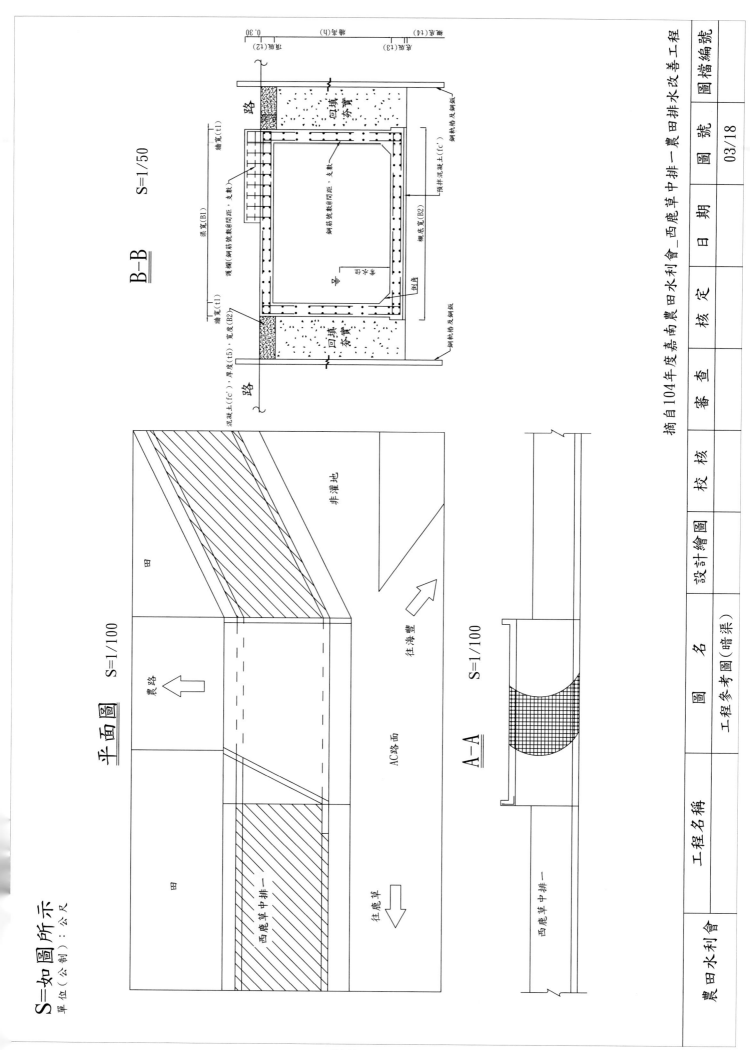

B-B S=1/50

## A-A S=1/100

| 工程名稱 | | 摘自104年度嘉南農田水利會_西鹿草中排一農田排水改善工程 | | | |
|---|---|---|---|---|---|
| 圖名 | 工程參考圖（暗渠） | 設計繪圖 | 校核 | 審查 | 核定 | 圖號 | 03/18 |

農田水利會

附錄四-3

平面圖

S=1/50
單位(公制)：公尺

flow
南牛排灣小給一之八

堤岸

田

flow
南牛排灣小給二

堤岸

flow
南牛排灣小給三

田

農 路

flow
南牛排灣小排一

摘自107年度嘉南農田水利會_南牛挑灣小排一等3線農田排水改善工程

工程名稱　　圖　名　　圖　號　　設計繪圖　　校核　　審查　　核定　　日期　　圖號　　圖檔編號

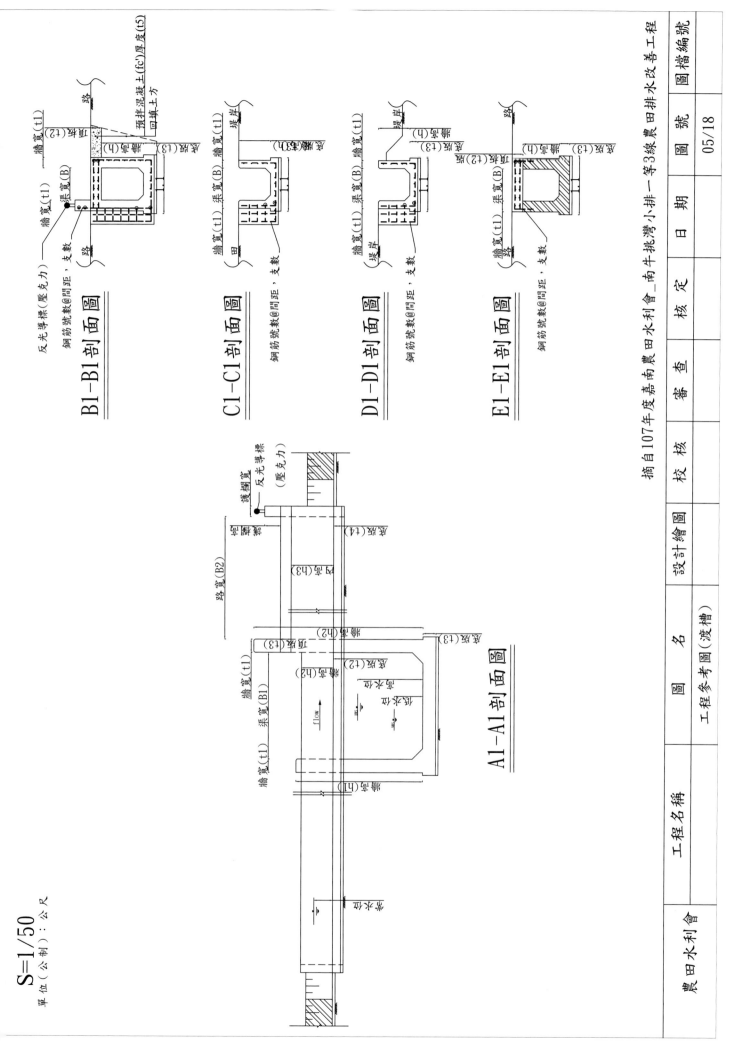

S=1/50
單位(公制)：公尺

B1-B1 剖面圖

C1-C1 剖面圖

D1-D1 剖面圖

E1-E1 剖面圖

A1-A1 剖面圖

摘自107年度嘉南農田水利會_南牛挑灣小排一等3線農田排水改善工程

| 圖檔編號 | | 05/18 |
|---|---|---|
| 圖 號 | | |
| 日 期 | | |
| 核 定 | | |
| 審 查 | | |
| 校 核 | | |
| 設計繪圖 | | |
| 圖 名 | 工程參考圖（渡槽） | |
| 工程名稱 | | |
| 農田水利會 | | |

附錄四-5

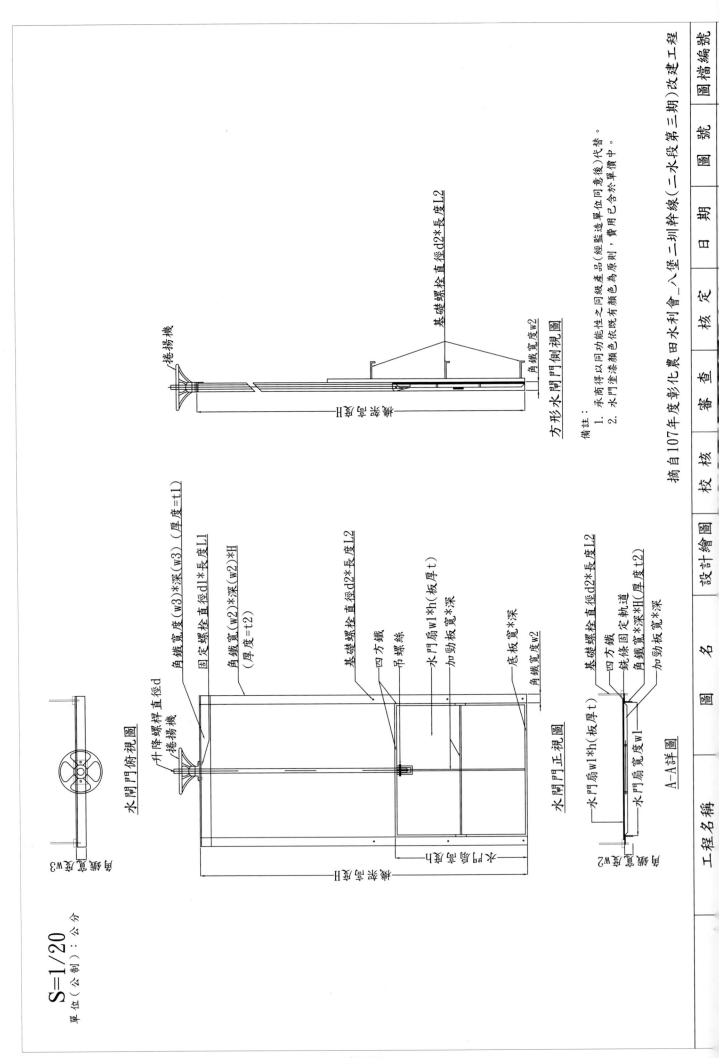

S=1/20
單位（公制）：公分

捲揚機寬度w3

水閘門俯視圖

升降螺桿直徑d
捲揚機

角鐵寬度(w3)*深(w3)（厚度＝t1）
固定螺栓直徑d1*長度L1
角鐵寬度(w2)*深(w2)*H（厚度＝t2）

基礎螺栓直徑d2*長度L2
四方鐵
吊螺絲
水門扇w1*h(板厚t)
加勁板寬度*深
底板寬度w2
角鐵寬度w2

水閘門正視圖

水門扇w1*h(板厚t)
水門扇寬度w1

A-A詳圖

捲揚機

基礎螺栓直徑d2*長度L2
角鐵寬度w2

方形水閘門側視圖

備註：
1. 承商得以同功能性之同級產品（經監造單位同意後）代替。
2. 水門漆漆顏色依有既有顏色為原則，費用已含於單價中。

摘自107年度彰化農田水利會_八堡二圳幹線(二水段第三期)改建工程

| 工程名稱 | | 圖　名 | | 設計繪圖 | 校核 | 審查 | 核定 | 日期 | 圖號 | 圖檔編號 |

附錄四-6

# 平面圖

S=1/100
單位（公制）：公分

大隱1-7小排

溢洪道

消能塊

擋土牆

魚梯

閘門柱

| 工程名稱 | | 圖　名 | 工程參考圖（固床工） | 設計繪圖 | 校核 | 審查 | 核定 | 日期 | 圖號 | 圖檔編號 |
|---|---|---|---|---|---|---|---|---|---|---|
| 農田水利會 | | | | | | | | | 07/18 | |

摘自104年度宜蘭農田水利會_大埔排水電動制水門改善工程

附錄四-7

## 側視圖

S=1/50
單位(公制)：公分

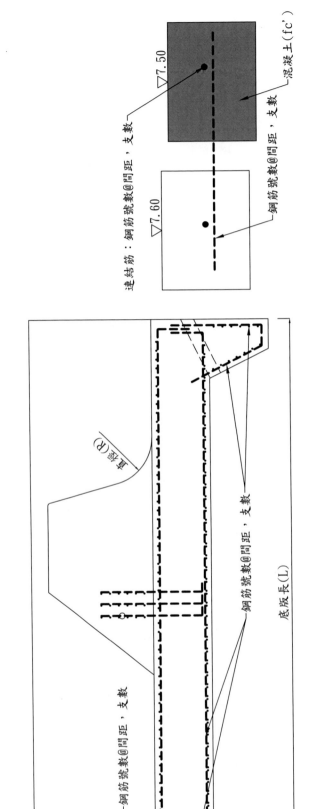

連結筋：鋼筋號數@間距，支數

▽7.50

▽7.60

鋼筋號數@間距，支數

混凝土(f'c')

鋼筋號數@間距，支數

鋼筋號數@間距，支數

鋼筋號數@間距，支數

半徑(R)

底版長(L)

摘自104年度宜蘭農田水利會_大埔排水電動制水門改善工程

| 工程名稱 | 圖 名 | 圖 | 設計繪圖 | 校核 | 審查 | 核定 | 日 期 | 圖 號 | 圖檔編號 |
|---|---|---|---|---|---|---|---|---|---|

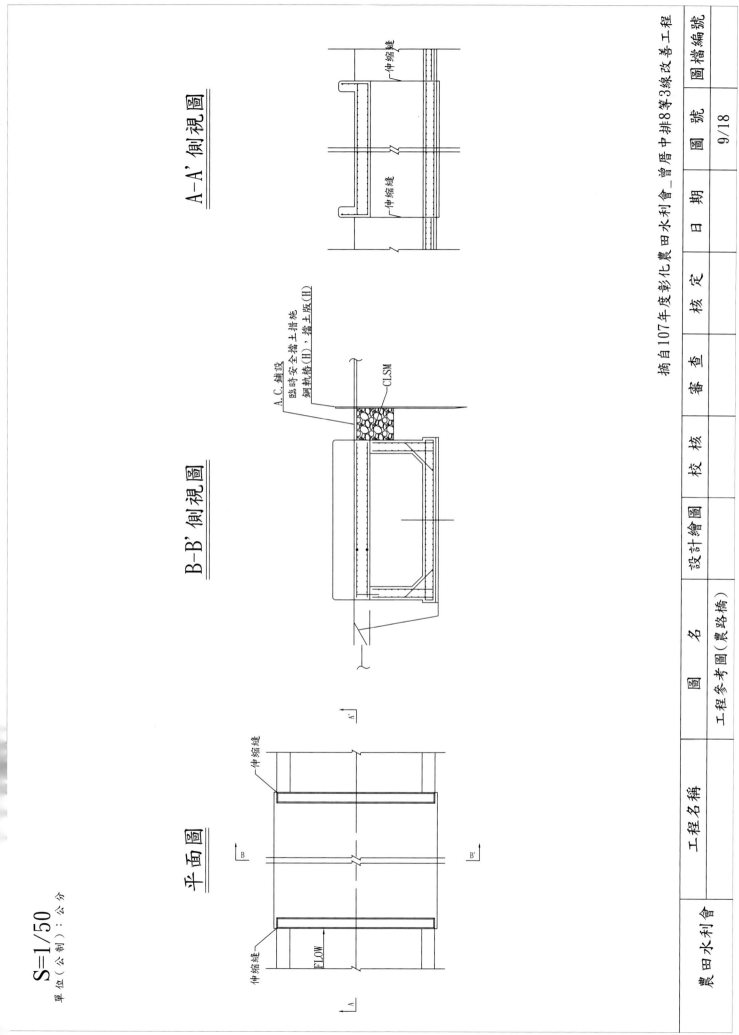

S=1/50
單位（公制）：公分

A－A' 側視圖

伸縮縫
伸縮縫

B－B' 側視圖

A.C. 鋪設
臨時安全擋土措施
鋼軌樁(H)，擋土版(H)
CLSM

平面圖

伸縮縫
伸縮縫
FLOW
B
B'
A
A'

| 工程名稱 | 圖 名 | 設計繪圖 | 校 核 | 審 查 | 核 定 | 日 期 | 圖 號 | 圖檔編號 |
|---|---|---|---|---|---|---|---|---|
| 農田水利會 | 工程參考圖（農路橋） | | | | | | | 9/18 |

摘自107年度彰化農田水利會—昔厝中排8等3線改善工程

附錄四-9

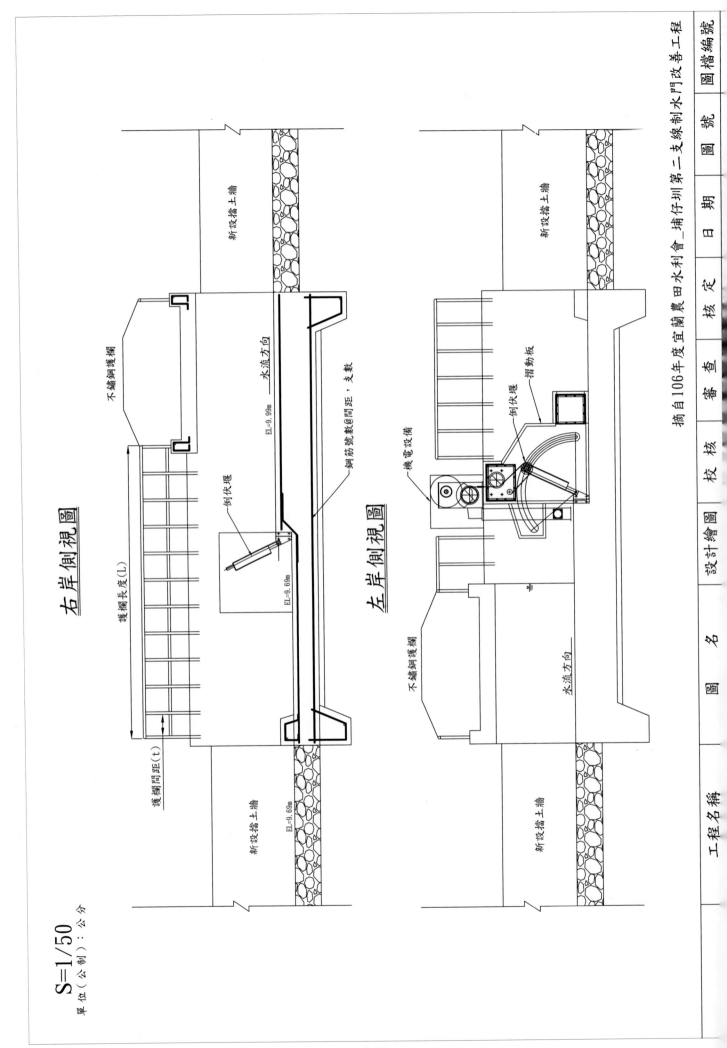

右岸側視圖

S=1/50
單位（公制）：公分

不鏽鋼護欄

倒伏堰

護欄長度（L）

護欄間距（t）

新設擋土牆

EL=9.99m

EL=9.69m

EL=9.69m

新設擋土牆

水流方向

鋼筋號數@間距，支數

新設擋土牆

左岸側視圖

機電設備

倒伏堰

摺動板

不鏽鋼護欄

新設擋土牆

水流方向

新設擋土牆

摘自106年度宜蘭農田水利會_埔仔圳第二支線制水門改善工程

| 工程名稱 | | 圖　名 | | 圖　號 | | 圖檔編號 |
|---|---|---|---|---|---|---|
| | 設計繪圖 | 校核 | 審查 | 核定 | 日期 | |

附錄四-10

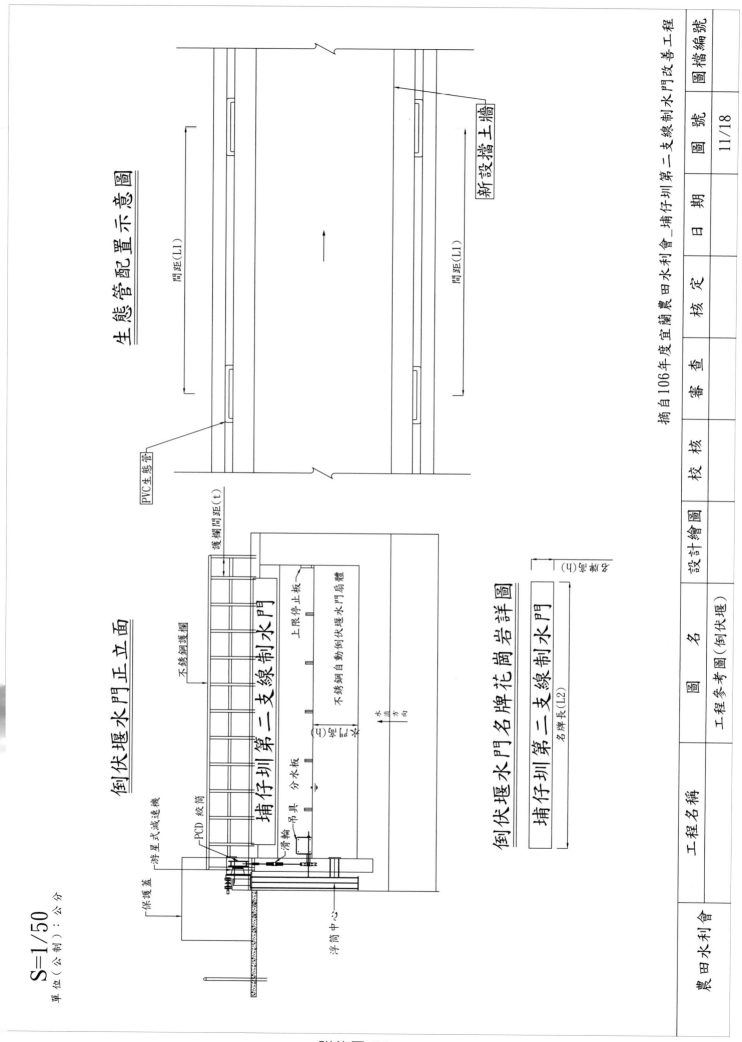

附錄四-11

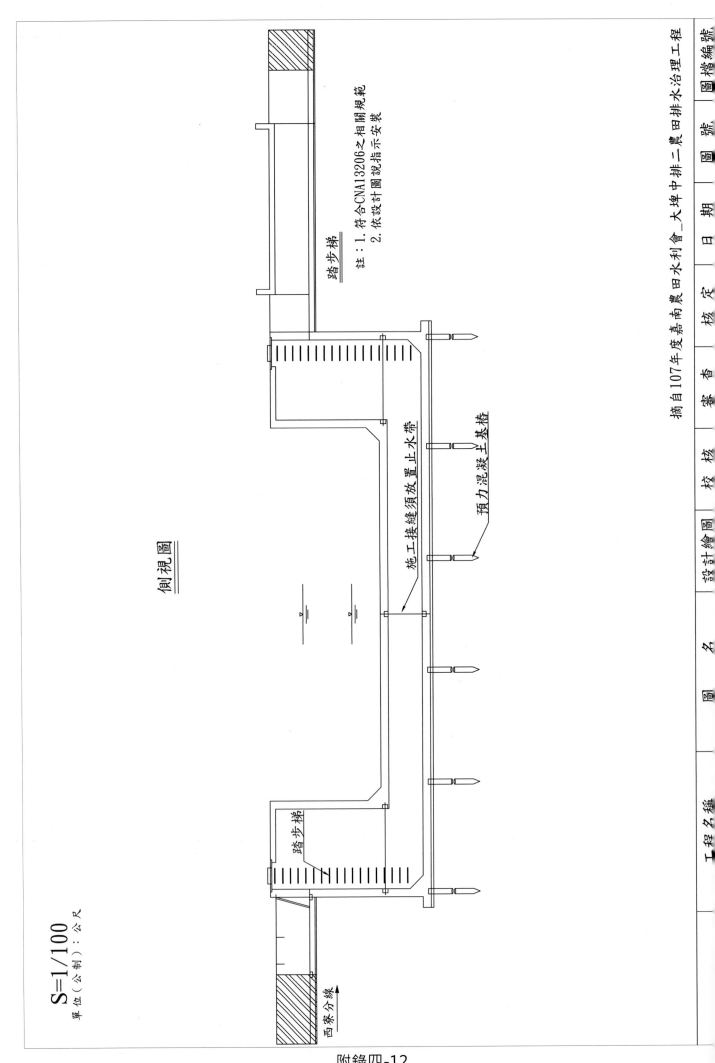

S=1/100
單位（公制）：公尺

側視圖

踏步梯

踏步梯

註：1. 符合CNA13206之相關規範
2. 依設計圖說指示安裝

施工接縫須放置止水帶

預力混凝土基樁

西寮分線

摘自107年度嘉南農田水利會_大埤中排二農田排水治理工程

| 工程名稱 | 圖 | 名 | 圖 | 設計繪圖 | 校 核 | 審 查 | 核 定 | 日 期 | 圖 號 | 圖檔編號 |

附錄四-12

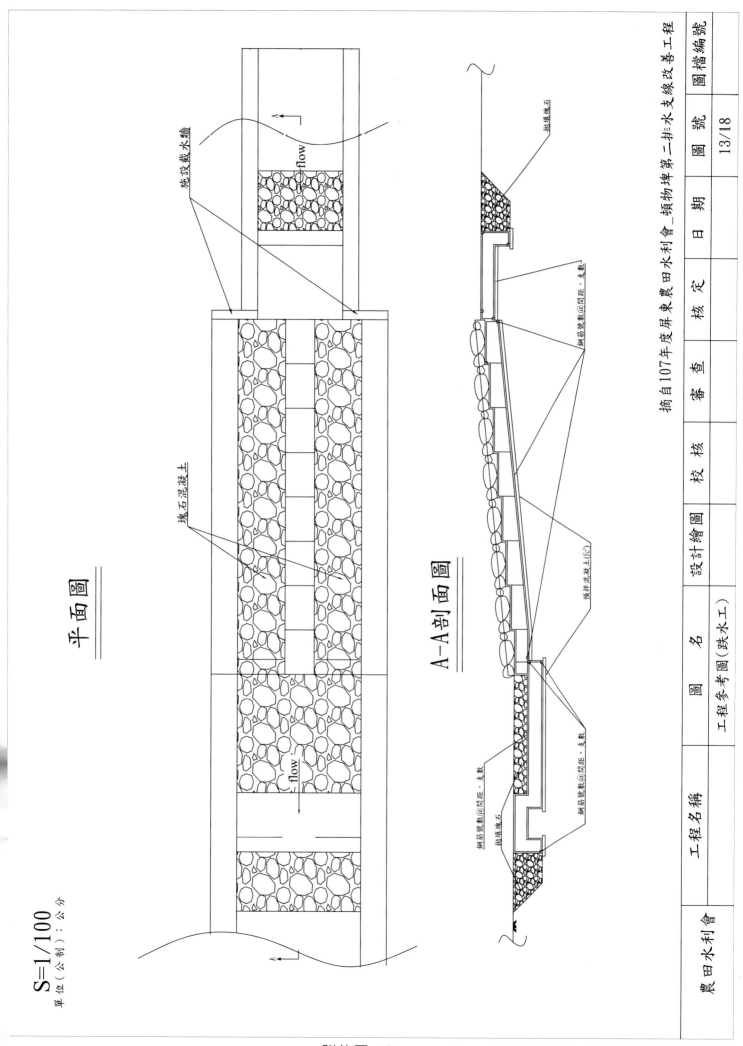

## 平面圖

**S=1/100**
單位（公制）：公分

施設截水牆

塊石混凝土

flow

flow

A

A

## A-A剖面圖

拋填塊石

鋼筋號數@間距，支數

預拌混凝土(fc')

鋼筋號數@間距，支數

鋼筋號數@間距，支數

拋填塊石

| 工程名稱 | 圖　名 | 設計繪圖 | 校核 | 審查 | 核定 | 日期 | 圖號 | 圖檔編號 |
|---|---|---|---|---|---|---|---|---|
| 農田水利會 | 工程參考圖（跌水工） | | | 摘自107年度屏東農田水利會_頓物埤第二排水支線改善工程 | | | 13/18 | |

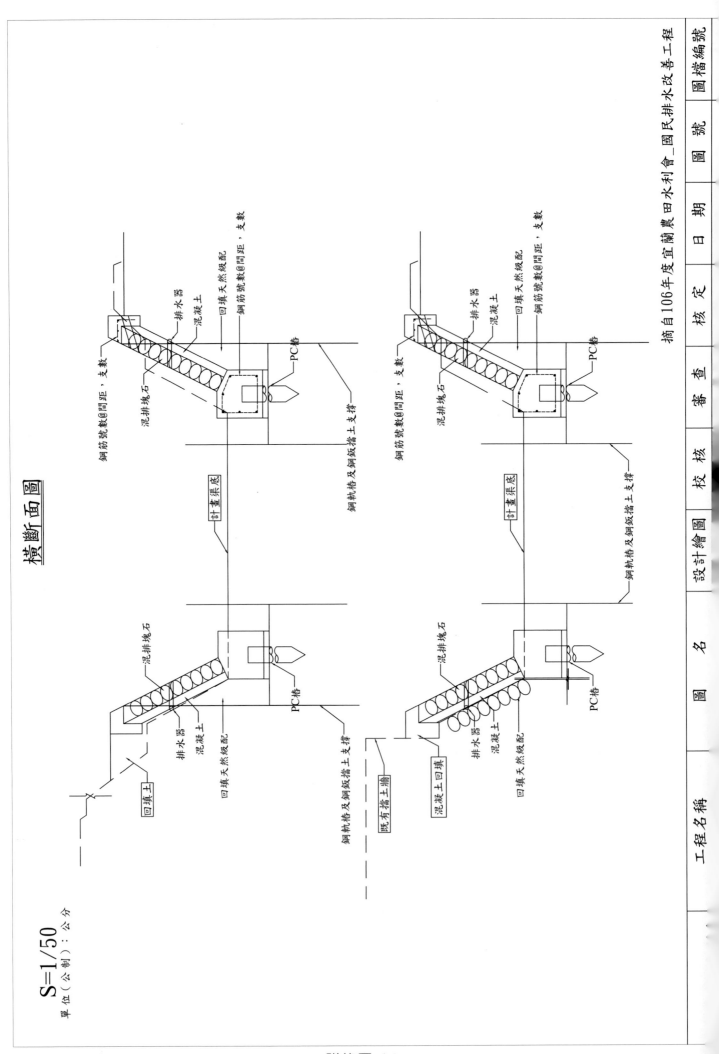

橫斷面圖

S=1/50
單位（公制）：公分

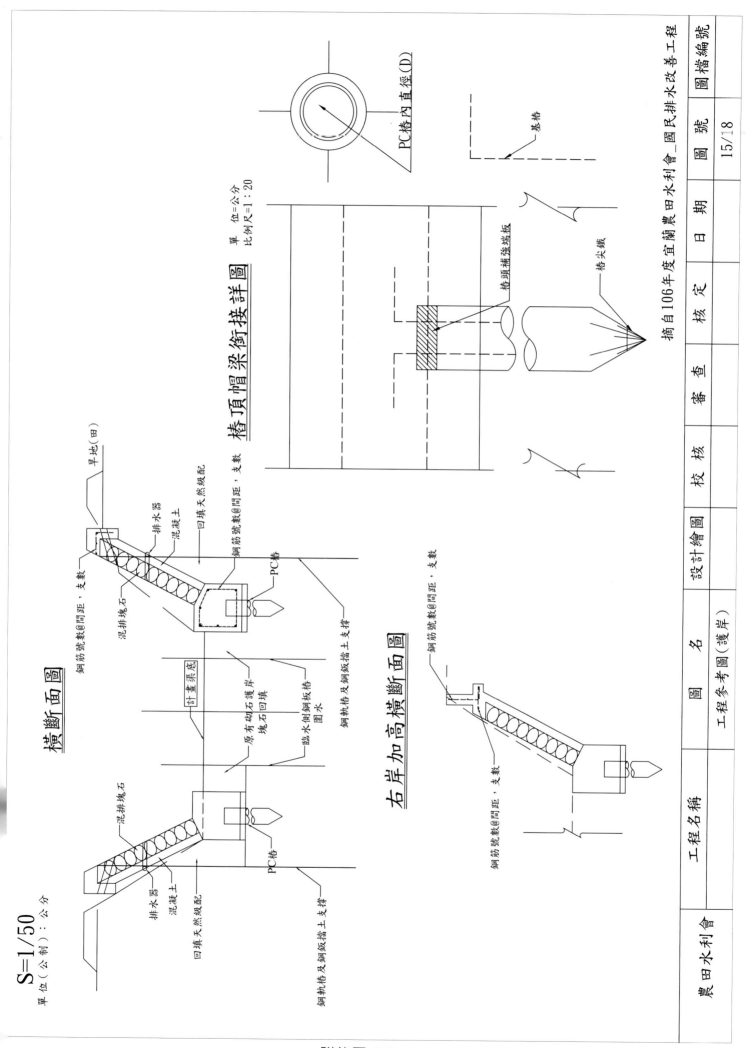

S=1/50
單位（公制）：公分

橫斷面圖

椿頂帽梁銜接詳圖
單位=公分
比例尺=1：20

PC椿內直徑(D)

基椿

椿頭補強端板

椿尖鐵

右岸加高橫斷面圖

旱地（田）

排水器
混凝土
回填天然級配
鋼筋號數@間距，支數
PC椿

鋼筋號數@間距，支數
混排塊石
計畫深底
原有砌石護岸塊石回填
臨水側鋼板椿圍水
鋼軌椿及鋼鈑擋土支撐

混排塊石
排水器
混凝土
回填天然級配
PC椿
鋼軌椿及鋼鈑擋土支撐

鋼筋號數@間距，支數

摘自106年度宜蘭農田水利會_國民排水改善工程

| 工程名稱 | | 圖　名 | | 設計繪圖 | 校　核 | 審　查 | 核　定 | 日　期 | 圖　號 | 圖檔編號 |
|---|---|---|---|---|---|---|---|---|---|---|
| 農田水利會 | | 工程參考圖（護岸） | | | | | | | 15/18 | |

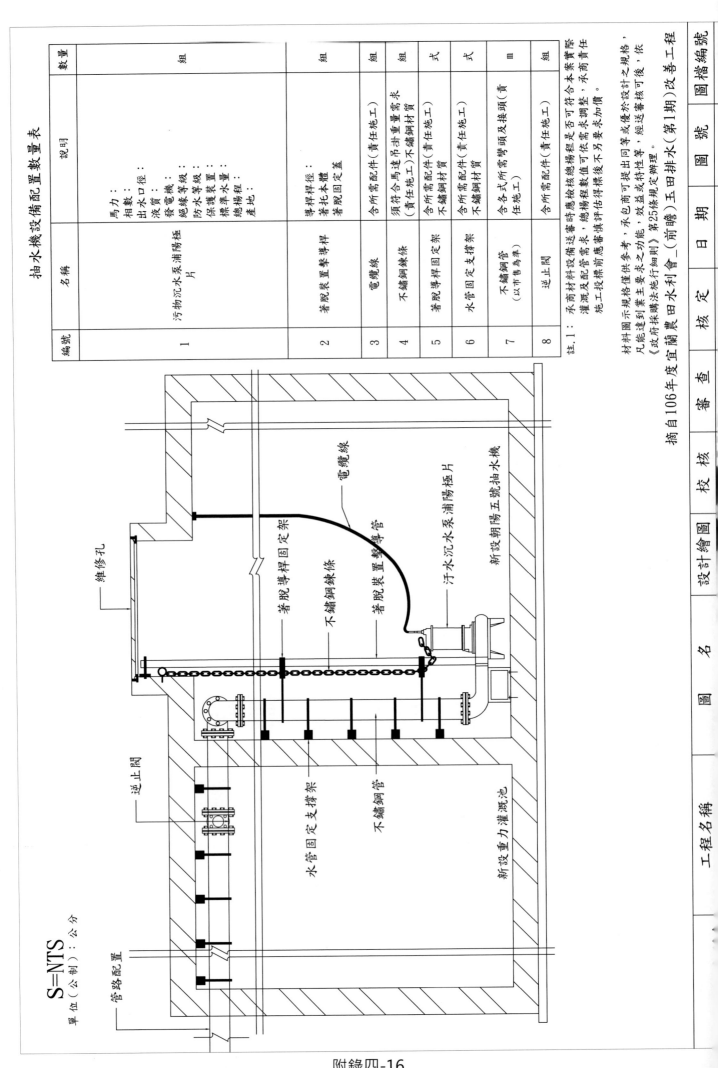

## 抽水機設備配置數量表

| 編號 | 名稱 | 說明 | 數量 |
|---|---|---|---|
| 1 | 污物沉水泵浦陽極片 | 馬力：<br>相數：<br>出水口徑：<br>液質：<br>發電機：<br>絕緣等級：<br>防水等置：<br>標準揚程：<br>產地： | 組 |
| 2 | 著脫裝置擊導桿 | 導桿樣徑：<br>著脫本體：<br>著脫固定蓋： | 組 |
| 3 | 電纜線 | 含所需配件(責任施工) | 組 |
| 4 | 不鏽鋼鍊條 | 須符合馬達吊重量需求(責任施工)不鏽鋼材質 | 組 |
| 5 | 著脫導桿固定架 | 含所需配件(責任施工)不鏽鋼材質 | 式 |
| 6 | 水管固定支撐架 | 含所需配件(責任施工)不鏽鋼材質 | 式 |
| 7 | 不鏽鋼管(以市售為準) | 含各式所需彎頭及接頭(責任施工) | m |
| 8 | 逆止閥 | 含所需配件(責任施工) | 組 |

註.1：承商材料圖示規格僅供參考，承包商可提出同等或優於設計之規格，凡能達到該管灌溉及配管需求，總揚程數值可依需求調整，承商責任施工投標前應審慎評估得標後另要求加價。

材料圖示規格僅供參考，承包商可提出同等或優於設計之規格，凡能達到該業主要求之功能，效益或特性等，經送審核可後，依《政府採購法施行細則》第25條規定辦理。

摘自106年度宜蘭農田水利會_(前瞻)五田排水(第1期)改善工程

| 圖檔編號 | 圖 號 | 日 期 | 核 定 | 審 查 | 校 核 | 設計繪圖 | 圖 名 | 工程名稱 |
|---|---|---|---|---|---|---|---|---|

S=NTS
單位(公制)：公分

管路配置

維修孔

著脫導桿固定架
不鏽鋼鍊條
著脫裝置擊導桿
電纜線
汙水沉水泵浦陽極片
新設朝陽五號抽水機

水管固定支撐架
不鏽鋼管
新設重力灌溉池
逆止閥

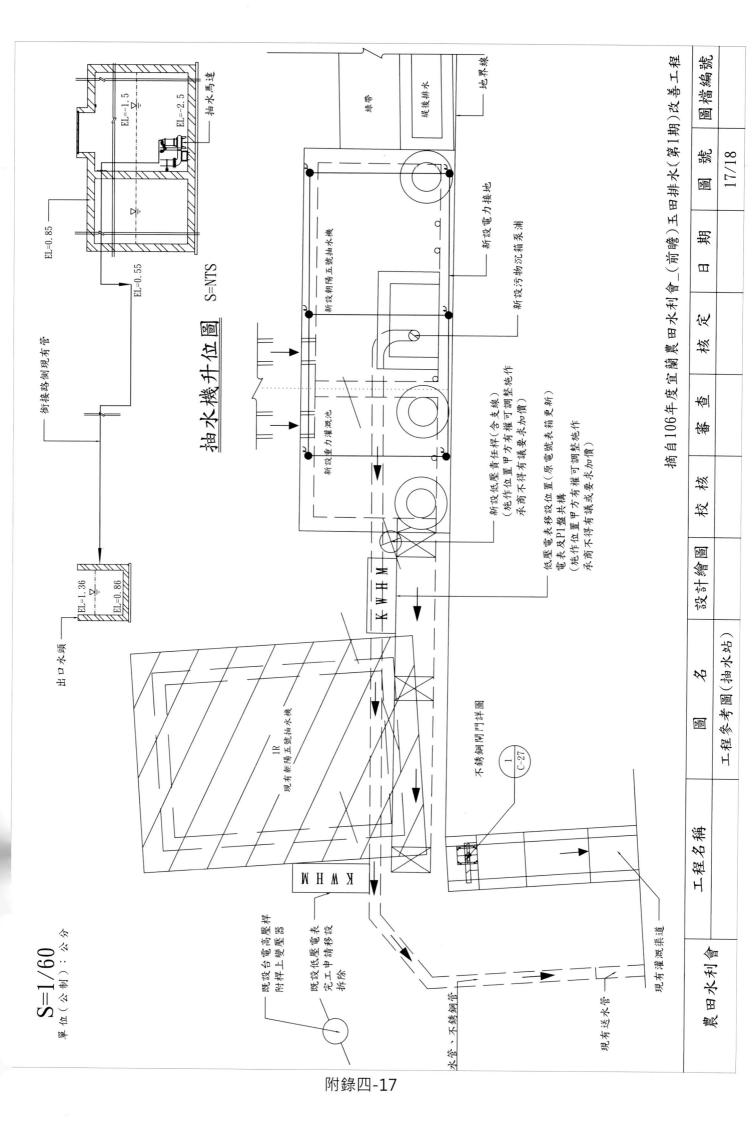

抽水機升位圖 S=NTS

S=1/60
單位（公制）：公分

出口水頭

衝接路側現有管

EL=0.85
EL=0.55
EL=1.5
EL=-2.5
抽水馬達

EL=1.36
EL=0.86

地水線
堤後排水
綠帶

新設電力接地
新設污物沉箱泵浦
新設重力灌洩池
新設朝陽五號抽水機

新設低壓責任桿（含支線）
（施作位置甲方有權可調整施作
承商不得有議要求加價）

低壓電表移設位置（原電號表箱更新）
電表及P1盤共構
（施作位置甲方有權可調整施作
承商不得有議或要求加價）

K W H M

現有朝陽五號抽水機
1R

不銹鋼閘門詳圖
1
C-27

既設台電高壓桿
附桿上變壓器

既設低壓電表
既設工申請移設
完工申請拆除

K W H M

水管、不銹鋼管
現有送水管
現有灌溉渠道

| 工程名稱 | | 摘自106年度宜蘭農田水利會_（前瞻）玉田排水（第1期）改善工程 | | | | |
|---|---|---|---|---|---|---|
| | 設計繪圖 | 校核 | 核定 | 審查 | 日期 | 圖號 | 圖檔編號 |
| 圖名 | | | | | | 17/18 |
| 工程參考圖（抽水站） | | | | | | |
| 農田水利會 | | | | | | |

附錄四-17

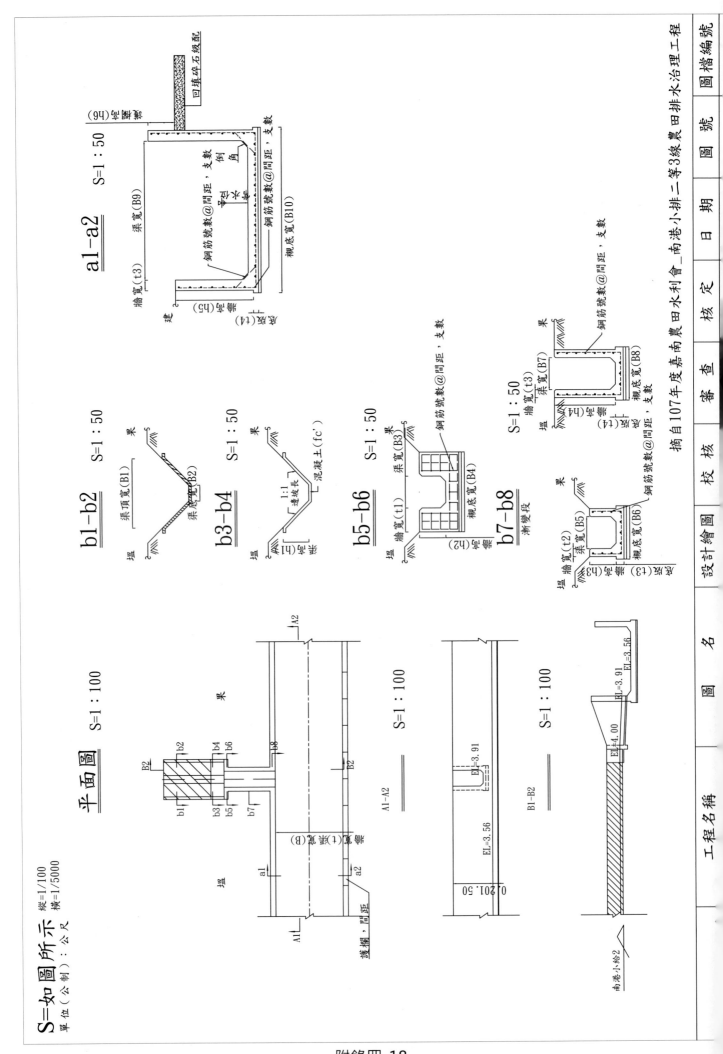

附錄四-18

農田排水工程規劃設計原則參考手冊

發 行 人：陳吉仲

總 編 輯：謝勝信

副總編輯：陳衍源

主　　編：林國華　陳彥圖

編審委員：簡俊彥　沈寬堂　吳金水　鄭茂寅　陳清田　鄭錦章　虞國興

執行單位：財團法人台灣水資源與農業研究院

執行編輯：蘇騰鉉　游鵬叡　侯玉娟　宋建樺

協力單位：臺灣宜蘭農田水利會、臺灣北基農田水利會、臺灣桃園農田水利會、臺灣石門農田水利會、臺灣新竹農田水利會、臺灣苗栗農田水利會、臺灣臺中農田水利會、臺灣南投農田水利會、臺灣彰化農田水利會、臺灣雲林農田水利會、臺灣嘉南農田水利會、臺灣高雄農田水利會、臺灣屏東農田水利會、臺灣臺東農田水利會、臺灣花蓮農田水利會

發行機關：行政院農業委員會

地　　址：10014 臺北市中正區南海路 37 號

電　　話：(02)2381-2991

出版日期：中華民國 108 年 12 月

GPN：1010802727

ISBN：978-986-5440-68-8

定價：新台幣 500 元整（POD授權印製）